工程造价软件应用

（第2版）

主　编　陈文建　李华东　李　宇

副主编　季秋媛　曾祥容　王旭东

参　编　张媛琳　王一斐　宋　丹
　　　　岳治君

北京理工大学出版社

BEIJING INSTITUTE OF TECHNOLOGY PRESS

内 容 提 要

　　本书主要讲解工程计量软件——清华斯维尔的三维算量3DA 2016版，计价软件——四川宏业清单计价专家。本书内容全面、讲解细致，并附有大量二维码学习资源，以便读者深入学习。

　　本书主要针对高等院校工程造价专业学生的学习要求编写，同时可作为建筑类其他相关专业的教材和教学参考书，也可供从事土建专业设计和施工的人员以及成人教育的师生参考。

图书在版编目(CIP)数据

工程造价软件应用/陈文建，李华东，李宇主编.—2版.—北京：北京理工大学出版社，2018.2 (2020.2重印)

　ISBN 978-7-5682-5330-7

　Ⅰ.①工…　Ⅱ.①陈…　②李…　③李…　Ⅲ.①建筑工程－工程造价－应用软件　Ⅳ.①TU723.3-39

　中国版本图书馆CIP数据核字(2018)第036703号

出版发行 / 北京理工大学出版社有限责任公司

社　　　址 / 北京市海淀区中关村南大街5号

邮　　　编 / 100081

电　　　话 / (010)68914775(总编室)

　　　　　　(010)82562903(教材售后服务热线)

　　　　　　(010)68948351(其他图书服务热线)

网　　　址 / http://www.bitpress.com.cn

经　　　销 / 全国各地新华书店

印　　　刷 / 北京紫瑞利印刷有限公司

开　　　本 / 787毫米×1092毫米　1/16

印　　　张 / 19.5　　　　　　　　　　　　　　　　　责任编辑 / 赵　岩

字　　　数 / 518千字　　　　　　　　　　　　　　　　文案编辑 / 赵　岩

版　　　次 / 2018年2月第2版　2020年2月第5次印刷　　责任校对 / 周瑞红

定　　　价 / 75.00元　　　　　　　　　　　　　　　　责任印制 / 边心超

前　言

随着建筑行业的发展，对从业者的职业素质要求越来越高，掌握工程造价实用软件成为从业者的必备技能。工程造价软件应用的方便性、灵活性、快捷性大大提高了工程造价从业者的效率，推进了行业的快速发展，工程造价软件的使用和推广成为当今工程造价的发展方向。

本书主要讲解工程计量软件——清华斯维尔的三维算量3DA 2016版，计价软件——四川宏业清单计价专家。使用清华斯维尔的三维算量3DA 2016软件可对工程图纸进行三维建模，对模型中的构件进行清单、定额挂接，根据清单、定额的计算规则并结合16G101钢筋图集，对工程量进行分析统计，从而得到各类工程量。宏业清单计价专家软件是根据《建设工程工程量清单计价规范》（GB 50500—2013）、2015年版《四川省建设工程工程量清单计价定额》的颁布实施而专门开发的软件。

本书结合学生实际水平编写，便于学生学习和掌握。本书由陈文建、李华东、李宇担任主编。其中第1章到第4章由王旭东编写，第5章到第6章由王一斐编写，第7章到第9章由季秋媛编写，第10章到第12章曾祥容编写，第11章到第12章由张媛琳编写，第13章到第14章宋丹编写，第15章到第17章由李宇编写，第18章到第20章由李华东编写，第21章到第23章由岳治君编写，第24章到第29章由陈文建编写。

在本书编写过程中，四川省宏业建设软件有限责任公司、深圳市斯维尔科技股份有限公司给予了大力的技术支持和帮助，国内一些高等院校老师也为我们提出了很多宝贵建议，使教材体系和内容更符合教学需要。在此，特向他们表示诚挚的感谢。由于编者水平有限，书中若有不妥和疏漏之处，恳请广大读者批评指正。

编　者

目 录

第3篇　清单计价软件应用

第1篇　土建三维算量软件应用

1　软件快速入门

本章内容

软件启动与退出、主界面介绍、定义编号、快速操作流程、术语解释、常用操作方法。

本章为您阐述三维算量软件快速入门的方法，包括软件的启动、退出与正常的操作流程。手册用到的术语和约定也在本章讲解。在这之前您可能从来没有接触过三维算量软件，本章"软件快速入门"对您掌握和理解三维算量软件的操作起到关键作用，对帮助您正确操作软件也至关重要。

软件快速入门

2 工程管理

本章内容

新建工程、打开工程、保存工程、另存工程、恢复楼层、工程设置、工程合并、设立密码、退出软件。

本章为您阐述在软件中怎样进行一个工程文件的新建、打开、保存和恢复等功能，另外说明工程设置信息和工程文件组成结构等。

2.1 新建工程

功能说明：创建一个新的工程。

菜单位置：【文件】→【新建】

命令代号：tnew

操作说明：本命令用于创建新的工程。如果当前工程已作修改，程序会先询问是否保存当前工程(图 2-1)。

图 2-1 工程保存提示框

当单击【是】或【否】按钮后，弹出"新建工程"对话框(图 2-2)，要求输入新工程名称。在文件名栏中输入新工程名称，单击【打开】按钮，新工程就建立成功了。一个工程由一个文件夹表示，"某某工程 1"文件夹里由图 2-3 所示文件组成。

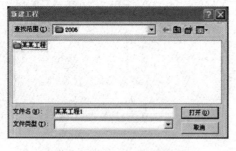

图 2-2 "新建工程"对话框

图 2-3 工程文件夹中的文件

一个工程主要由图形文件 ＊.dwg 和数据库文件 ＊.mdb 组成，其中一个楼层对应一个图形文件，有 N 个楼层就会有 N 个图形文件，对于哪个楼层对应哪个图形文件可参看工程设置命令中的楼层设置一页。另外工程文件夹里有很多临时文件，＊.jgk 用于存放工程统计后的临时数据；＊_bak.mdb 是工程数据库文件的备份；＊.bak 是所有楼层图形文件的备份；＊.tmp 是保存最近打开楼层的记录文件，以上所有临时文件都是可以删除的。

2.2　打开工程

功能说明：打开已有的工程。

菜单位置：【文件】→【打开】

命令代号：topen

操作说明：本命令与新建工程操作相同，如果当前工程已经做过修改，程序会询问是否保存原有工程。当单击【是】或【否】按钮后，弹出"打开工程"对话框(图 2-4)。

在对话框中有很多已做过的工程文件夹，双击需要打开的文件夹，该文件夹被打开(图 2-5)。

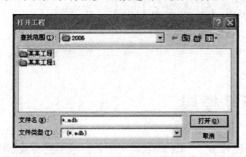 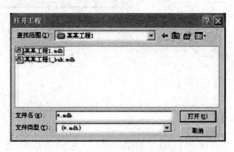

图 2-4　"打开工程"对话框 1　　　　　　图 2-5　"打开工程"对话框 2

选择"∗.mdb"文件，单击【打开】按钮，就可以打开一个新的工程，注意不要选择备份文件"∗_bak.mdb"来作为需要打开的工程。

小技巧：

双击"∗.mdb"文件名，也可以打开工程。

2.3　保存工程

功能说明：保存当前工程。

菜单位置：【文件】→【保存】

命令代号：tsave

本命令用于保存当前的工程。

2.4　另存工程

功能说明：将当前工程另外保存一份。

菜单位置：【工程】→【另存为】

工具图标：无

命令代号：tsaveas

操作说明：执行命令后，弹出"另存工程为"对话框，在文件名填写栏中指定一个新的工程文件名，单击【保存】按钮，当前的工程就被另存为一个工程文件了。如图 2-6 所示。

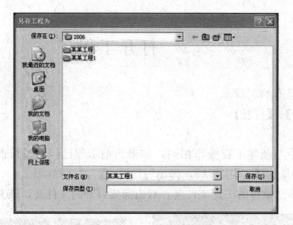

图 2-6 "另存工程为"对话框

2.5 恢复楼层

功能说明：当计算机突然停电或者出现意外操作死机，可以用恢复工程命令来恢复最近自动保存过的楼层图形文件。

菜单位置：【文件】→【恢复楼层】

命令代号：hflc

操作说明：执行命令后，弹出"打开工程"对话框（图 2-7）。

在对话框中选择要打开的工程文件夹下的"＊.mdb"文件，双击或单击【打开】按钮，弹出"工程恢复"对话框（图 2-8）。

图 2-7 "打开工程"对话框

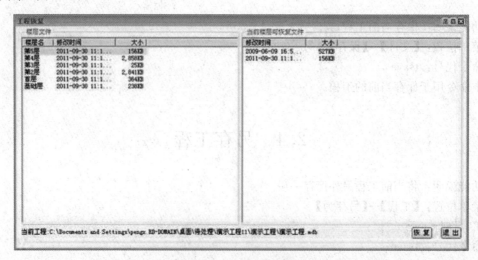

图 2-8 "工程恢复"对话框

选择要恢复的楼层名称，单击【确定】按钮或双击楼层名称，即可成功恢复该楼层最近自动保存的图形文件。关于自动保存设置请参照【工具】→【系统选项】。如果找不到自动备份文件，右边可选文件为空。

注意事项：

如果要恢复某个楼层的图形文件，请确认此楼层当前处于未被打开状态。

2.6　工程设置

功能说明：设置所做工程的一些基本信息。

菜单位置：【快捷菜单】→【工程设置】

命令代号：gcsz

操作说明：执行命令后，弹出"工程设置"对话框，共有 6 个项目页面，单击【上一步】或【下一步】按钮，或直接单击左边选项栏中的项目名，就可以在各页面之间进行切换。

1. 计量模式

"计量模式"页面如图 2-9 所示。

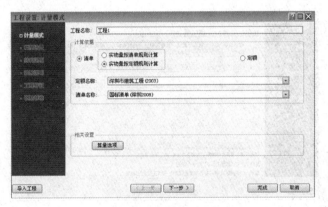

图 2-9　"计量模式"页面

选项：

【工程名称】　指定本工程的名称。

【计算依据】　选择清单库与定额库，也是确定用什么地区本地化设置的选择；对于清单、定额模式的选择，清单模式下可以对构件进行清单与定额条目的挂接；定额模式下只可对构件进行定额条目的挂接；界面中的构件不挂清单或定额时，以实物量方式输出工程量，清单模式下其实物量有按清单规则和定额规则输出工程量的选项，定额模式下实物量按定额规则输出实物量。

【导入工程】　用于导入其工程的设置内容，单击按钮，弹出"导入工程设置"对话框（如图 2-10 所示），使用此功能可导入的设置内容如下：

※ 钢筋选项：导入钢筋选项的设置内容，包括基本设置、接头类型等。

※ 算量选项：导入算量选项的设置内容，包括计算规则、工程量输出设置等。

※ 结构说明：导入工程设置中结构说明的设置内容。

※ 工程特征：导入工程设置中工程特征的设置内容。

※ 零星计算表：导入工程量零星量部分的工程量。

※ 做法：导入其他工程中已保存的做法组合。

单击"选择工程"栏后的 ![] 按钮，弹出"打开工程"对话框，在对话框中选取已有工程的"＊.mdb"数据库文件，在导入设置中勾选要导入的内容，单击【确定】按钮，就可将源工程中相应的设置导入当前工程了。

图 2-10　"导入工程设置"对话框

注意事项：

（1）导入工程时，不可选择本工程来导入。

（2）导入工程之前最好先设置好计算依据。如果源工程和本工程计算依据不同，系统按本工程设置的计算依据为准。

（3）导入结构说明时要注意：源工程结构说明中设置的楼层名称和本工程的楼层名称可能不同，在导入后需要调整结构说明中的楼层设置。

（4）导入工程功能使用后将覆盖原先的设置，因此建议您在新建工程时使用此功能。

2. 楼层设置

"楼层设置"页面如图 2-11 所示。

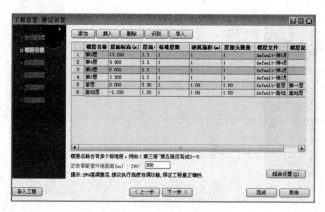

图 2-11　"楼层设置"页面

按钮：

【添加】　添加一个新楼层。

【插入】　在栏内当前选中楼层前插入一个新的楼层。

【删除】　删除栏中当前选中层。

【识别】　用于识别电子图档内的楼层表。

【导入】　用于导入其他工程的楼层设置，方便用户进行楼层设置。

选项：

【正负零距室外地面高】　设置正负零距室外地面的高差值，此值用于挖基础土方的深度控制，不填写时挖土方为基础深度。

设置楼层时要注意：

（1）首层是软件的系统，名称是不能修改的。

（2）层底标高是指当前层的绝对底标高。

（3）层接头数量如果为 0，则这层不计算竖向钢筋搭接接头数量，机械连接接头正常计。

(4)标准层数不能设置为 0，否则该层工程量统计结果为 0。

温馨提示：

在三维算量的各对话框中，有些提示文字是蓝颜色的，说明该栏中的内容为必须注明内容，否则会影响工程量计算。

【超高设置】 单击该按钮，弹出"超高设置"对话框(图 2-12)。

用于设置定额规定的柱、梁、板、墙标准高度，界面中构件的高度或水平高度超过了此处定义的标准高度，其超出部分就是超高高度。

图 2-12 "超高设置"对话框

小技巧：

当楼层栏中当前选中行为首行时，可以通过键盘的向上键(↑)迅速在最前面插入一行，当选中行为最后一行时，可以通过键盘的向下键(↓)迅速在最后添加一行。向上键(↑)不能在首层行使用。

3. 结构说明

"结构说明"页面如图 2-13 所示。

本页面包含混凝土材料设置、抗震等级设置、保护层设置以及结构类型设置四个子页面，分别针对整个工程结构类构件的凝土强度等级、抗震等级、钢筋保护层及结构类型代号进行设置。

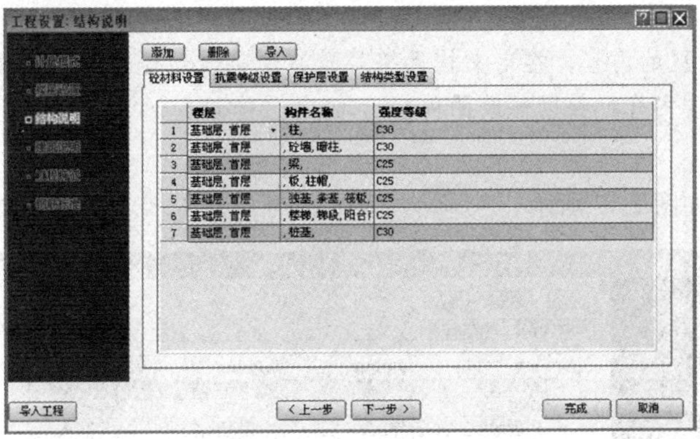

图 2-13 "结构说明"页面

【混凝土材料设置】 本页面包含楼层、构件名称、强度等级三列内容，按设计要求一一对应设置即可。

【楼层】 单击楼层单元格后的▼，弹出"楼层选择"对话框(图 2-14)，在楼层名前面的"□"内打"√"来选取楼层，单击对话框底部的【全选】【全清】【反选】按钮，可以一次性将所有楼层进行全选、全清、反选操作，选择完毕单击【确定】按钮即可。

【构件名称】 单击构件名称单元格后的▼，弹出"构件选择"对话框(图 2-15)，操作方法同楼层选择。

【强度等级】 单击单元格后的▼，弹出下拉选择列表(图 2-16)，可以在其中选择，也可以手动输入，地下室基础等构件采用抗渗混凝土的，将抗渗等级加注在强度等级后面，以空格隔开，如 C30 P8。

【抗震等级设置】 设置方法与混凝土材料设置基本一样。其结构类型只有在选定某个构件的时候才有用，抗震等级能在可选范围内进行修改。

【保护层设置】 用户可以在构件保护层设置值栏进行修改，在这里修改的保护层值，将沿用到钢筋计算设置中的保护层设置上，影响构件保护层厚度属性的默认取值。

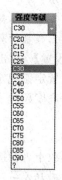

图 2-14 "楼层选择"对话框   图 2-15 "构件选择"对话框   图 2-16 强度等级选择项

【结构类型设置】 用户可以在类型代号栏里进行修改，其结构类型只有在定义某个构件的时候才有用，结构类型能在可选范围内进行修改。

温馨提示：

(1)设置结构总说明时可以打开结构总说明电子图，找到有关材料、抗震等级等进行对应设置。

(2)结构说明内设置的内容，在定义构件编号时系统将自动提取这些设置内容，如果在定义构件编号时修改了这些内容，则以修改的内容为准。

4. 建筑说明

"建筑说明"页面如图 2-17 所示。

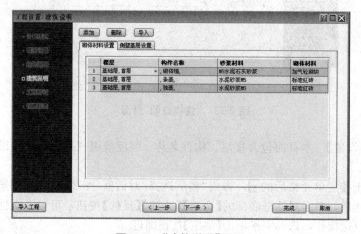

图 2-17 "建筑说明"页面

本页面包含砌体材料设置、侧壁基层设置两个子页面，分别针对整个工程同类构件的砌体材料、侧壁基层进行设置。

【砌体材料设置】 操作方法和混凝土材料设置基本一样。

【侧壁基层设置】 含有墙体保温非混凝土基层，以及墙面、踢脚、墙裙、其他面的非混凝土墙材料的设置，如图 2-18 所示。

进行侧壁基层设置的目的，是在不分解墙体保温或墙面等构件的情况下，能够按照定额或清单对做法基层划分的要求归并出量。比如除混凝土墙之外，您的工程中非混凝土墙采用标准

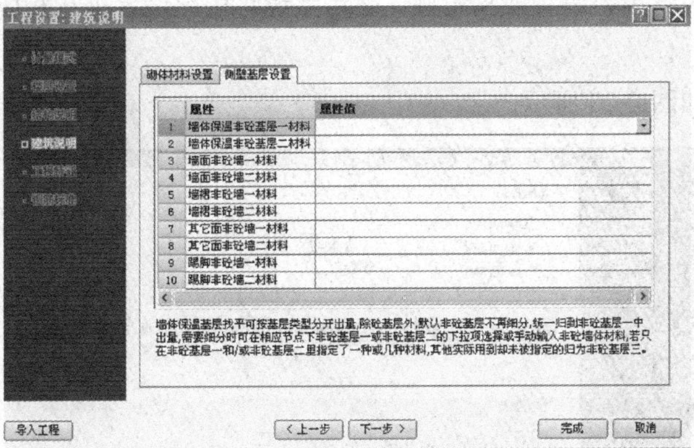

图 2-18 【侧壁基层设置】子页面

红砖、烧结空心砖、混凝土加气块和 GRC 轻质墙板等四种材料，当地定额按基层材料将墙面划分为砖墙面、混凝土墙面、砌块墙面和轻质墙面，则可把标准红砖、烧结空心砖归在砖墙面做法的设为非混凝土墙一，混凝土加气块属于砌块墙面做法的设为非混凝土墙二，GRC 墙板既不是砖也不是砌块实际却又用到的软件会归在非混凝土墙三里出量。如果当地定额墙面做法不按基层分列子目计算，则不必做此设置，软件会把非混凝土墙面做法都按非混凝土墙一出量。针对墙体保温的设置，只是为区分基层找平处理，保温层上的饰面做法与此无关。

5. 工程特征

"工程特征"页面如图 2-19 所示。

图 2-19 "工程特征"页面

本页面包含了工程的一些全局特征设置。填写栏中的内容可以从下拉选择列表中选择也可手动填写合适的值。在这些属性中，用蓝颜色标识属性值为必填内容，其中地下室水位深是用于计算挖土方时的湿土体积。其他蓝色属性是用于生成清单的项目特征，作为清单归并统计条件。

栏目顶上的【工程概况】【计算定义】【土方定义】用于翻页用。

【工程概况】 含有工程的建筑面积、结构特征、楼层数量等内容。

【计算定义】 含有梁的计算方式、是否计算墙面铺挂防裂钢丝网等的设置选项。

【土方定义】 含有土方类别的设置、土方开挖的方式、孔桩地层分类等的设置。

在对应的设置栏内将内容设置或指定好，之后系统将按此设置进行相应项目的工程量计算。

6. 钢筋标准

"钢筋标准"页面如图 2-20 所示。

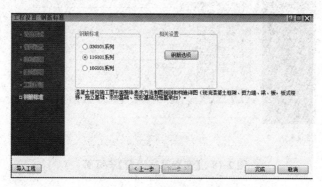

图 2-20　"钢筋标准"页面

本页面用于选择采用什么标准来计算钢筋。在钢筋标准栏内选择了某种钢筋标准，在栏目的下方会有该标准的简要说明显示。

【钢筋选项】　该按钮用于用户自定义一些钢筋计算设置，也可进入"钢筋选项"对话框查看软件对钢筋计算所设置的一些默认值，具体内容见"钢筋选项"章节。

温馨提示：

用户可以给当前工程设置密码，以适用于在多人共用的计算机上安全打开文件。

设立密码

3 轴网

本章内容

绘制轴网、修改轴网、合并轴网、隐显轴网、上锁轴网、选排轴号、自排轴号、轴号变位、轴号刷新、删除轴号、删除尺寸标注、绘制辅轴、弧形辅轴、平行辅轴、转角辅轴、选线成轴、线性标注、角度标注、对齐标注。

轴网用于建筑物各构件的定位。轴网线从形状上分为直形轴线和弧形轴线，两者可以交互出现；从定位的范围来看可以归类为主轴线和辅轴线；主轴线一般跨层不变，用于主框架构件的定位线；辅轴线用于临时定位局部的建筑构件。软件虽在每个楼层都有独立的轴网，各楼层轴网没有联动关系，但可以通过楼层复制功能进行跨层复制其他楼层的轴网。

本章是在没有电子图文档的情况下，通过软件提供的轴网编辑功能在界面中创建、删除和编辑各种类型轴网。

本章主要介绍绘制轴网的操作方法，其他内容请参见本章二维码。

功能说明：绘制直线轴网与圆弧轴网。

菜单位置：【轴网】→【新建轴网】

命令代号：hzzw

操作说明：本命令用于创建直线轴网与圆弧轴网。其中直线轴网包括正交轴网与斜交轴网。执行命令后弹出"绘制轴网"对话框，如图 3-1 所示。

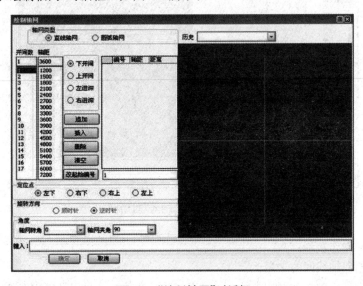

图 3-1 "绘制轴网"对话框

对话框选项和操作解释：

【直线轴网】 选择绘制直线轴网。

【圆弧轴网】 选择绘制圆弧轴网。

【开间数】 相同轴距的数量。可以输入一个数值，也可以用光标从常用值中选择。

【轴距】 轴线之间的距离。可以输入一个数值，也可以用光标从常用值中选择。

【下开间】 选择输入下开间数据。

【上开间】 选择输入上开间数据。

【左进深】 选择输入左进深数据。

【右进深】 选择输入右进深数据。

【编号/轴距/距离】 编号指轴号信息；轴距是开间距或进深距；距离是当前轴线到起始轴线的距离。可以在这里修改轴距。

【改起始编号】 修改起始轴线的编号，其他轴线会自动排序。

【定位点】 指定轴网的定位点位置。软件以定位点为基点将轴网放置到图面上。

【旋转方向】 轴网的旋转方向，只作用于圆弧轴网。

【角度】 轴网转角设置直线轴网的转角；轴网夹角设置轴线之间的夹角，用于绘制斜交轴网。

【键入】 用来编辑轴网，修改以后，回车或切换焦点时生效，更新轴网数据。

注意事项：

选择输入左进深或右进深数时，开间数将变成进深数。

【历史】 用户所定义的轴网，会以历史的方式保存在用户数据库中。单击栏目后面的▼下拉按钮，做过的轴网图层名称会在栏目中显示出来，选择一个名称，其定义的数据会再次显示在对话框中，用户可以对所有数据进行修改再进行布置。

当轴网类型为【圆弧轴网】时，对话框内容有所不同，如图 3-2 所示。

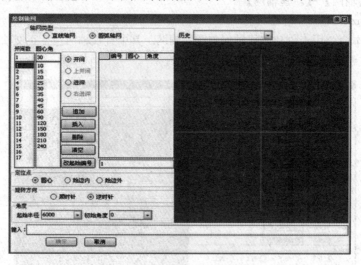

图 3-2 绘制"圆弧轴网"对话框

对话框选项和操作解释：

【圆心角】 相邻轴线间的夹角。

【起始半径】 最小圆弧轴网的半径。可以直接输入数值，也可以在常用选项中选择。

【初始角度】 圆弧轴网的初始旋转角。

按钮：

【追加】 在轴网数据栏中增加数据。

【插入】 在轴网数据栏已有数据的选中行后面插入一条数据。

【删除】 删除轴网数据栏被选中的一条数据。

【清空】 清空轴网数据栏中所有数据。

操作说明：

现参考表 3-1 所示的直线轴网数据，介绍如何利用对话框输入轴网数据。

表 3-1　直线轴网数据

上开间	3 600, 3 600, 3 300, 4 200
左进深	2 400, 3 600, 1 500, 150

首先以输入【上开间】的数据为例说明在对话框中使用的数据输入方法。

选择【上开间】。因为前两个开间轴距相同，所以在【开间数】中选择数字 2，在【轴距】中选择数字 3 600，单击【追加】按钮或双击轴距的 3 600 数据，都可以添加 2 个 3 600 开间。

在【开间数】中选 1，在【轴距】中选择 3 300，单击【追加】按钮。

在轴距中输入 4 200，单击【追加】按钮。

上开间绘制完毕。选择【左进深】，重复类似的操作，输入进深的数据。

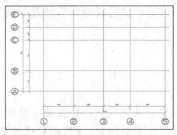

输入所有数据后，单击【确定】按钮，对话框消失。

命令栏提示：

请输入插入点：

光标在界上点取一点，指定放置轴网的位置，轴网就绘制好了，如图 3-3 所示。

图 3-3　轴网

温馨提示：

绘制轴网时，系统会将当前绘制的轴网信息存储下来，编号会放到历史信息库中，今后调用历史信息可以直接生成相应轴网。

轴网功能拓展

4 基础

本章内容

独基承台、条形基础、筏板基础、井坑布置、桩基布置、基坑土方、建筑范围、场区布置、布等高线、网格土方。

本章主要讲述在界面中如何定义和布置基础构件。由于三维算量版本的一些定义和布置功能是集成的，在本章介绍的一些内容在后面各章节可能也会用到，在此建议用户详细阅读本章内容，之后其他章节涉及的内容将会略过。

4.1 独基承台

功能说明：布置独立基础和独立柱承台。

菜单位置：【基础】→【独基承台】

命代号：djbz

执行命令后弹出导航器对话框，有关导航器的概念及操作内容详见该节说明。

单击导航器中【编号】按钮，弹出"定义编号"对话框，有关编号定义的概念及操作内容参见本书第 1 章。

编号定义完后回到主界面，这时界面上弹出"布置方式选择栏"对话框。在三维算量版本中的各类构件，由于布置方式不同，界面上弹出"布置方式选择栏"对话框的内容会有不同，独基布置方式选择栏的形式如图 4-1 所示。

图 4-1 独基布置方式选择栏

选择栏中各按钮解释：

【识别独基】 将插入的电子图上的独基图形识别成独基构件。

【手动布置】

※ 单点布置：在导航器内确定好独基布置的插入点，在需要布置独基的位置单击鼠标布置。

※ 角度布置：点布置后按一定角度旋转定位布置独基。

【智能布置】

※ 轴网交点：在框选范围内的轴网交点上布置构件。

※ 沿弧布置：在弧形轴网上布置向心方向的独基。

※ 选柱布置：以柱子的位置作为参照，布置独基。

【倒棱台编辑】 另有章节详述。

对应导航器上的【构件布置定位栏】解释：

【转角】 以截面的插入点逆时针旋转为正、顺时针为负，可从定位图中看到效果。

【X 镜像】 对非对称形作 X 镜像，可从定位图中看到效果。

【Y 镜像】 对非对称形作 Y 镜像，可从定位图中看到效果。

对应导航器上的【属性列表栏】解释：

【顶标高】 基础的顶标高，修改这个值自动修改底标高。

【底标高】 基础的底标高，修改这个值自动修改顶标高。

一旦用户在栏目中输入顶标高(或者底标高)，对应的底标高(或者顶标高)会自动计算出来。新定义的基础在此确定标高。

操作说明：

1. 单点布置

执行【单点布置】命令后，命令栏提示：

点布置<退出>或 角度布置(J) 框选轴网交点(K) 沿弧布置(Y) 选柱布置(S)

命令行按钮与布置工具条联动，切换布置方式时，单击命令行上按钮或输入对应的字母，与单击布置工具条上的按钮等效。

这时在光标上可以看到生成了一个定义的独基图形，图形的式样与定义的独基形状一样。对于垂直高度定位不一样的独基，可以在【属性列表栏内】的【顶标高】【底标高】单元格内输入定位标高值。如果平面定位点与布置的插入点偏移，可在【定位简图】内输入构件边线到插入点的尺寸值，需旋转布置的可在【转角】栏内输入角度值。如果没有具体尺寸和角度可供输入，可以单击栏目后面的 ⬚ 按钮，在界面中根据命令栏提示量取。对于定位点的确定：当构件的某一端点与插入点平齐时，可用 Tab 键切换，切换效果在定位简图中实时变动。

定位点和高度位置都设置好后，在界面上找到需要布置独基的插入点，可以通过 CAD 的捕捉功能 ⬚ 设定所需要的定位方式，单击就会在选定位置布上独基。

2. 角度布置

执行【角度布置】命令后，命令栏提示：

角度布置<退出>或 点布置(D) 框选轴网交点(K) 沿弧布置(Y) 选柱布置(S) 撤销(H)

角度布置最好将独基的"定位点"设为"端点"，在界面上找到布置独基的第一点，单击后，命令栏提示 请输入角度：；界面上从单击的第一点处扯出一根随光标移动构件跟着旋转的白色线条，俗称"橡筋线"。在命令栏内输入对应第一点的角度或移动光标使橡筋线与需要布置的角度线重合，再次单击，一个按角度布置的独基就布置成功了。

3. 框选轴网交点

切换到框选布置方式，命令栏提示：

选轴网交点布置<退出>或 点布置(D) 角度布置(J) 沿弧布置(Y) 选柱布置(S)

在界面中框选需要布置独基范围的轴网，框选到的轴网交点处就会布置上独基。

4. 沿弧布置

进行沿弧布置时，命令栏提示：

输入圆心点<退出>或 点布置(D) 角度布置(J) 框选轴网交点(K) 选柱布置(S)

在界面上选择作为弧形圆心的点，命令栏又提示：

请输入布置点：

选择界面上的布置点单击，布置点上就有了独基，独基沿弧形圆心环向排布，基宽、基长方向与弧形的径向、切向顺平。

5. 选柱布置

选柱布置的前提是要界面上有柱子构件，执行命令后命令栏提示：

选柱布置<退出>或 | 点布置(D) | 角度布置(J) | 框选轴网交点(K) | 沿弧布置(Y)

根据命令栏提示，在界面上点选或框选柱子构件，再右击，有柱子的位置就生成了独基。

对于矩形锥台独基，遇到非平面注写方式表达，基础平面图只有柱截面示意，未标柱编号，基础详图中基础大样和基础表都不标柱子尺寸，底层柱又分开表达在柱图上的设计，由于确定独基顶面平台尺寸用到的柱截面参数要在柱图上去找，采用既往的定义方法就非常麻烦，如今软件可以智能处理，具体操作如下：

在矩形锥台独立基础定义编号界面，将尺寸参数编辑栏内的"柱截宽"由下拉列表置为"同柱尺寸"，如图 4-2 所示。

属性	属性值		参数	参数值
物理属性			基宽(mm) - B	1000
构件编号 - BH	DJ3		基宽1(mm) - B1	?
属性类型 - SXLX	砼结构		柱截宽(mm) - B0	同柱尺寸
结构类型 - JGLX	独立基础		基宽2(mm) - B2	?
基础名称 - JMMZ	矩形锥台		基长(mm) - H	1000
施工属性			基长1(mm) - H1	?
材料名称 - CLMC	混凝土		柱截高(mm) - H0	同柱尺寸
砼强度等级 - C	C25 P6		基长2(mm) - H2	?

图 4-2 柱截宽设置

参数尺寸编辑栏内的"柱截高"随之亦同"柱尺寸"，表达柱边到独基边距离的基宽 1、基宽 2 和基长 1、基长 2 都成待定状态，显示为"?"，继续将其他参数定义完成后，单击【布置】按钮弹出"独基选柱布置"对话框，根据工程需要区别"单柱独基（一柱一基）""多柱独基（多柱一基）"两种情况选择要布置独基的柱子，单柱独基布置的多选柱子可以一次布置多个独基，多柱独基布置的立于同一独基上的多个柱子只能一次布置一个独基，单柱独基上的柱子与多柱独基上的柱子不能一起混选，右击确认选定，独基就布置上去了，效果如图 4-3 所示。

单柱独基（一柱一基）

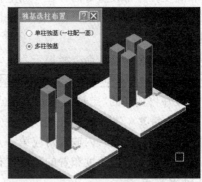
多柱独基（多柱一基）

图 4-3 单柱独基(一柱一基)和多柱独基(多柱一基)

识别独基、钢筋布置、核对构件、核对单筋等参见有关章节。

温馨提示：

（1）软件的绝对高度是指离正负零平面的高度，相对高度是指离当前楼地面的高度，基础的顶标高、底标高都是针对绝对高度，其他构件的底高度和顶高度都是按相对高度取值。

（2）正交轴网上的独基默认不旋转布置。

（3）下文中其他构件与独基布置方式一样的内容，将不再赘述。

（4）如果您在布置操作前没有定义构件编号，应该先进入定义编号界面，定义构件的一些相关内容，如：构件的材料、类型及尺寸等，定义好构件编号退出就可看到布置对话框。也可以参照本书第1章中的快捷创建构件编号方法来定义构件编号。

（5）独立布置也可以单击【基础】→【独基布置】命令进行独基布置。

4.2　条基、基础梁布置

功能说明：绘制条形基础。

菜单位置：【基础】→【条形基础】

命令代号：tjbz

条基定义方式同独基，略。

条基布置方式选择栏如图4-4所示。

| 导入图纸 ▾ | 冻结图层 ▾ | 识别条基 ▾ | 手动布置 ▾ | 智能布置 ▾ | 梁跨编辑 | 条基变斜 | 条基加腋 | 标高参照 | 截面编辑 | 钢筋调整 |

图4-4　条基布置方式选择栏

选项和操作解释：

选择栏中各按钮解释：

【识别条基】【识别截面】　另见有关章节。

【手动布置】

※ 直线画梁：在界面上选择一个条基的始端作为起点，直线延伸至条基的末端单击，在界面上就生成了一个条基。

※ 三点弧梁：在界面上选择一个条基的始端作为起点，延伸选择条基的第二个点，然后弧线延伸至条基的末端单击，在界面上就生成了一条弧形条基。

【智能布置】

※ 框选轴网：框选界面上的轴网来布置条基。

※ 选轴画梁：对选到的轴线，计算出这条轴线与其他轴线的交点。在交点的最大范围内生成条基。

※ 选墙布置：选择墙体来布置条基，条基的长度同墙体的长度。

※ 选线布置：选直线、圆弧、圆、多义线和椭圆来生成条基。

【跨段组合】【条基变斜】　另见有关章节。

【条基加腋】【标高参照】　另见有关章节。

【截面编辑】【钢筋调整】　另见有关章节。

对应导航器上的【构件布置定位栏】解释：

同独基说明基本一致。

对应导航器上的【属性列表栏】解释：

同独基说明一致。

操作说明：

1. 手动布置

执行【手动布置】命令后，命令栏提示：

| 手动布置<退出>或 | 框选轴网(K) | 点选轴线(D) | 选墙布置(N) | 选线布置(Y) |

在界面上选择一个条基的始端作为起点，单击，命令栏提示：

`请输入下一点或` `圆弧(A)` `平行(P)`

移至条基的终端单击，在界面上就生成了一个条基。如果布置的是弧形条基，当单击条基的起点后接着用光标单击命令栏【圆弧（A）】按钮或在命令栏输入"A"字母，回车，命令栏提示 `请输入弧线上的点`，将光标移至圆弧条基弧线上一点单击，命令栏又提示 `请输入弧线的端点`，将光标移至条基的末端单击，一条圆弧形的条基就布置上了。

2. 框选轴网

执行【框选轴网】命令后，命令栏提示：

`框选轴网<退出>或` `手动布置(E)` `点选轴线(D)` `选墙布置(N)` `选线布置(Y)`

这时光标成动态的选择状态，拖动光标，在界面框选需要布置条基的轴网范围，被选中的轴网线上就会布置上条基。

3. 点选轴线

执行【点选轴线】命令后，命令栏提示：

`点选轴线<退出>或` `手动布置(E)` `框选轴网(K)` `选墙布置(N)` `选线布置(Y)`

在需要布置条基轴网的附近单击鼠标，系统算出这根轴线与其他轴线的交点。在交点的最大范围内生成条基，如图 4-5 中的Ⓑ、Ⓒ、Ⓓ、Ⓔ轴线与其他轴线的交点不同时，生成不同的条基。在弧形轴网处单击，将生成弧形条基。

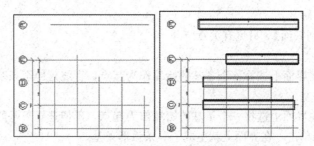

图 4-5　不同轴线交点情形生成不同条基

4. 选墙布置

执行【选墙布置】命令后，命令栏提示：

`选墙布置<退出>或` `手动布置(E)` `框选轴网(K)` `点选轴线(D)` `选线布置(Y)`

光标选取面上的墙体，就会在墙底生成条基。

5. 选线布置

执行【选线布置】命令后，命令栏提示：

`请选直线,圆弧,圆,多义线<退出>或` `手动布置(E)` `框选轴网(K)` `点选轴线(D)` `选墙布置(N)`

选取界面上的线条，就会生成条础（图 4-6、图 4-7）。

图 4-6　直线、圆、多义线、弧和椭圆

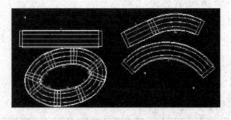

图 4-7　由直线、圆、多义线、弧和
椭圆生成的条基

温馨提示：

软件允许条基、梁和圈梁以及构造柱等构件编号相同、截面尺寸不同，可以通过截面修改来改变截面尺寸。

小技巧：

对于定位点有"上边、下边"选择的条形构件，布置操作过程，单击起点后按 Tab 键可切换正在布置的构件定位位置，方便快捷。

4.3　筏板布置

功能说明：绘制筏板基础。

菜单位置：【基础】→【筏板基础】

命令代号：fbbz

筏板定义方式同独基，略。

筏板布置方式选择栏如图 4-8 所示。

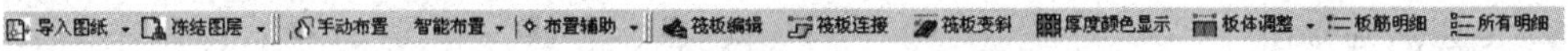

图 4-8　筏板布置方式选择栏

选项和操作解释：

【手动布置】　用手工沿筏板轮廓绘制筏板。

【智能布置】

※ 点选内部生成：三维算量系统搜索由相关构件形成的内部区域来生成筏板，可与 CAD 搜索布置切换使用。

※ 矩形布置：在界面中框选区域，于绘制的矩形框内生成筏板。

※ 实体外围：在构件外围用多义线绘制封闭区域，系统自动捕捉构件的外围轮廓生成筏板。

※ 实体内部：框选方式布置筏板，在界面中框选一块被构件包围的区域，在此区域内部生成筏板。如果大小区域套在一起，只在最小区域生成筏板。

【布置辅助】

※ 隐藏构件：将界面上影响布置筏板的构件进行隐藏。

※ 恢复构件：隐藏的构件恢复显示。

※ 条基变中线：将选择的条基变为一条中心线，再次单击则将变为中心线的条基复原。

※ 隐藏非系统图层：将用 CAD 功能绘制的图形进行隐藏。

【筏板编辑】【筏板变斜】　另见有关章节。

【板体调整（合并拆分、区域延伸、调整夹点）】　另见有关章节。

对应导航器上的【属性列表栏】解释：

【延长误差】　当区域不封闭时，根据此误差值来延长条构件的长度，顺利生成封闭区域。

【封闭误差】　当使用延长误差仍然无法布置筏板时，可尝试使用封闭误差值来补充细微缺口，形成封闭区域。封闭误差不能过大。

筏板构件【导航器】中没有布置定位栏。

操作说明：

1. 手动布置

执行【手动布置】命令后，命令栏提示：

手动布置<退出>或 [点选内部生成(J) | 矩形布置(O) | 实体外围(E) | 实体内部(N) | 撤销(H)]

在界面中筏板的起点处单击第一点，命令栏又提示：

请输入下一点<退出>或 [圆弧上点(A) | 半径(R) | 平行(P)]

按照提示，如果是直形边，将光标移至下一点单击，如果是弧形边，则光标单击命令栏 圆弧上点(A) 按钮或在命令栏内输入 A 回车，命令栏再提示：

请输入弧线上的点<退出>或 [直线(L) | 半径(R)]

光标移至弧形线上的一点单击，命令栏接着提示：

请输入圆弧的终点<退出>或 [直线(L) | 圆弧上点(A) | 半径(R)]

光标移至弧线的端点单击，命令栏再次提示：

请输入圆弧的终点<退出>或 [直线(L) | 圆弧上点(A) | 半径(R) | 撤销(U)]

刚单击的点之后，如果仍为弧形继续单击下一点，如果变为直形，则光标单击命令栏 直线(L) 按钮或在命令栏内输入 L 回车，依次连续绘制轮廓线直至封闭，右击，一块筏板就绘制成功了。

2. 点选内部生成

切换为【点选内部生成】时，命令栏提示：

点选内部生成<退出>或 [手动布置(D) | 矩形布置(O) | 实体外围(E) | 实体内部(N) | 撤销(H)]

根据命令栏提示，单击封闭区域的内部，就会在这个区域生成筏板。如果区域因有小的误差而未封闭，可通过调整对话框上误差设置来达到封闭的效果。

3. 矩形布置

切换为【矩形布置】时，命令栏提示：

矩形布置<退出>或 [手动布置(D) | 点选内部生成(J) | 实体外围(E) | 实体内部(N) | 撤销(H)]

根据命令栏提示，光标框选界面中需要布置筏板区域，之后在这矩形区域生成筏板。

4. 实体外围

切换为【实体外围】时，命令栏提示：

选实体外侧布置<退出>或 [手动布置(D) | 点选内部生成(J) | 矩形布置(O) | 实体内部(N) | 撤销(H)]

根据命令栏提示，在界面上绘制多义线来选中被包围在内的实体，程序会计算出这些实体组成的最大外边界来生成筏板。

5. 实体内部

切换为【实体内部】时，命令栏提示：

选实体内侧布置<退出>或 [手动布置(D) | 点选内部生成(J) | 矩形布置(O) | 实体外围(E) | 撤销(H)]

根据命令栏提示，光标框选界面中需要布置筏板、能构成封闭区域的构件，在封闭区域的内部生成筏板。封闭区域大套小的，只在最小的内部生成。

6. 隐藏构件

执行【隐藏构件】时，命令栏提示：

选择构件来隐藏！

此操作需要按照当前正在操作的内容进行单击操作，如果当前没有进行布置操作，应单击按钮两次，一次表示进入布置操作，第二次才表示执行【隐藏构件】命令。根据命令栏提示，光标在界面中选择需要隐藏的构件，可框选也可单选，之后右击就将选中的构件隐藏了。

7. 恢复构件

执行【恢复构件】命令，即将隐藏了的构件恢复显示在界面上。

8. 条基变中线

执行【条基变中线】命令，会将界面上的条基构件变为一根单线条，用于筏板布置到条基中线的方式。之后再次执行此命令，则将变为中线的条基复原。

9. 隐藏非系统层

执行【隐藏非系统层】命令，会将界面中用 CAD 功能绘制的图形线条进行隐藏，以避免在【点选内部生成】筏板时，误将这些图形线条当作边界。

4.4　井坑及桩基布置

功能说明：绘制桩基。

菜单位置：【基础】→【桩基】

命令代号：zjbz

在软件提供的 10 多种桩基构件中，挖孔桩的成孔受地层类别影响，护壁设置考虑地层变化因素，计算内容最多。下面侧重介绍挖孔桩的布置及相关问题，其他桩基与独基布置类似，从略。

井坑布置

桩基布置方式选择栏的形式如图 4-9 所示。

> 📄 导入图纸 ▾ 🔒 冻结图层 ▾ 📄 识别桩基 ⚡ 手动布置 ▾ ⚡ 智能布置 ▾

图 4-9　桩基布置方式选择栏

选项和操作解释：

选项和操作解释及操作说明、对话框内容及操作参看"独基布置"章节。

1. 编号定义

单击导航器中【编号】按钮，弹出"定义编号"对话框，新建一个桩基编号，点开【基础名称】属性中的下拉按钮双击【圆形挖孔桩】后，如图 4-10 所示，可对挖孔桩进行定义，操作方法参见 4.3 节说明。

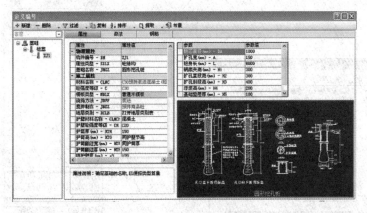

图 4-10　桩基定义编号页面

挖孔桩以桩截面形状命名。老工程已采用挖孔桩（砖护壁）、斜护壁挖孔桩做的，版本升级后依然保留，对新建工程不再提供已经淘汰的桩种。像独基布置一样，属性页面右上方的参数栏与右下方的 jit 图对应联动，用户可按个人习惯任输其一，效果相同。有别于独基的挖孔桩专用钢筋属性含义及用法，详见属性说明，或对照 jit 图理解。挖孔桩的专用施工属性将在下面详细介绍。

2. 地层设置

单击施工属性项下【地层类别】属性中的下拉按钮，弹出"地层类别表"对话框，可对同编号挖孔桩成孔所遇地层以及各地层是否需要护壁进行设置。同编号不同桩位挖孔桩，因桩顶标高、孔口标高或持力岩深不同而影响孔深，至于各个桩上实际地层的层名、层厚及是否护壁情况再通过构件查询编辑。孔口标高、孔深与桩顶标高一样，都属于布置确定的构件属性；而地层类别是编号和布置都能确定的构件属性。把地层类别放在编号上定义，可让用户在做预算时按相对统一的地层类别预估成孔挖凿量；而以布置确定或修改确定后的孔口标高、孔深以及地层类别设置计算的才是最终成孔挖凿量。软件的同编号原则同样适用挖孔桩，只要截面形状、尺寸相同，配筋也相同，就可按设计桩号进行编号定义，不同桩位的地层、护壁计算区别由桩位号管理，不需要另起构件编号。有关地层设置的操作将在"5. 构件查询"的地层类别中详解。

3. 护壁关联

各地定额划分工程地层类别（地层分类及土壤岩石级别）粗细不一、称谓不同，软件已经按当地定额套价需要对应好地层类别名称。桩孔内在何地层区段设置护壁以及护壁配筋与否，可以在地层类别表中勾选，如图 4-11 所示。软件对岩石层默认不设置护壁，实际遇稳定性较差的强风化岩需要护壁时可以手动勾选。对扩底挖孔桩，软件默认扩孔斜段不设置护壁，即勾选有护壁地层处于桩身与扩底交界区段，护壁只算至扩大头顶面；具体工程确实在扩孔斜段设置护壁的，可将桩基参数规则【扩孔斜段是否计算护壁】的选项改为【是】。定义护壁（护筒）的属性含义及用法详见属性说明，或对照右侧 jit 图示意理解，不再赘述。

4. 桩顶定位

挖孔桩编号定义好后回到桩基布置界面。软件支持桩顶嵌入承台或桩筏底一定深度的竖向定位方法，从导航器的【构件布置定位栏】里可看到桩基顶标高的相应选项。对大直径桩基可选【顶同基础底＋0.10】，小直径桩基可选【顶同基础底＋0.05】，具体设计要求不同的还可以在加号后边输入实际要求值，需要留意输入值的单位为"m"，要与属性定义统一。用户也可以在此定义孔口标高。如图 4-12 所示。

图 4-11　挖孔桩地层类别表　　　　图 4-12　桩基布置顶标高选项

5. 构件查询

孔桩布置就位后，通过构件查询不仅可以对具体桩位上的桩顶标高、孔口标高、孔深、桩长等进行核查、修改和在每根桩上进行桩位编号，还可以对桩顶高出孔口时桩身段采用何种支护方式、孔顶是否采用锁口构造进行选择，特别是可进行针对具体桩位的地层、护壁设置。如图 4-13 所示。

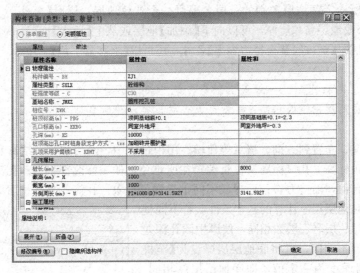

图 4-13　桩基构件查询

（1）【孔口标高】　孔口标高一般取自然标高，默认同室外地坪，用户可设置为桩基施工时的工作面标高。相对于桩顶标高，有无高差关联孔深进而影响地层、护壁的计算范围；正负高差决定有无空桩芯、是否计算凿护壁量，也决定桩顶高出孔口时桩身段支护方式选择的有效性。

（2）【孔深】　孔深是指孔口到桩底的深度，由桩顶标高、孔口标高及桩长属性自动计算。如果手动修改孔深，则在既定桩顶标高、孔口标高条件下改变桩长。提供孔深属性的意义，正是便于用户按实际孔深最终确定桩长。

温馨提示：

在手动修改孔深前，应确认桩顶标高、孔口标高设置到位，因为桩长与二者中任一变动都会影响孔深。如果孔深修改之后再调整二者，将成无谓循环。

（3）【桩位号】　桩位号即有别于设计桩编号的桩基施工自编号，也称孔号，按施工编号手动输入即可。

（4）【桩顶高出孔口时桩身段支护方式】　系统会根据桩顶标高、孔口标高自动判定二者的高低关系，选择加砌砖井圈护壁时即按照施工属性中的砖护壁厚计算砖护壁体积；选择采用木（钢）模板时则计算桩身模板面积。系统默认为加砌砖井圈护壁。

（5）【桩顶采用护筒锁口】　属于不利地面挖孔桩施工的加强措施。采用锁口构造的，即按照施工属性中的护筒厚等属性以实计算并入混凝土护壁体积、护壁模板面积内，护筒以下再接续桩孔护壁；不采用锁口构造的，桩孔护壁按孔口顶平计算。默认不采用。

（6）【地层类别】　当定义编号里设置的地层不符合实际时，可用构件查询来调整；如果定义编号时未关注地层，可直接在此设置。除通过"构件查询"对话框中的施工属性打开地层类别表的方法外，右键命令也可以进入地层类别表，如图 4-14 所示。定义编号里的地层设置，涉及同一编号；而在构件上设置的地层类别，只涉及当前构件，两者不一致的以构件上的取值优先。

针对构件的地层设置或调整，其对象可以是某个孔桩、同编号孔桩、位于局部平面内不同编号孔桩乃至所有能选到的孔桩。

桩孔内所设地层宜自上而下顺序排列，既方便与竣工资料对应，也可以由地下水水位线自动判定干湿土界线；定额要求按土层与岩石不同深度计算成孔工程量时必须上下有序，否则智能获取"层深"无从实现。地层类别表中，系统已经按所选定额地层类别的首层名提供一个默认地层，层厚【至桩底】。用户可以修改地层名和层厚，可以向下【添加】地层或从上【插入】地层；多个地层时，除层厚【至桩底】【至持力岩顶】者外，还可以【上移】【下移】。

图 4-14　桩基右键命令

温馨提示：

如果定额要求按照孔深区分地层工程量，挖土部分不需要区分干湿土方，那在同桩孔内间隔出现的相同地层就可以合并设置，此时各地层的上下顺序也无关紧要。

挖孔桩从定义、布置到查询、核对等建模、用模过程中，经历预算、结算乃至审计等几个计量阶段，对桩顶标高、孔口标高及桩长编辑在所难免，任一修改都将牵动孔深；嵌岩挖孔桩的嵌岩深度为一定值，而持力岩顶面深浅不同也是常见现象。孔深既是孔桩所遇层层名、层数的特征反映，也是地层层厚计算的基本条件。若不同桩位孔桩地层的层序、层名、层数相同，层厚中因孔深差异而使底地层层厚不同时，可将底地层层厚设为【至桩底】；嵌岩桩入岩深度为一定值，即底地层层厚相同，因孔深差异而使次底地层层厚不同时，可将次底地层层厚设为【至持力岩顶】，软件会自动计算。

构件上的地层类别表下方显示的【当前孔深】，反映的是按桩顶标高、孔口标高与桩长计算的结果。同时选择多桩(孔)而深度不同时，【当前孔深】会分别显示出来，但【层厚】【层深】两列仅显示按最浅孔深计算的值。如图 4-15 所示。

图 4-15　查询地层类别

如果因不同桩位孔深差距较大而影响地层层名、层数不同时，可以将孔深作为筛选条件把一个孔深范围段过滤出来再进行地层设置。

小技巧：

除结算或审计阶段孔桩各地层厚度已经确定者外，地层层厚尽量不要全输成具体数字，应为底地层【至桩底】或次底地层【至持力岩顶】其中之一，以免孔深变化时地层挖凿量计算错误。

层深，是孔口到当前地层层底的深度，由程序自动计算，既是用户设置地层的参照，也是定额要求按土层与岩石不同深度计算成孔工程量的依据。

挖孔桩只考虑在桩孔内采用混凝土护壁（包括护筒锁口），只有在桩顶高出孔口时桩身才考虑加砌砖井圈护壁，即孔口标高影响护壁结构。桩孔内在哪个地层设置混凝土护壁以及配筋与否可以按需勾选，也即地层变化情况影响混凝土护壁有无配筋。

【确认】　即本次操作确认并退出。

【取消】　即本次操作无效退出。

注意事项：

同时选择多个孔桩构件查询地层类别时，如果出现不同孔深且原设置地层层名、层数也不一致，地层类别表中仅显示孔深最浅的层名、层数设置情况，此时要特别谨慎，单击【确认】就是将所选不同深的孔桩统一为能看到的层名、层数上来，单击【取消】才是只查询而不改变原设置。

6. 地层归并

对于挖孔桩，由于有的定额要求对有土有石的孔桩成孔工程量按土层与岩石不同深度分别计算，导致地层算量归并的计算对象不再是孔桩的特定构件属性，而成为比构件属性低一级的地层类别；计算载体不再是工程模型中布置出来的构件，而成为孔桩构件上设置出来的地层，反映为地层挖凿工程量的区分条件之一的深度，不能仅取构件的孔深属性，而应按具体要求选取地层深度。为兼顾不同地区的孔桩算量需要，针对成孔工程量从定义、设置、分析、统计到输出，软件设计了专用处理方法，包括如下内容：

(1)以参数规则来控制挖孔桩地层深度确定方法。如图 4-16 所示，在算量设置/计算规则/参数规则下面的"桩基"构件上设有【挖孔桩地层深度确定方法】参数规则，除方法 1、方法 2 用于个别地区外，大都适用方法 3 不考虑地层深度，即定额规定有深度条件时取自构件的孔深属性。

(2)由工程特征的土方定义设置地层工程量区分条件。如图 4-17 所示，在工程设置/工程特征/土方定义下面设有"地层工程量区分条件"。从打开的对话框里可以看到地层工程量的区分条件，除深度之外，还有"直径"(应理解为孔径或边长)和"干湿土"。单击对话框下方的【帮助】按钮，可以看到区分条件的设置说明。

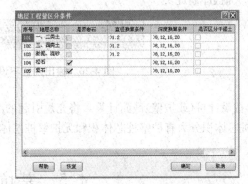

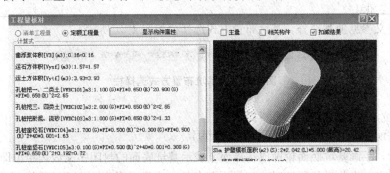

图 4-16　地层计参数规则　　　**图 4-17　"地层计算区分条件"对话框**

(3)在构件核对界面所见即所得。如图 4-18 所示，挖孔桩由原来的参数法处理改为图形法处理后，用户核对工程量时看到了什么，就意味着软件算成了什么。

图 4-18　地层计算所见即所得

(4)工程量输出中不设地层挖凿量项目，如图 4-19 所示，对挖孔桩的地层挖凿量项目不再像孔桩的其他输出项目一样，在算量设置/工程量输出页面中设置。因此，用户从编号或构件上对成孔工程量挂接做法的习惯需要改变，只能从统计预览界面结果上挂接做法或得到实物量结果后再挂接做法。

添加(A)	删除(D)	导入	恢复			
序号	输出	工程变量	名称	表达式	基本换算	分类
1	☑	Shm	护壁模板面积(m2)	S		
2	☑	Sm	桩身模板面积(m2)	S1		
3	☑	Vzx1	有护壁桩芯体积(m3)	V1	材料名称;浇捣方法;搅	混凝土工程量
4	☑	Vzx2	无护壁桩芯体积(m3)	V2	材料名称;浇捣方法;搅	混凝土工程量
5	☑	Vb	轻护壁体积(m3)	VHBT	护壁材料名称	
6	☑	Vb1	砖护壁体积(m3)	VHBZ		
7	☐	Vzx	桩芯体积(m3)	Vzm	材料名称;浇捣方法;搅	混凝土工程量
8	☑	Vs	运石方总体积(m3)	Vysf		
9	☑	Vt	运土方总体积(m3)	Vytf		
10	☐	VZFJ	凿壁浮浆体积(m3)	VZB+V3		

图 4-19　输出设置不设地层挖凿量项目

7. 充盈处理

各地定额对挖孔桩灌注工程量的充盈问题，处理方法可以归纳为两类：

(1)按设计桩(或护壁)截面外扩一定尺寸计算，将充盈增加的体积体现在工程量里。对此，软件在算量设置/计算规则/参数规则下面的"桩基"构件上提供【挖孔桩护壁计算方法】【挖孔桩无护壁区段桩芯计算方法】两条参数规则，以便进行区别性计算，如图 4-20 所示。既往孔桩参数【充盈扩大值】即属此类。

规则解释	规则列表	阈值(T)	参数(Z)
挖孔桩地层深度确定方法	3不考虑地层深度	0	0
挖孔桩护壁计算方法	1按设计图示尺寸周边加x(mm)计算	0	0
挖孔桩无护壁区段桩芯计算方法	1按设计图示尺寸周边加x(mm)计算	0	0

图 4-20　输出设置不设地层挖凿项目

(2)按设计桩(或护壁)截面计算，将充盈引起的灌注物料量加大体现在定额消耗量里。对此，软件把桩芯体积分为有护壁桩芯体积和无护壁桩芯体积，以便通过定额换算补偿充盈扩大消耗。

4.5　基坑土方

功能说明：计算大开挖土方。

菜单位置：【土方】→【基坑土方】

命令代号：jktf

基坑的定义参见独基部分。基坑布置方式选择栏如图 4-21 所示。

导入图纸 ▾ · 冻结图层 ▾ · 手动布置 · 点内部生成 · 矩形布置 · 基坑放坡

图 4-21　大基坑布置方式选择栏

执行【基坑土方】命令后，命令栏提示：

矩形布置<退出>或 【手动布置(D) 点内部生成(J)】

根据提示，手画基坑底面轮廓或在界面上表示基坑底面的封闭多义线内单击即可。

大基坑土方分多阶进行开挖时，如果平面各边、上下各阶的放坡不相同，上下各阶的阶高不相等，甚或在平面各边、上下各阶的走道宽也有变化的，都可以用【基坑放坡】命令进行编辑。

选项和操作解释：

【基坑放坡】　用于基坑边缘的放坡设置，防止边坡塌方。

操作说明：

执行【基坑放坡】命令，命令栏提示：

选择修改的大基坑:

根据命令栏提示,选择需要放坡或改变阶高、走道宽的大基坑,选择后弹出"修改大基坑"对话框,如图4-22所示。

对话框选项和操作:

【当前修改第□阶】 当基坑放有多阶走道时,在"□"中指明当前修改的为第几阶,自下往上数起。

图4-22 "修改大基坑"对话框

【挖土深度】 指定当前阶的阶高。

【走道宽】 指定当前阶顶面当前边的走道宽度,指定阶为顶阶时灰显以示无可编辑。

【放坡系数】 指定当前阶当前边的放坡系数。

执行基坑放坡功能后,根据命令栏提示在大基图形上选择需要放坡或修改阶高、走道宽的边缘线。系统内部已将基坑的边缘线按方向编排了序号,点开的对话框中显示的就是选中的边缘序号。如果在定义基坑编号时定义了基坑走道阶数和走道宽,则在对话框中相应的栏目中可看到对应的数据。默认走道阶数为1,即单阶大基坑没有走道,走道阶数不小于2的大基坑,方可在对应的栏目中编辑修改。

对话框中【挖土深度】【走道宽】【放坡系数】三个内容,均可按需修改。

【应用全部边】 单击该按钮,会将对话框中设置的参数匹配到基坑的所有边序上。

【应用当前边】 单击该按钮,只对选中的边序进行修改。

【取消】 对基坑什么都不做,回到原状态。

4.6 建筑范围

功能说明:建筑范围主要用于地下室大基坑开挖后的回填扣减。因为地下室是一个空间体,大基坑回填土方若沿用普通扣减构件方式,只将墙、梁、板、柱等构件的实体扣减掉而不扣减空间部分,相当于在把地下室填实,所得结果荒谬。建筑范围是将地下室外边线以内区域范围看作一个构件来考虑扣减,以便处理有地下室大基坑的回填计算问题。

菜单位置:【土方】→【建筑范围】

命令代号:jzfw

定义方式同脚手架说明。

建筑范围布置方式选择栏如图4-23所示。

图4-23 建筑范围布置方式选择栏

选项和操作解释:

同板相关说明。

对应导航器上的【构件布置定位栏】解释:

无。

对应导航器上的【属性列表栏】解释:

同脚手架说明。

操作说明:

同板布置相关说明。

4.7　场区布置

功能说明：工程总图设计或大面积土地整治项目中，改造场地自然地形时，根据场地平面布局中每个因素(厂库房、货场、楼宇、道路、排水、灌溉等)在地面标高线上的相互位置不同而划分的区域称为场区。布置场区的目的，是通过设置场区设计标高进而实现自动匹配网格土方的网点设计标高。场区布置是网格土方计算的辅助功能。

场区布置

4.8　布等高线

功能说明：对以等高线表达自然地形的场地改造工程，通过识别(或手画)等高线方式进而实现自动采集网格土方的网点自然标高。布等高线也是网格土方计算的辅助功能。

布等高线

4.9　网格土方

功能说明：对工程总图设计或大面积土地整治项目进行网格布置，用于大型场地土石方挖填计算。

菜单位置：【土方】→【网格土方】

工具图标：

命令代号：wgbz

操作说明：

执行命令后命令栏提示：**选择已经画好的多义线或场区**：，同时光标变为"口"字形，提示用户界面中选取插入的电子图或用多义线手工绘制的网格土方的轮廓边界封闭线。

温馨提示：

做网格土方计算，先在界面中用CAD的多义线将需要计算的网格土方轮廓或场区绘制出来，并且应是封闭的轮廓或场区。

根据命令栏提示，在界面中光标选取边界封闭的多义线，这时命令栏又提示：**输入方格网边长X(m)：<10>**，根据提示在命令栏内输入 X 方向的网格间距，如输入"5"后回车，命令栏又提示：**输入方格网边长Y(m)：<5>**，在命令栏输入 Y 方向的网格间距，如果 Y 方向的间距同 X 方向的一样时，可以直接回车。命令栏又提示：**在网格边线或内部选择一点做为划分起点**；将光标置于需要画线的网格线的起点单击。命令栏又提示：**请输入方格倾角或「与指定线平行(L)」<0>：**输入倾角后这时系统就会以单击的位置做原点向倾角方向将网格线按设定的间距布置上，同时每个单元格内对应地生成了角点编号和方格编号(图4-24)。

网格区域设置好后，执行【土方】→【网格土方】→【网点设高】命令，如图 4-25 所示。

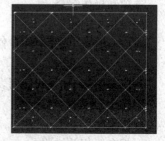

图 4-24　方格网布置图

图 4-25　网点设高命令位置

执行【网点设高】命令后,光标会变为十字形,命令栏提示:

指定要修改自然标高的点[指定自然标高(Z)][指定设计标高(S)][自动采集自然标高(A)]

光标选择要修改标高的点后,这时有一个红色圆圈定位显示在方格网上我们选择的点,之后会出现提示:**输入自然标高(m):**,输入自然标高,可以完成对该点的设高。

也可选取其他的修改标高法:

(1)自然采集:选择这个方法时,必须先布置等高线,软件会根据等高线自行算出每一点的自然标高。

(2)表格输入:框选需要设高的网点,该点的提示为:**第一角点**,光标框选单元网格的第一个点位,拖动鼠标,将设置好的方格网框选,则会跳出表输入对话框,如图4-26所示。

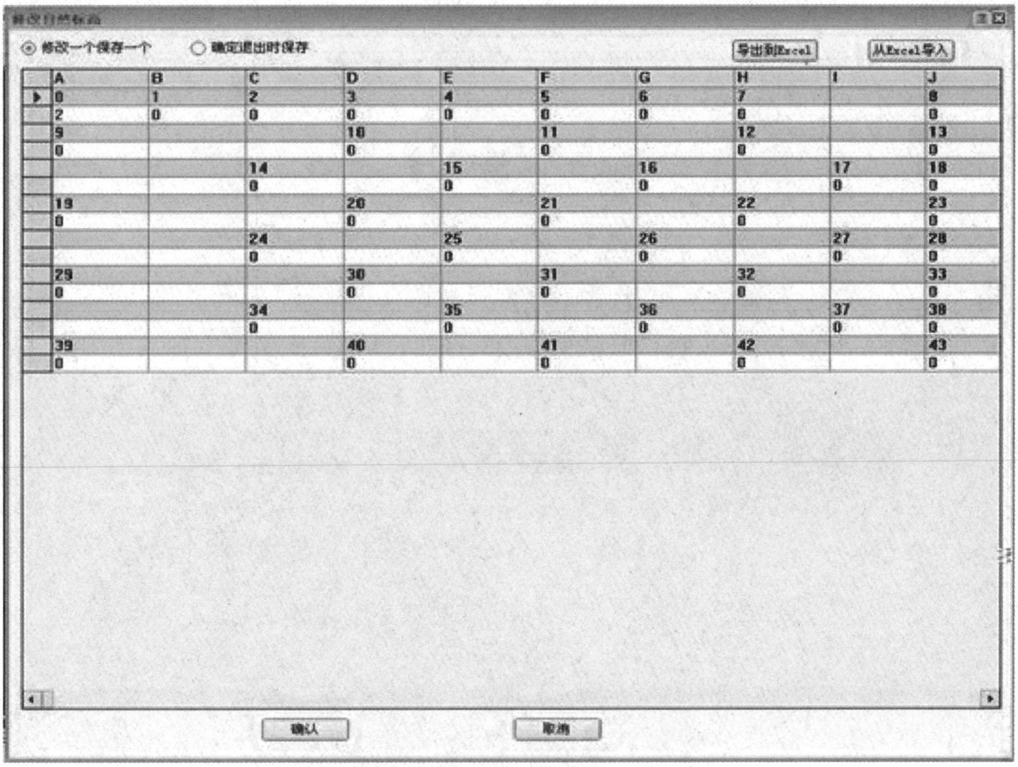

图 4-26　网点设高表格输入对话框

输入各点的标高值,单击【确认】按钮,就可以完成对网点的设高。

(3)指定设计标高:这是将切换到对网点进行设计标高设置界面。单击【指定设计标高】按钮或输入 S,按回车键,会出现命令栏提示:

指定要修改设计标高的点[指定自然标高(Z)][指定设计标高(S)][自动采集自然标高(A)]

对网点设置设计标高的操作参考设置自然标高。对一个网格土方设置自然标高和设标高后如图 4-27 所示。

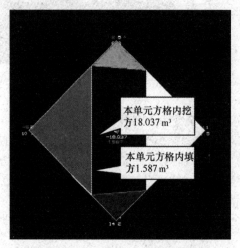

图 4-27　单元格内的挖填土方结果

图 4-27 中数据带"—"号的为挖方。红色的为填方区域，蓝色的为挖方区域。

5 结构

本章内容

　　柱体布置、柱帽布置、梁体布置、墙体布置、暗柱布置、暗梁布置、板体布置、预制板、后浇带、预埋铁件。

　　本章主要讲述如何在预算图中布置结构部分的构件。

5.1 柱体布置

功能说明：柱体布置。
菜单位置：【柱体】→【柱体】
命令代号：ztbz
柱体定义方式同独基，略。
柱体布置方式选择栏如图 5-1 所示。

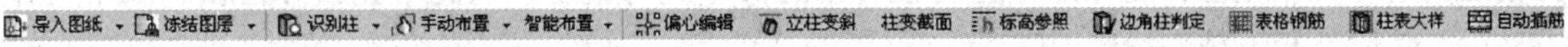

图 5-1 柱体布置方式选择栏

选项和操作解释：
选择栏中各按钮解释：
【识别柱体】【识别柱筋】　另见有关章节。
【手动布置】【智能布置】　详见独基章节相关说明。
【选独基布置】　以独基的位置作为参照，布置柱体。
【偏心编辑】【立柱变斜】　另见有关章节。
【标高参照】　另见有关章节。
【边角柱判定】　另见有关章节。
【自动插筋】【表格钢筋】【柱表大样】　另见有关章节。
对应导航器上的【构件布置定位栏】解释：
同独基说明一致。
对应导航器上的【属性列表栏】解释：
【底高】　柱子的底部高度，当柱子的高度设置为【同层底】时，可以在同层底高的基础上"±"一个数值来调整柱子的底高。如"同层底＋300"表示柱底高高出当前层底300，反之如"同层底－300"表示低于当前层底300。其他文字选项用法类似。
【高度】　柱子的高度，默认为【同层高】，也可以在同层高的基础上"±"一个数值来调整柱子的高度，解释同【底高】。

操作说明：同独基说明一致。

5.2 柱帽布置

功能说明：柱帽布置。

菜单位置：【柱体】→【柱帽】

命令代号：zmbz

柱帽定义方式同独基，略。

柱帽布置方式选择栏如图 5-2 所示。

选项和操作解释：

【选柱布置】 以柱子位置作为参照，布置柱帽。

※ 核对构件、核对单筋：另见有关章节。

图 5-2 柱帽布置方式选择栏

【智能布置】

※ 选实体布置：选择柱、暗柱、短肢墙获得边线，布置单倾角异形柱帽。

※ 任意边线布置：画闭合多义线布置单倾角异形柱帽。

※ 选线布置：选择密闭多义线布置单倾角异形柱帽。

※ 矩形边线布置：画矩形多义线布置单倾角异形柱帽。

【柱帽切割】 布置在楼盖边角上或者无梁楼盖与有梁交界处的缺边少角柱帽，可以按正常柱帽定义并布置到位，再用本命令将多余部分切掉。

【柱帽偏心】 当柱支撑楼盖连接着建筑高度悬殊的其他结构而柱帽位于附近时，可能设计为偏心构造，待柱帽正常定义并布置到位后用此命令进行偏心，只能对托板方柱帽、倾角托板方柱帽、二阶托板方柱帽操作。

【柱帽扭转】 当柱帽布置在柱、板轴线非正交时，因其托板部分应与板轴线同向，会出现柱帽扭转情况，待柱帽正常定义并布置到位后用此命令进行扭转，只能对托板方柱帽、倾角托板方柱帽、二阶托板方柱帽操作。

操作说明：

将柱帽定义好后，根据命令栏提示 选柱布置<退出> 在界面中单选或框选对应的柱子，就可将柱帽布置到柱顶上。

1. 柱帽切割

执行【柱帽切割】命令后，命令栏提示：

以梁、墙外边线作为切割参考线,请选择需要切割柱帽内部一点 画切割参考线(P) ：

当需要以梁墙外边作为切割线时，可直接单击在柱帽准备切掉的部分内一点，切割效果如图 5-3 所示。

也可以自画参考线：单击【画切割参考线】按钮或输入 P，回车，命令栏提示：

请画切割柱帽的起点 以梁、墙外边线作为切割参考线,请选择需要切割柱帽内部一点(Q)

选择切割参考线的起点后，命令栏又出现提示：

请输入下一点<退出>或 圆弧上点(A) 半径(R) 平行(P)

按照提示画好参考线(图 5-4)。

命令行又提示：请指出柱帽需要切割的部分内部点 ，单击内部一点，会切割柱帽(图 5-5)。

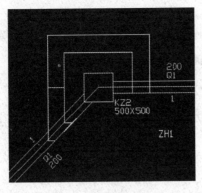

图 5-3　柱帽切割效果

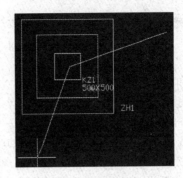

图 5-4　自画柱帽切割参考线

2. 柱帽偏心

执行【柱帽偏心】命令后，命令栏提示：**选择柱帽：**，选择要偏心的柱帽后，命令栏又提示：**请输入柱帽要偏心的位置（以柱帽的中心点为基点）：**，选要偏心的位置，执行偏心操作，结果如图 5-6 所示。

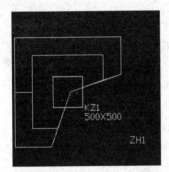

图 5-5　画参考线切割柱帽后的结果

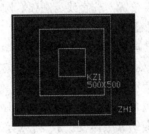

图 5-6　柱帽偏心后的结果

3. 柱帽扭转

执行【柱帽扭转】命令后，命令栏提示：**选择柱帽：**，选要偏心的柱帽后，命令栏又提示：**请输入柱帽要扭转的角度<0>：**，输入柱帽扭转的角度后会对柱帽进行扭转（图 5-7）。

温馨提示：

经切割处理的不规则柱帽，软件不仅能准确计算混凝土、模板等构件工程量，也能按实际图形配置钢筋，并提供钢筋三维显示。柱帽切割，灵活高效。

图 5-7　柱帽扭转后的结果

5.3　梁体布置

功能说明：梁布置。

菜单位置：【梁体】→【梁体】

命令代号：ltbz

梁定义方式同独基，略。

梁布置方式选择栏如图 5-8 所示。

图 5-8　梁布置方式选择栏

选项和操作解释：

【提取边线】【提取标注】【单选识别】【识别检查】【识别截面】 另见【识别梁体】章节。

【手动布置】

※直线画梁：在界面上选择一条梁的端部作为起点，直线延伸，置于梁的末点单击，在界面上就生成了一个梁。

※ 三点弧梁：在界面上选择一条梁的端部作为起点，延伸选择梁的第二个点，然后弧线延伸，置于梁的末点单击，在界面上就生成了一条弧形梁。

※ 绘制折梁：根据设计要求，在界面上布置水平或垂直的折形梁段。

【智能布置】

※ 框选轴网：框选界面上的轴网来布置梁。

※ 选轴画梁：对选到的轴线，计算出这轴线与其他轴线的交点。在交点的最大范围内生成梁。

※ 选墙布置：选择墙体来布置梁，梁的长度同墙体的长度。

※ 选线布置：选直线、圆弧、圆和多义线、椭圆来生成梁。

【悬挑端】

※ 选梁画悬挑：单击梁端头，端支座外侧生成悬挑梁。

※ 画纯悬挑梁：用于手绘梁长的方法布置悬挑梁。

【悬挑变截面】 选择悬挑梁端，修改梁的端部截高生成变截面悬挑梁。

【跨段组合】【组合开关】【梁跨反序】 另见有关章节。

【梁体变斜】【梁体变拱】 另见有关章节。

【梁体加腋】 另见有关章节。

【高度调整】【标高参照】 另见有关章节。

【截面编辑】 另见有关章节。

【腰筋吊筋】 另见有关章节。

【附加箍筋】 另见有关章节。

【梁表钢筋】 另见有关章节。

对应导航器上的【构件布置定位栏】解释：

同独基说明一致。

对应导航器上的【属性列表栏】解释：

【梁顶高】 当前梁布置的顶高度，可以在梁顶高【同层高】属性值的基础上"±"一个数值来调整梁的顶高。如"同层高＋300"表示在梁顶同层高的基础上将梁向上提高 300 mm，反之如"同层高－300"表示降低 300 mm。其他文字选项表示将梁顶动调整到同其他构件的相应高度位置。

操作说明：

(1)【手动布置】 同条基说明。

(2)【框选轴网】 同条基说明。

(3)【点选轴线】 同条基说明。

(4)【选墙布置】 同条基说明，只是选择墙后生成的梁在墙的顶上。

(5)【选线布置】 同条基说明。

(6)【绘制折梁】 折梁是指在一跨内平面弯折或立面弯折的梁。执行【绘制折梁】命令后，命令栏提示：

`绘制折梁<退出>或 直线画梁(V12) 三点弧梁(V13) 框选轴网(K) 选轴画梁(D) 选墙布置(N) 选线布置(Y) 选梁画悬挑(J) 画纯悬挑梁(Q)`

用光标在折梁的起端单击，命令栏又提示：

`请输入直线终点<退出>或 弧线(A) 平行(P) 撤销(H)`

如果是弧形折梁，则执行圆弧绘制方法（参见手动布置条基部分），直形折梁就将光标移至折点依次单击，到终点后，右击或回车，命令栏提示：

请选择需要输入高度的点：

界面上离光标最近的点出现圆圈引导选择，如图 5-9 所示。

选择需要输入高度的点单击，命令栏提示：

请输入该点的高度（mm）<3 300>：

提示文字尖括号中显示的是该点当前高度，需要修改的在命令栏内输入，不修改的右击，依次为各点指定高度，直到完成右击确定，一条折梁就会生成，如图 5-10 所示。

图 5-9　圈示选择点

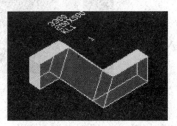

图 5-10　立面折梁三维效果

平面折梁的操作更简单，选完折点、终点后命令栏提示选择需要输入高度的点时，直接右击即可，如图 5-11 所示。

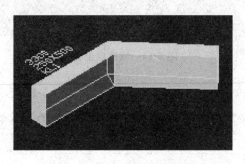

图 5-11　平面折梁三维效果

(7)选梁画悬挑。当悬挑梁由跨内梁延伸外挑时，执行【选梁画悬挑】命令后，命令栏提示：

`选梁画悬挑<退出>或 直线画梁(V12) 三点弧梁(V13) 绘制折梁(O) 框选轴网(K) 选轴画梁(D) 选墙布置(N) 选线布置(Y) 画纯悬挑梁(Q)`

同时在界面的左上角弹出"请输入梁的悬挑长度"对话框（图 5-12）。在对话框中输入梁的悬挑长度（伸出支座外的净长）后，用光标到界面上选择需要伸出悬挑端的梁。注意，选择点要靠近拟外伸悬挑一端，单击，即会由所选梁伸出悬挑端。

图 5-12　"请输入梁的
悬挑长度"对话框

(8)画纯悬挑梁。若为柱、墙支座上伸出的纯悬挑梁，执行【画纯悬挑梁】命令后，命令栏提示：

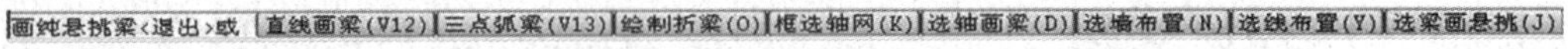

在悬挑梁的起端单击，再将光标移至悬挑梁的末端单击，就会生成纯悬挑梁。

小技巧：

画纯悬挑梁时，选取起端根据读取尺寸的方便，可以起自轴线或柱墙支座构件中线，也可以起自支座构件边线，选定单击，将光标向末端移动，不点鼠标，而在命令栏内输入悬挑长度，回车，悬挑梁即按输入长度生成。

(9)悬挑梁变截面。当延伸悬挑梁或纯悬挑梁的端部截面与根部不同时(俗称大小头，如图 5-13 所示)，可用以下两种方式处理：

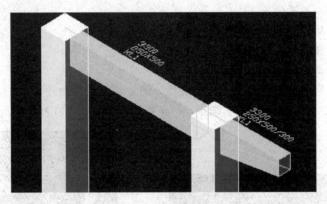

图 5-13　变截面悬挑梁

1)选择悬挑跨，在属性查询对话框中修改【端部截高】(图 5-14)。

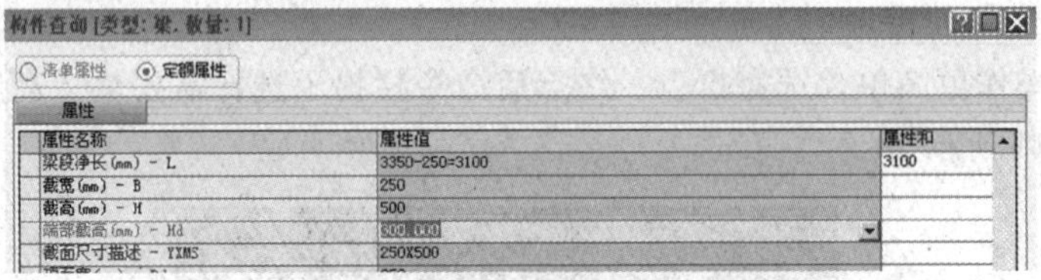

图 5-14　修改端部截高

2)在"梁筋布置"对话框中，修改悬挑跨截面尺寸，如图 5-15 所示。

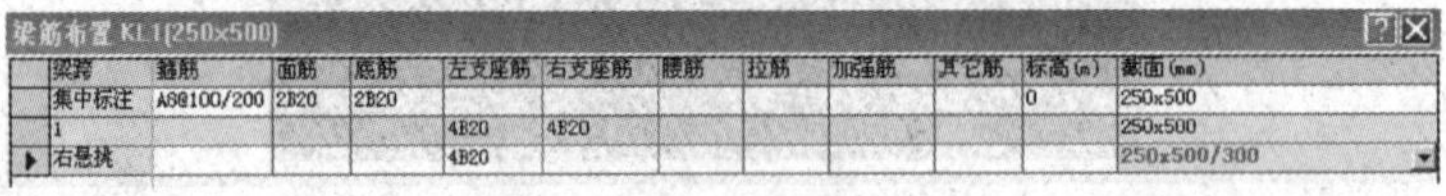

图 5-15　修改截面尺寸

5.4　墙体布置

功能说明：混凝土墙布置。

菜单位置：【墙体】→【混凝土墙】

命令代号：qtbz

墙体定义方式同独基，略。

墙布置方式选择栏如图 5-16 所示。

图 5-16 墙布置方式选择栏

选项和操作解释：

【识别墙体】【识别内外】 另见有关章节。

【手动布置】

※ 直线画墙：在界面上选择一道墙的端部作为起点，直线延伸，止于墙的末点单击鼠标，在界面上就生成了一道墙。

※ 三点弧墙：在界面上选择一道墙的端部作为起点，延伸选择墙的第二个点，然后弧线延伸，止于墙的末点单击鼠标，在界面上就生成了一道弧形墙。

【智能布置】

※ 框选轴网：框选界面上的轴网来布置墙。

※ 选轴画墙：对选到的轴线，计算出该轴线与其他轴线的交点。在交点的最大范围内生成墙。

※ 选梁画墙：选择梁体来布置墙，墙的长度同梁体的长度。

※ 选条基画墙：选择条基来布置墙，墙的长度同条基的长度。

※ 选线布墙：选直线、圆弧、圆和多义线、椭圆来生成墙。

【平墙变斜】 选择需要变斜的墙体并输入各点的高度，将平底平顶墙变为斜底斜顶墙。

【墙体倾斜】 选择需要倾斜的墙体，按调整方式(倾斜角度、倾斜距、倾斜坡度)输入相应的参数，将墙向平面外倾斜。

【墙体加腋】【标高参照】 另见有关章节。

【底层墙插筋】【墙表钢筋】 另见有关章节。

对应导航器的【构件布置定位栏】解释：

同独基说明基本一致。

操作说明：

(1)【手动布置】 同条基说明。

(2)【框选轴网】 同条基说明。

(3)【点选轴线】 同条基说明。

(4)【选梁布置】 同条基说明，只是选择梁后生成的墙在梁底。

(5)【选线布置】 同条基说明。

(6)【平墙变斜】 分为起止点变斜和山墙变斜两种方式。命令代号：qtbx。

1)起止点变斜。单击【墙体变斜】→【平墙变斜】命令，或输入 qtbx 命令回车，命令栏提示：

选取要修改的墙：

选择要变斜的墙右击确认，弹出"墙构件变斜"对话框(图 5-17)。

同时选中的墙轮廓线变为亮显，如图 5-18 所示。

图 5-17 "墙构件变斜"对话框　　　　　**图 5-18 当前修改的墙亮显**

在"墙构件变斜"对话框中按需要输入起点、终点的顶高、底高(图 5-19),单击【应用】按钮就可以看到墙体变斜了(图 5-20)。

图 5-19　起止点参数输入示意　　　　图 5-20　起止点变斜效果

2)山墙变斜。执行【平墙变斜】命令,选取要修改的山墙后,在弹出的"墙构件变斜"对话框里选择【山墙】单选框,如图 5-21 所示。

【山墙位置】　指墙体凸起点距离起始点的距离。

【山墙标高】　指墙体凸起点相对楼层的高度。

通过调整起止点和山墙的高度,将墙体起山变斜处理,输入山墙位置和山墙标高以及起点和终点标高(图 5-22),然后单击【应用】按钮就可以看到山墙变斜了(图 5-23)。

图 5-21　【墙构件变斜】对话框　　　　图 5-22　山墙参数输入示意

(7)【墙体倾斜】　墙体倾斜是对墙体进行与竖向垂直方向产生夹角的操作。命令代号:qtqx。

执行【墙体倾斜】命令后,命令栏提示:

选择一个要变斜的<墙>:

用光标选择界面中需要变斜的墙时,选中的墙轮廓线变为亮显,右击,从墙体侧面会有一条直线引出,用户可以选择倾斜的方向,如图 5-24 所示。

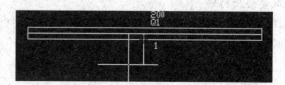

图 5-23　山墙变斜效果　　　　图 5-24　墙体倾斜方向引线

同时命令栏提示:

请指定墙倾斜的方向:

用光标在界面上确定方向后,弹出"墙体倾斜"对话框。

对话框选项和操作解释:

"墙体倾斜"对话框上有以下三种调整方式:

(1)【按倾斜角度倾斜】(图 5-25) 用户可以在【坡角】输入框输入倾斜角度,或单击 按钮在界面中提取倾斜角度,单击【确定】按钮后即可生成需要的斜墙。

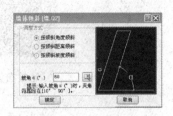

(2)【按倾斜距离倾斜】(图 5-26) 用户可以在【倾斜距】输入框输入倾斜距,或单击 按钮在界面中提取倾斜距,单击【确定】按钮后即可生成需要的斜墙。

(3)【按倾斜坡度倾斜】(图 5-27) 用户可以根据读取方便在【坡比】输入框输入分数型或小数型坡比值,单击【确定】按钮后即可生成需要的斜墙。

图 5-25　按倾斜角度倾斜方式

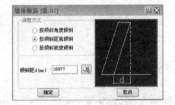

图 5-26　按倾斜距离倾斜方式

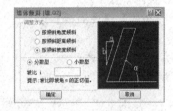

图 5-27　按倾斜坡度倾斜方式

墙体倾斜效果如图 5-28 所示。

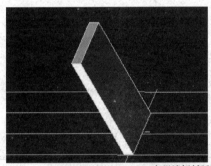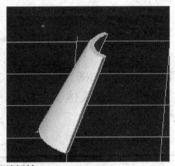

直形墙倾斜弧形墙倾斜

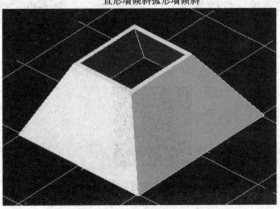

倾斜墙倒角

图 5-28　墙体倾斜效果

暗柱布置　　　　　　　　　　　暗梁布置

5.5　板体布置

功能说明：板体布置。

菜单位置：【板体】→【现浇板】

命令代号：btbz

板体定义方式同独基，略。

板体布置方式选择栏如图 5-29 所示。

图 5-29　板体布置方式选择栏

选项和操作解释：

内容基本同筏板。

【自动布置】　通过提取 CAD 中的板的编号和厚度文字图层，自动识别生成相应的板体，板体的边界位置可以通过对话框中的条件进行设置，如图 5-30 所示。

【显示方式】【板体变斜】【板体变拱】【合并拆分】【板体延伸】【调整夹点】　另见有关章节。

对应导航上的【属性列表栏】解释：

说明同筏板。

对应导航器上的"构件布置定位栏"解释：

说明同筏板。

操作说明：

说明同筏板。

图 5-30　"自动布置板体"对话框

其他结构布置拓展

6 建筑一

砌体墙布置、构造柱、圈梁布置、过梁布置、标准过梁、门窗布置、洞口边框、板洞布置、飘窗布置、老虎窗、悬挑板、竖悬板、阳台生成、栏板布置、压顶布置、栏杆布置、扶手布置、挑檐天沟、腰线布置、脚手架。

本章主要讲述如何在预算图中布置部分建筑的构件。

6.1 砌体墙布置

功能说明：砌体墙布置。

菜单位置：【墙体】→【砖墙】

命令号：qqbz

砌体墙定义方式同独基，略。

砌体墙布置方式选择栏的形式如图 6-1 所示。

图 6-1 砌体墙布置方式选择栏

选项和操作解释：

选择栏中各按钮解释：

【识别砌体墙】【识别内外】 另见相关章节。

【手动布置】

※ 直线画墙：在界面上选择一条墙的端部作为起点，直线延伸，置于条基的末点单击，在界面上就生成了一条墙。

※ 三点弧墙：在界面上选择一条墙的端部作为起点，延伸选择墙的第二个点，然后弧线延伸，置于墙的末点单击，在界面上就生成了一条弧形墙。

【智能布置】

※ 框选轴网：框选界面上的轴网来布置墙。

※ 选轴画墙：对找到的轴线，计算出这轴线与其他轴线的交点。在交点的最大范围内生成墙。

※ 选梁画墙：选择梁体来布置墙，墙的长度同梁体的长度。

※ 选条基画墙：选择条基来布置墙，墙的长度同条基的长度。

※ 选线布墙：选直线、圆弧、圆和多义线、椭圆来生成墙。

※ 选支座布置：单击柱、墙支座构件，在构件上生成墙。

【墙体变斜】

※ 平墙变斜：选择需要变斜的墙体并输入相应点的高度。

※ 墙体倾斜：选择需要倾斜的墙体，选择调整方式(倾斜角度、倾斜距、倾斜坡度)，输入相应的值。

【选洞口填充墙】 选择墙体中的洞口布置墙，用于洞口中填充墙。

【填充墙调整】 对界面上洞口填充墙进行调整，使之与需要的形状和尺寸一致。

【标高参照】 另见有关章节。

【自动砌体拉结筋】 另见有关章节。

对应导航器上的【构件布置定位式输入栏】解释：

同独基说明基本一致。

操作说明：

(1)【手动布置】 同条基说明。

(2)【框选轴网】 同条基说明。

(3)【点选轴线】 同条基说明。

(4)【选梁布置】 同条基说明，是选择梁后成的墙在梁底。

(5)【选线布置】 同条基说明。

(6)【选洞布置】 执行【选洞口填充墙】命令后，命令栏提示： 请选择墙洞〈退出〉: ，根据命令栏提示，光标到界面上选取需要填充布置墙体的洞口，右击，这时弹出"选墙洞布置填充墙"对话框，如图 6-2 所示。

对话框选项和操作解释：

【填充墙编号】 在栏目中设置填充墙的编号。两种方式确定填充墙的编号：①在栏内单击 按钮，在展开的已有墙编号中选择一个墙编号来填充洞口；②单击栏目后面的 按钮，在弹出的"构件编号定义"对话框中定义一个需要的墙编号来填充洞口。

图 6-2 "选墙洞布置填充墙"对话框

温馨提示：

定义填充墙的编号时，一定要选择结构类型为"填充墙"，否则将布置不上。

【填充墙厚度】 在栏目中设置填充墙的厚度。三维算量软件内的墙体允许墙体同编号而不同厚度，在【填充墙编号】栏内设置的墙编号不一定需要定义的厚度，还可以对填充墙进一步指定墙厚。只有在选择了【同编号】，其墙厚才与号定义的墙同厚度。

【填充墙离外侧的距离】 有时洞口填充墙厚不一定与主墙同厚度，这时需要指定填充墙在洞中的平面位置，以便装饰时增加洞口侧边的工程量。单击栏目内的 按钮有默认选项，也可以直接在栏目内输入值。

【确定】 一切内容设置完毕后，单击【确定】按钮就将洞口填充墙布上了。

(7)其他功能参照墙体相应说明。

6.2　构造柱

功能说明：构造柱布置。

菜单位置：【柱体】→【构造柱】

命令代号：gzz

构造柱定义方式同柱说明，略。

构造柱布置方式选择栏如图 6-3 所示。

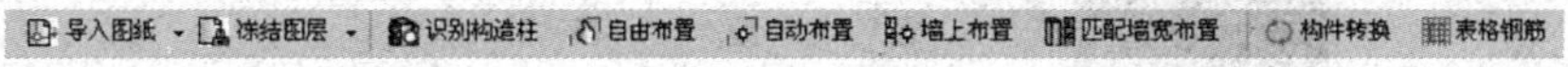

图 6-3　构造柱布置方式选择栏

选项和操作解释：

【自由布置】　指定定位点布置构造柱，但不会将定义的截面尺寸随墙厚度变化。

【墙上布置】　指定定位点布置构造柱墙宽不小于构造柱顺墙宽 H 时自动调整构造柱的顺墙宽为墙宽。

【匹配墙宽布置】　指定定位点布置构造柱，会自动调整构造柱的顺墙宽 H 为墙宽。

【自动布置】　按照用户定义条件，自动在墙上对符合条件的位置进行布置。

对应导航器上的【构件布置定位方式输入栏】解释：

同柱说明。

对应导航器的【属性列表栏】解释：

同柱说明。

操作说明：

1. 自由布置

执行【自由布置】命令后，命令栏提示：

点布置<退出>或 | 墙上布置(D) | 匹配墙厚布置(E) | 自动布置(Z) |

根据提示光标移至界面上需要布置构造柱的位置单击，构造柱就布置上了。注意：点布置的构造柱截面尺寸不会随着墙的厚度改变。

2. 墙上布置

执行【墙上布置】命令后，命令栏提示：

墙上布置<退出>或 | 点布置(O) | 匹配墙厚布置(E) | 自动布置(Z) |

根据提示光标移至界面上需要布置构造柱的位置单击，构造柱就布置上了。注意：当构造柱的顺墙宽 H 小于墙宽时，根据插入点的位置自动地匹配构造柱的位置，当构造柱的顺墙宽不小于墙宽时，自动调整构造柱的顺墙宽为墙宽。

3. 匹配墙宽布置

执行【匹配墙宽布置】命令后，命令栏提示：

匹配墙宽布置<退出>或 | 点布置(O) | 墙上布置(D) | 自动布置(Z) |

根据提示光标移至界面上需要布置构造柱的位置单击，构造柱就布置上了。注意：无论构造柱的顺宽为多少，自动调整构造柱的顺墙宽为墙宽。

4. 自动布置

执行【自动布置】命令后，命令栏提示：

匹配墙宽布置<退出>或 [点布置(O)/墙上布置(D)/自动布置(Z)]

同时弹出“设置自动布置的参数”对话框，如图 6-4 所示。

对话框选项和操作解释：

生成规则说明：

构造柱自动布置时将按照软件生成规则排序的顺序进行位置判定：

(1)墙相交处指的是墙与墙的转角处、丁字相交处、十字相交处、斜交处等连接部位。如果勾选“1.”生成规则，则在墙与墙的连接部位生成构造柱。

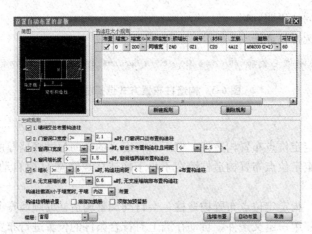

图 6-4 "设置自动布置的参数"对话框

(2)如果勾选"2."生成规则，当门、窗、洞口宽度大于指定数值时，会在门、窗、洞口两侧部位生成构造柱。

(3)如果勾选"3."生成规则，当窗、墙洞宽度大于指定数值时，会在窗、墙洞下布置构造柱，构造柱的顶高到窗、墙洞底部，且构造柱按照本规则指定间距生成。

(4)如果勾选"4."生成规则，当窗与窗之间的墙体长度小于指定数值时，会在窗与窗之间的墙体两端生成构造柱。

(5)当墙长大于"5."生成规则指定数值时，墙体才生成构造柱，生成的构造柱与构造柱之间的间距为本规则指定的数值。

(6)无支座墙指的是一端或者两端没有支座构件的墙体。如果勾选"6."生成规则，当墙体长度大于指定数值时，会在无支座墙的端部生成构造柱。

将对话框中的内容设置完后，单击【自动布置】按钮，就会按设置的条件，自动将构造柱布置到墙体上。

温馨提示：

自动布置的构造柱，可能有些位置布置得不正确，布置完后最好对界面上的构造柱进行一下检查，将错误的构造柱纠正过来。

6.3 圈梁布置

功能说明：圈梁布置。

菜单位置：【梁体】→【圈梁】

命令代号：qlbz

圈梁定义方式同梁说明，略。

圈梁布置方式选择栏如图 6-5 所示。

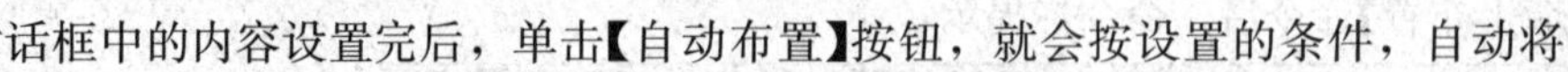

图 6-5 圈梁布置方式选择栏

选项和操作解释：

【手动布置】【选墙布置】【选线布置】 均同梁说明。

【选条基布置】 在砌体条基的顶部置一道圈梁，并且圈梁的顶高和条基的顶高相同。

【自动布置】 按照用户定义的条件，自动在墙上对符合条件的位置进行布置。

【组合布置】 按照用户定义的条件，和其他的条状构件一起进行布置。

【圈梁变斜】 另见有关章节。

【构件转换】 另见有关章节。

操作说明：

1. 选条基布置

执行【选条基布置】命令后，命令栏提示：

请选择砌体条基<退出>或 | 手动布置(S) | 选墙布置(N) | 选线布置(Y) | 自动布置(Z) |

根据选择的砌体条基，在条基的顶部布置一道圈梁。注意：选择的条基一定要是砌体条基。

2. 自动布置

执行【自动布置】命令后，命令栏提示：

手动布置<退出>或 | 选墙布置(N) | 选线布置(Y) | 选条基布置(D) | 自动布置(Z) |

同时弹出"自动布置圈梁设置"对话框(图 6-6)。

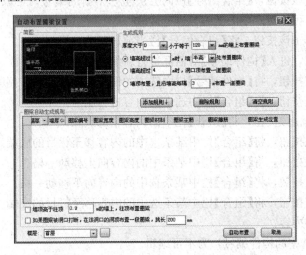

图 6-6 "自动布置圈梁设置"对话框

对话框选项和操作解释：

【生成规则】 先选择墙厚，再设置该墙厚下的规则(注意规则和简图是对应的)，最后添加规则。

【圈梁自动生成规则】 单击【自动布置】按钮，系统就会按照设置的条件，自动将圈梁布设到符合条件的墙体上。

3. 组合布置

执行【组合布置】命令后，命令栏提示：

请输入起点<退出>或 | 撤销(U) |：

同时弹出"组合布置"对话框，如图 6-7 所示。

对话框选项和操作解释：

组合布置功能用于将构件组在一起进行布置，本对话框用于将多个构件组在一起形成一个组合编号。组合构件布置到界面中后其构件会自动分解，还是各自的编号。

图6-7 "组合布置"对话框

【组合编号】 位于对话框的左上角，用于在栏目中选择已组合的编号。

【构件名称选项】 位于【组合编号】栏的下方，用于在栏目中选择要组合的构件名称。栏目中没有选择的构件，表示不可组合。

【构件编号】 位于【构件名称选项】栏的下方，当选中"构件名称"后，该栏目内就显示对应的构件编号。

【定位选择】 位于【删除全部】按钮的下方，该栏目用于设置布置构件的定位点。

【新组合】 单击该按钮，【组合编号】栏内会产生一个新的编号。可以直接在【组合编号】栏内输入一个编号，也可以对产生的新编号进行修改。

【删除组合】 单击该按钮，将【组合编号】栏当前显示的编号删除。

：单击该按钮，进入【构件编号】对话框进行新编号定义。

【添加】 单击该按钮，将【构件编号】栏中选中的编号内容增加到右侧的组合栏中。

【删除】 单击该按钮，将【组合】栏中选中的内容进行删除。

【删除全部】 单击该按钮，将【组合】栏中的内容全部删除。

【顶端】 单击该按钮，将【组合】栏中某条选中的内容移至栏目的底端。

【上移】 单击该按钮，将【组合】栏中某条中的内容向上移动一格。

【下移】 单击该按钮，将【组合】栏中某条选中的内容向下移动一格。

【底端】 单击该按钮，将【组合】栏中某条选中的内容移至栏目的底端。

【组合】 栏中的内容：

※ 编号：当前选中的构件编号，为不可编辑。

※ 构件名称：当前选中的构件名称，为不可编辑。

※ 底高度：当前选中的构件的底高度，为可编辑，调整构件的底高度，布置到界面中的构件就是定义的高度。

※ 顶高：当前选中的构件的顶高度，为可编辑，调整构件的顶高度，布置到界面中的构件就是定义的高度。

※ 中心偏移：当前选中的构件的中心偏移值，为可编辑，调整构件的中心偏移值，布置到界面中的构件就是定义的偏移值。

※ 厚度：当前选中的构件的厚度，为可编辑，调整构件的中心偏移值，布置到界面中的构件就是定义的偏移值。

：布置按钮，单击该按钮，到界面上布置组合构件。

操作说明：

现在用墙与圈梁组合一个同时布置的构件：

单击【新组合】按钮，在【组合编号】栏内创建一个组合编号"ZH2"；单击【构件名称选项】栏后的，在展开的构件名称列表内选择"墙"，这时【构件编号】栏内会显示墙构件定义过的【构件编号】，如果没有，可以单击 ▣ 按钮，进入【构件编号】对话框定义一个墙编号。回到【组合布置】对话框中就可以看到新编号在【构件编号】栏内；单击【添加】按钮，将选中的墙编号选到右边的【组合】栏中。回到上述开始，将圈梁的编号选到【组合】栏中。在组合栏中将圈梁的高度位置设置为2 000 mm。如果有布置定位要求，可在【定位选择】栏内将布置定位点设置好，之后单击 ▣ 按钮，将光标置于需要布置构件的位置，依据命令栏提示：

请输入起点<退出>或 撤销(U)

光标单击墙的起点，命令栏又提示：

请输入下一点<退出>或[圆弧(A)]:

将墙线布置到墙的终点单击，一段墙带圈梁的组合构件就布置上了，如图6-8所示。

温馨提示：

(1)软件默认圈梁截宽、截高均为同墙宽，梁顶高为同墙顶。

(2)如果用户要布置圈梁的钢筋，则在此处选墙布置圈梁时需要逐个选取墙体来布置圈梁，否则会影响后面圈梁的钢筋计算结果。

(3)手绘圈梁，一般用于圈梁与墙段不同长度的布置，如带悬挑梁的圈梁。

小技巧：

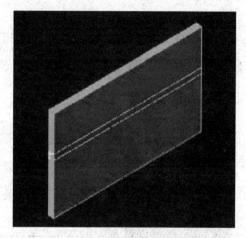

图6-8 墙和圈梁组合布置的结果

如果要布置弧形圈梁，用选墙布置的方法，布的圈梁就会随着弧形墙弯曲。

6.4 过梁布置

功能说明：绘制过梁。

菜单位置：【梁体】→【过梁】

命令代号：glbz

过梁定义方式同梁说明，略。

过梁布置方式选择栏如图6-9所示。

▣ 导入图纸 ▾ ▣ 冻结图层 ▾ ✎ 直线画梁 ▣ 选洞口布置 ✦ 选线布置 ▣ 自动布置 ◇ 构件转换 ✦ 组合布置

图6-9 过梁布置方式选择栏

选项和操作解释：

【直线画梁】【选线布置】【组合布置】 同前同类说明。

【选洞口布置】 选择已经布置的门窗洞口进行过梁布置。

【自动布置】 按照用户定义的条件，自动在墙上对符合条件的洞口进行过梁布置。

对应导航器上的【属性列表栏】解释：

【拱洞口布拱过梁】 将过梁布置到拱形洞口上。

【左挑长】【右挑长】 过梁搁置在洞口左右侧墙上的长度。

操作说明：

1. 选洞口布置

执行【选洞口布置】命令后，命令栏提示：

选洞口布置<退出>或 手动布置(E) 自动布置(Z)，

光标选择界面中需要布置过梁的洞口单击，就将过梁布置上了。如果是拱形洞口，则在【属性列表栏】内【拱洞口布拱过梁】属性值内打上"√"，再用光标单击洞口，拱形洞口上就布置了一条拱形过梁，如图 6-10 所示。

2. 自动布置

执行【自动布置】命令后，弹出"过梁表"对话框，如图 6-11 所示。

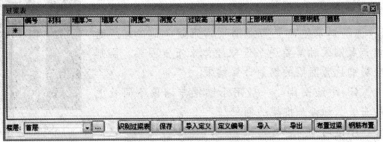

图 6-10 拱形洞口上
布置的拱形过梁

图 6-11 "过梁表"对话框

对话框选项和操作解释：

【识别过梁表】 识别电子图上的过梁表。

【保存】 对识别成功的过梁表数据进行存储。

【导入定义】 导入已经定义过的过梁编号来产生过梁表。

【定义编号】 根据过梁表创建过梁编号到各个楼层。

【导入】 在 Excel 中选中过梁数据(不要选标头)，导入到表格中。

【导出】 将数据导出到 Excel 中进行编辑后再导入到表格中。

【布置过梁】 自动布置过梁到各个楼层。

【钢筋布置】 将过梁布置后，单击该按钮进行钢筋布置。

【楼层】 自动布置过梁到哪些楼层。

栏目中的内容：

【编号】 一条过梁的编号。

【材料】 对应过梁编号的材料。

【墙宽＞＝】 墙宽范围的起点条件。

【墙宽＜】 墙宽范围的终止条件。

【洞宽＞＝】 洞宽范围的起点条件。

【洞宽＜】 洞宽范围的终止条件。

【过梁高】 过梁的截高定义。

【单挑长度】 过梁搁置在洞口侧墙上的长度，此处只需对单边挑出长度进行设置。

【上部钢筋】 对应本条过梁编号的上部钢筋描述。

【底部钢筋】 对应本条过梁编号的下部钢筋描述。

【箍筋】 对应本条过梁编号的箍筋钢筋描述。

操作说明：

自动布置过梁，必须先将布置过梁洞口匹配条件设置好，如多宽的洞口和墙厚布置什么编号的过梁，在该过梁内布置什么规格型号的钢筋等。

定义过梁编号有两种方法，一种是手工输入，一种是当有电子图时，对电子图进行识别。手工输入又分两种方法，一种是直接将数据输入"过梁表"对话框内，另一种是将数据输入 Excel 表中，再经过【导入】功能将数据导入到"过梁表"中。

过梁识别方法和表格的编辑参见【柱表】识别相关内容。

当过梁表定义好后就可以进行布置了。

单击【布置过梁】按钮，弹出"自动布置过梁设置"对话框，如图 6-12 所示。

对话框中有两个栏目：

【过梁截高大于洞顶至梁底的距离时】 当过梁的截面高度大于门窗洞顶至梁底的高度时，处理方法有两种选择，一是【不布置过梁】；二是将【过梁变薄布置】。选择其中的一种方式进行处理。

图 6-12 "自动布置过梁设置"对话框

【过梁截高大于洞顶至圈梁底的距离时】 当梁的截面高度大于门窗洞顶至圈梁底的高度时，处理方法有三种选择，一是【不布置过梁】；二是将【过梁变薄布置】；三是将【过梁变厚布置】，将过梁变厚就是在圈梁与过梁同长度的段将圈梁与过梁合计为过梁截高。选择其中的一种方式进行处理。

【下次同样处理】 勾选此复选框，在"□"内打"√"，则工程中碰到该种情况同样处理。

设置好后，单击【继续】按钮，系统就会根据设置内容到界面中搜寻符合条件的门窗洞口，自动将过梁布置上。

自动过梁布置完后，弹出对话框，如图 6-13 所示。

温馨提示：

图 6-13 过梁自动布置完成对话框

(1)软件默认过梁截宽为同墙宽，梁底高为同洞口顶。

(2)自动布置过梁会将现浇过梁和预制过梁结合起来进行布置，即当预制过梁放不下的时候，系统会自动转为现浇过梁。

温馨提示：

(1)一般预制过梁的编号是标准图集上的编号。

(2)遇不能布置过梁时，如洞口端头的搁置长度不满足（挑头长）时，程序会自动转换为布置现浇过梁，但过梁表内一定要有现浇过梁的编号定义，否则系统找不到相匹配的现浇过梁，就不会布置过梁了。

标准过梁

6.5 门窗布置

功能说明：门窗布置包括门、窗、墙洞、门联窗的布置。

菜单位置：【门窗洞】→【门窗】

命令代号：mcbz

在"构件编号"对话框中新建编号时，注意将光标选择到对应的门、窗、墙洞、门联构件名称上，再进行新建操作，否则对应的构件类型不对，会影响计算结果。其余定义方式同独基说明，略。

门窗布置方式选择栏应如图 6-14 所示。

图6-14 门窗布置方式选择栏

选项和操作解释：

【墙上布置】 在墙上选择任意点布置门窗等，适合不算钢筋的任何墙体。

【精确布置】 门窗边位于墙端点布置，对于 L、T、十字交点的墙，系统将找到墙体的中线端头进行布置。

【轴网端点】 同墙端点方式一样，只是确定门布置距离的基准为点附近的轴线交点，如果没有找到轴线，就按照洞口边到墙中心线端头的距离。

【任意布置】 自由布置，可以在界面中任意位置布置，就是没有墙也可以布置。

【识别门窗】【识别门窗表】 另见有关章节。

【墙垛距布置】 门窗边位于墙垛距离点布置，对于有墙垛的墙，系统将找到墙体的中线端头与墙垛的距离进行布置。

对应导航器的【构件布置定位方式输入栏】解释：

【端头距】 在该栏目内输入数值来确定用【墙端点】【轴网端点】布置方式布置的门窗洞口离墙或轴网交点的距离。

【墙垛距】 在该栏目内输入数值来确定用【墙垛距布置】方式布置的门窗洞口离墙垛距离。

其他内容同独基说明。

对应导航器上的【属性列表栏】解释：

【顶高度】 门窗洞口的洞顶在墙体内的高度，相对于当前楼层的楼地面而言。

【离楼地面高】 门窗洞口的底部高度，相对于当前楼层的楼地面而言。

温馨提示：

修改顶高度或者离楼地面高任意一项，其另一项的值会联动变化。

其他内容同独基说明。

操作说明：

墙洞、门、窗、门联窗的布置方式一样，这里以墙洞来说明。

门窗编号定义中的属性说明

先定义好墙洞的编号。

1. 墙上布置

执行【墙上布置】命令后，命令栏提示：

墙上布置<退出>或 | 墙端点(Q) | 轴网端点(T) | 点布置(D) | 墙垛距布置(J) |

根据提示在需要布置洞口的墙上点取插入点，就会在插入位置生成洞口。

2. 墙端点

执行【墙端点布置】命令后，命令栏提示：

墙端点布置<退出>或 | 墙上布置(O) | 轴网端点(T) | 点布置(D) | 墙垛距布置(J) |

通过改变端头来确定洞口在墙上的位置。点取插入点后，就会在动态洞口图形的位置处生成洞口。

3. 墙垛距布置

执行【墙垛距布置】命令后，命令栏提示：

墙垛距布置<退出>或 | 墙上布置(O) | 墙端点(Q) | 轴网端点(T) | 点布置(D) |

通过改变墙垛距来确定洞口在墙上的位置。点取插入点后，就会在动态洞口图形的位置处生成洞口。

4. 轴网端点

执行【轴网端点】命令后，命令栏提示：

轴网端点布置<退出>或 | 墙上布置(O) | 墙端点(Q) | 点布置(D) | 墙垛距布置(J) |

同【墙端点】类似，不同的是洞口位置计算方式，墙端点是洞口边离墙端头距离，本项是洞口离轴线交点距离。如当端头距都设置为 370 时，从图 6-15 可看到两种布置方式的不同。

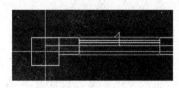 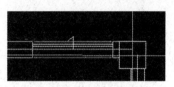

墙端距离布置效果图　　　　　　　　　　轴线交点距离布置效果图

图 6-15　洞口布置效果图

5. 精确布置

执行【精确布置】命令后，命令栏提示：

自由布置<退出>或 | 墙上布置(O) | 墙端点(Q) | 轴网端点(T) | 墙垛距布置(J) |

光标在界面中任意位置单击，就会在单击的位置生成一个门窗洞口。

温馨提示：

(1)定位方式输入栏里的端头距指的是门窗边离墙端头的距离；轴线交点端距离布置方式里的端头距指的是门窗边离相邻轴线交点的距离。

(2)立樘外侧距涉及装饰里的侧壁工程量计算，因此要准确设置。

(3)门窗上的箭头表示门窗洞口外侧装饰面的方向，布置时，光标点取墙中线的内外侧，生成门窗或洞口的方向也会随着改变，注意按正确的外侧装饰方向布置门窗，否则会影响装饰工程量计算。

关于带窗的操作说明：

定义窗编号时，在截面形状选项内有个"带形"的选项。选择该类型的窗表示在墙上布置的是带形窗。定义带形窗时其窗子的宽度不需要定义，在界面上的墙上画多长，窗子就是多宽。将窗子的高度指定后回到布置界面。

这时看到【属性列表栏】内显示的窗截面形状是"带形"(图 6-16)。

这时【布置方式选择】也有变化，如：多了一个 布置带形窗 按钮。

命令栏提示：

输入带形窗的起点<退出>或 | 墙上布置(O) | 墙端点(Q) | 轴网端点(T) | 点布置(D) |

图 6-16　显示窗的 1 截面形状

根据命令栏提示，光标移至界面上需要布置带窗的墙上点取带窗的第一点，接着命令栏又提示：请输入带形窗的终点，根据提示将光标移至带窗的终点单击，一个带窗就生成了(图 6-17)。

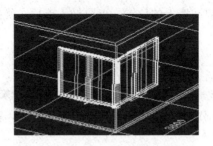

图 6-17 带窗布置效果

温馨提示:

带窗每回布置只能在一墙上布置,跨过墙段将不能生成连通的窗子。弧形带窗也是单击带窗的起点和终点进行布置。

6.6 洞口边框

功能说明:烧结空心砖填充墙在工程中应用已经很多,常见的设计要求是在轻质填充墙的洞口两侧设置有别于构造柱的钢筋混凝土边框。洞口边框与既有构造柱功能,在洞口两侧适用的条件是防震设防烈度和洞口宽度。设防烈度高的、洞宽的,用构造柱,反之用洞口边框。在设计明确具体工程设防烈度情况下,用户按设计要求正常布置洞边构造柱后,不符合设置构造柱条件的较宽洞口可以设置洞口边框。

| 洞口边框 | 墙洞布置 | 板洞布置 | 飘窗布置 | 老虎窗 |

6.7 悬挑板

功能说明:悬挑板布置。

菜单位置:【板体】→【悬挑板】

命令代号:xtb

定义方式同板说明,略。

悬挑板布置方式选择栏,如图 6-18 所示。

| 导入图纸 ▾ | 冻结图层 ▾ | 墙梁边布置 | 矩形布置 | 点选内部 | 异形悬挑板 | 布置辅助 ▾ | 翻边编辑 | 调整夹点 |

图 6-18 悬挑板布置方式选择栏

选项和操作解释:

【墙梁边布置】 将鼠标移到墙边单击进行布置。

【翻边编辑】 选中悬挑板，通过调整要修改的边，选择翻边方式进行翻边编辑。
其余内容同板说明。

【板厚】 悬挑板的厚度。

【板长】 悬挑板的长度。

【外悬宽】 悬挑板的挑出宽度。

其余同板说明。

操作说明：

1. 墙梁边布置

执行【墙梁边布置】命令后，命令行提示：

墙梁上布置<退出>或 手动布置(D) CAD搜索布置(J)

根据提示在需要布置悬挑板的墙或梁边缘点取插入点，就会在插入位置生成挑板。

其余布置方法均同板布置的相关说明。

2. 翻边编辑

选中悬挑板，通过调整要修改的边，选择翻边方式进行翻边编辑，如图 6-19 所示。其余内容同板说明。

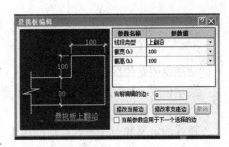

图 6-19 "悬挑板编辑"对话框

6.8 竖悬板

功能说明：竖悬板布置。

菜单位置：【板体】→【竖悬板】

命令代号：sxb

定义方式同板说明，略。

竖悬板布置方式选择栏如图 6-20 所示。

导入图纸 ▾ 冻结图层 ▾ 手动布置 墙上布置 选线布置 墙端点布置

图 6-20 竖悬板布置方式选择栏

【厚】 竖悬板的厚度。

【高度】 竖悬板的高度。

【外悬宽】 竖悬板的挑出宽度。

【底高度】 竖悬板的底高度，相对于当前楼层的楼地面高度。

操作说明：

布置方法同门窗和悬挑板相关布置说明。

阳台生成

栏板布置

压顶布置

栏杆布置

扶手布置

挑檐天沟

6.9 腰线布置

功能说明：腰线布置。

菜单位置：【零星构件】→【腰线布置】

命令代号：yxbz

腰线的定义和布置等方式均同压顶、挑檐天沟的说明，略。

6.10 脚手架

功能说明：布置脚手架，脚手架分平面和立面两种形式，两种形式都用架手架功能布置。

菜单位置：【零星构件】→【脚手架】

命令代号：jsj

定义方式同板说明，略。

脚手架布置方式选择栏如图 6-21 所示。

导入图纸 · | 冻结图层 · | 手动布置 · | 智能布置 · | 布置辅助 · | 区域延伸 | 调整夹点

图 6-21 脚手架布置方式选择栏

选项和操作解释：

同板说明。

对应导航器上的【构件布置定位方式输入栏】解释：

无。

对应导航器上的【属性列表栏】解释：

【底高度】 输入脚手架的底高度，底高度如果是负值，则会将此值加入搭设高度内；如果是正值，则会在搭设高度内扣除。

【搭设高度】 对于平面计算的脚手架，本项可以不予理睬，对于计算立面的脚手架，则应在此确定脚手架的搭设高度。

节点构件

门垛

操作说明：

布置方式参照板的布置说明。

温馨提示：

对于单段的脚手架，直接画线布置，不需要将轮廓绘制封闭。

7　建筑二

本章内容

台阶布置、台阶调整、坡道布置、散水布置、防水反坎、沟槽布置、悬挑梁布置、高度调整框、楼段布置、组合楼梯、建筑面积。

本章主要讲述如何在预算图中布置部分建筑的构件。

7.1　台阶布置

功能说明：台阶布置。

菜单位置：【零星构件】→【台阶布置】

命令代号：tjbz

定义方式同扶手说明，略。

台阶布置方式选择栏如图 7-1 所示。

图 7-1　台阶布置方式选择栏

选项和操作解释：

同条基说明。

操作说明：

布置方式同条基说明。

台阶调整：

第一步：执行命令 tjtz，命令栏提示 选择一个路径封闭的台阶 。

第二步：选取路径封闭的台阶，右击确认，命令栏提示 选择起始边 。

第三步：CAD 界面中，在台阶上选择一边，命令栏提示：

选择终止边，沿路逆时针走过的边将行成台阶，内部形成台阶芯。

第四步：选另一边作为终止边，就会形成具有台阶芯的台阶。

7.2　坡道布置

功能说明：坡道布置。

菜单位置：【零星构件】→【坡道布置】

命令代号：pdbz

定义方式同条基说明，略。

坡道布置方式选择栏如图 7-2 所示。

图 7-2　坡道布置方式选择栏

【坡顶高度】　指定坡顶高度。

【坡底高度】 指定坡底高度，用于布置坡道垂直高度定位。

操作说明：

执行命令后，命令栏提示：请输入坡道的边框(第一条边为顶边)<退出>，根据命令栏提示，光标置于界面中需要布置坡道的位置绘制坡道的顶边线，注意：坡道轮廓的第一条线必须是坡道的顶边线。接下来，根据命令栏提示将坡道的轮廓绘制完成，轮廓封闭，一个坡道就形成了。

温馨提示：

绘制坡道的轮廓边线只能是四条边，可以是梯形、弯曲等平面形状，但边线不能少于和多于四条边。

7.3 散水布置

功能说明：散水布置。

菜单位置：【零星构件】→【散水布置】

命令代号：ssbz

定义方式同扶手说明，略。

散水布置方式选择栏如图7-3所示。

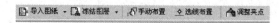

图7-3 散水布置方式选择栏

操作说明：

以下以手动布置为例进行操作说明。

执行【手动布置】命令后，命令栏提示：手动布置<退出>，根据提示在需要布置散水的墙边点取散水的起点；之后，光标移至墙边缘的下一点，碰到弧形墙段就用前面讲述的弧形绘制方法，依次绘制到散水的终点；右击，散水就在墙边室外地坪生成了，如图7-4所示。

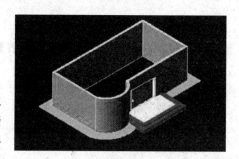

图7-4 散水布置效果

7.4 防水反坎及地沟布置

温馨提示：

(1)防水反坎构件的主要属性参照墙体构件属性设置，【选墙布置】和【楼地面布置】只能在非混凝土墙上生成，遇到门窗洞口时会自动打断。

(2)防水反坎的工程量需要输出防水反坎体积、防水反坎侧模面积。其中，体积根据混凝土强度等级换算，侧模面积根据模板型换算。

防水反坎 **地沟布置**

(3)工程量的扣减关系中，砌墙的体积、面积计算项下添加扣防水反坎，防水反坎的体积、侧面积项下设扣构造柱，且均为已选中项目。

7.5　悬挑梁布置

功能说明：悬挑梁布置，此悬挑梁构件与梁布置章节内的基于混凝土支座构件伸出的纯悬挑梁或延伸悬挑端不同，此悬挑梁是在砌体墙上布置的悬挑梁，应注意区别。

菜单位置：【梁体】→【挑梁】

命令代号：xtl

定义方式同相关构件说明，略。

悬挑梁布置方式选择栏如图7-5所示。

【挑头长】　设置挑头长度。

【挑头截高】　设置挑头端部的截面高度。

操作说明：

图7-5　悬挑梁布置方式选择栏

悬挑梁在定义内没有长度的定义，由用户在布置的时候绘制梁线长度确定。挑头长度布置时在属性栏内确定，挑头始终是顺构件向外伸长。

手动布置，执行命令后，命令栏提示：手动布置<退出>，光标置于需要布置悬挑梁的墙体上点取悬挑梁的根部起点。注意：必须是悬挑梁在墙体内的根部，再将光标移至墙体的挑头边缘单击，悬挑梁就生成了。

7.6　梯段布置

功能说明：梯段布置，软件中有两种楼梯的布置方式：一种就是本梯布置，不考虑楼梯梁、换步平台的因素，这种方式适合复杂楼梯布置；另一种布置方式见"组合楼梯"布置。

菜单位置：【楼梯】→【梯段】

命令代号：lthz

定义方式同独基说明，略。

梯段布置方式选择栏如图7-6所示。

图7-6　梯段布置方式选择栏

7.7　楼梯

功能说明：楼梯，如果用户工程是简单的双跑楼梯，可以用本功能布置楼梯。楼梯的内容包括楼梯梁、平台板楼梯段、栏杆、扶手。其工程量会按照计算规则，将所述构件统一地输出为平面投影面积；同时，还可以得到楼梯的踢脚线、顶面、底面的展开面积，可以得到栏杆扶手的相关工程量。

菜单位置：【楼梯】→【楼梯】

命令代号：zhlt

楼梯由于是将梁、板、梯段等构件组合而来的构件，布置楼梯之前一定要将这些分构件先定义好，之后才能进行楼梯组合。分构件的定义方式除了可以在各构件编号定义内定义外，遇到组合栏目中没有选择的编号时，也可以在组合编号定义栏内临时增加分构件编号，分构件定义方法同各构件说明。

楼梯组合操作说明：

在导航器中单击【编号】按钮，进入"构件编号"对话框，如图 7-7 所示。

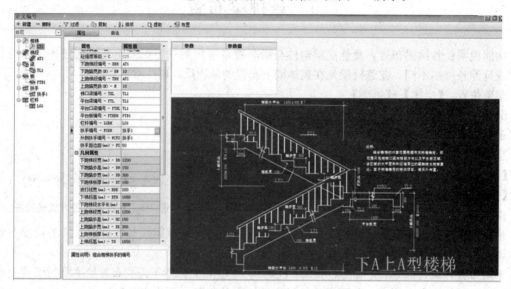

图 7-7　组合楼梯编号定义对话框

在【构件编号】列表栏中，看到有预置的楼梯梁、平台板、楼梯段、栏杆、扶手编号，最顶上一条是"楼梯"名称，将光标置于楼梯名称上单击【新建】按钮，就会自动产生一个组合楼梯编号。接着，右边的属性栏会展开，在【楼梯类型】栏内单击 ▼ 按钮，在展开的选项栏(图 7-8)中选择对应梯段类型。

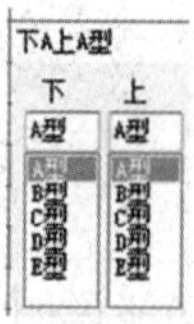

图 7-8　梯段类型选择栏

选前组合的梯段类型，如"下 A 上 A"，表示楼梯的下跑是 A 型梯段，上跑也是 A 型梯段。软件内梯段类型是按照《混凝土结构施工图平面整体表示方法制图规则和构造详图(现浇混凝土板式楼梯)》(16G101－2)所列类型取定。楼梯段共有 5 个基本类型，下跑组合共计可以组合出 25 种双跑楼梯。

依次在属性栏中将对应的构件编号选择好。如果没有编号可供组合选择，可将光标移至构件编号列表栏对应的构件名称上新建一个需要的编号，再到属性表内进行选择组合。

温馨提示：

梯段类型的选择，如选择了下 B 型上 A 型这个楼梯类型组合，必须在构件编号中有 A、B 两种梯段类型的定义，否则将会没有可选项目。定义对话框中组合构件是按照楼梯的全部内容默认的，如果实际工程中某类构件没有，组合时可以将该条内容为空。

依次将组合楼构件选择好单击【布置】按钮，回到布置界面，就可进行楼梯布置了。

组合楼梯布置方式选择栏如图 7-9 所示。

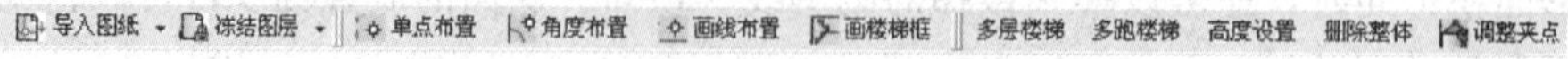

图 7-9　楼梯布置方式选择栏

选项和操作解释：

【画线布置】　单击画线的起点和线的终点，在这段线的长度范围就生成双跑楼梯。无论线多短，生成的楼梯保持两梯段上定义的梯井宽；无论线多长，其梯段宽度保持不变，只改变梯井的宽度，如图 7-10 所示。

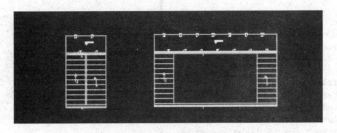

图 7-10　双跑楼梯画线布置结果

【画楼梯框】　能够输出楼梯框里面各个组合构件的实物量。

定义一个双跑楼梯，定义一些楼梯的组构件，如图 7-11 所示。

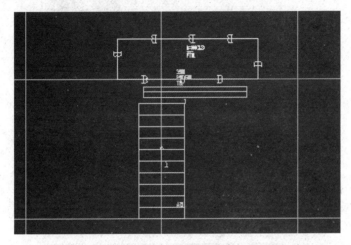

图 7-11　楼梯组构件

单击【画楼梯框】按钮，画出图 7-12 所示的楼梯框。

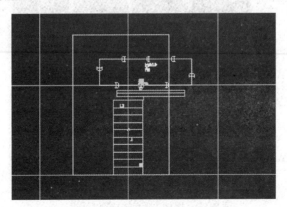

图 7-12　画楼梯框

构件查询楼梯框，核对构件可以看到各个组合构件的工程量，如图 7-13 所示。

【多层楼梯】　一次定义布置同一楼梯间当前楼层及其他楼层的多层楼梯，提高楼梯的布置效率。

(1)单击屏幕左侧菜单【楼梯】→【多层楼梯】，弹出"楼梯间定义"对话框，如图 7-14 所示。

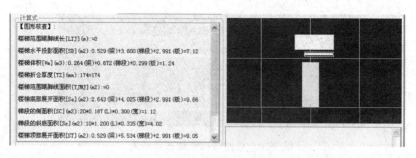

图 7-13 查看楼梯工程量

图 7-14 "楼梯间定义"对话框

(2)在上述对话框中，我们可以看到"楼梯间编号"编辑框，在这里我们可以定义楼梯间的编号以及选择楼梯的梯段类型，单击【增加】按钮，弹出楼梯"类型选择"对话框，如图 7-15 所示。

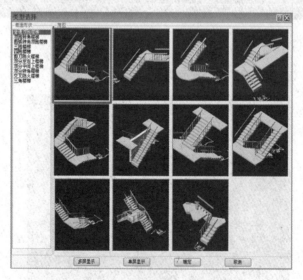

图 7-15 楼梯"类型选择"对话框

(3)在"楼梯间定义"对话框中单击【组合楼梯定义】按钮，弹出如图 7-16 所示对话框。

(4)在这里我们可以定义组合楼梯的每一跑的梯段类型，定义其各项尺寸，同时编辑梯梁、梯板、板外梁的构件信息。定义好各项信息后，单击【确定】按钮回到"楼梯间定义"对话框。在对话框中，可以通过【添加】【插入】【删除】按钮，将这些定义好的梯段分配到各个楼层的对应标高位置，极大地方便了楼梯的建模。

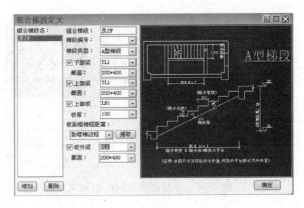

图 7-16 "组合梯段定义"对话框

（5）同时，在对话框右下角有【栏杆扶手】的属性栏，以及对话框上部的楼梯框到梯段下部梁的距离输入栏，这样一个对话框就将整个楼梯的实体信息全部包含了。我们只要将楼梯信息数据设置好，移动鼠标光标，在平面设计图上的楼梯对应位置画上闭合的楼梯框，就可以将楼梯布置在当前层或整个楼层了。

下面，我们以例子中的楼梯设计图来做软件的操作，如图 7-17 所示。

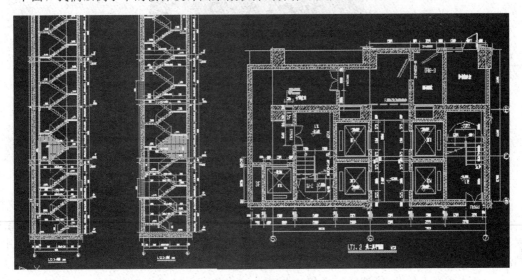

图 7-17 楼梯设计图

（1）单击左侧屏幕菜单【楼梯】→【多层楼梯】，弹出"楼梯间定义"对话框，定义好整体楼梯编号后，首先选择需要的"普通双跑楼梯"类型，然后单击【组合楼梯定义】按钮，设置好每一个梯段的数据。单击【确定】按钮，组合楼梯的数据就定义好了。

（2）单击【确定】按钮，回到"楼梯间定义"对话框，单击【添加】按钮，从最底层开始添加梯段类型，通过我们之前定义好的楼梯各个梯段，我们只要定义好起跑的第一个梯段，软件会自己判断梯段踏步数，自动判断各个梯段的标高。这样，一层层地定义，在相同层，我们可以输入相同层的数量，这样标准层的楼梯就可以只定义一个，即完成楼梯布置。如图 7-18 所示为在各层定义好的楼梯示意。

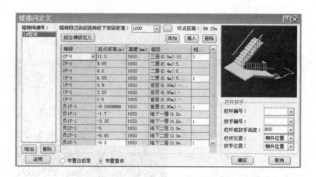

图7-18 多层楼梯(楼梯间)定义

（3）定义完数据后，我们回到模型界面，移动鼠标光标，在楼梯间平面图上直接画上楼梯框，闭合，整体楼梯就形成了，如图7-19所示。

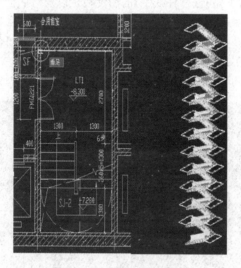

图7-19 多层楼盖布置效果

【多跑楼梯】 对层高较高的单层地下室多跑楼梯，软件还可以快速地将这种楼梯"画"出来。因其以平面图为主、剖面图为辅来读取楼梯所需参数，顺楼梯平面图转圈来画，称之为描平面图法。

（1）单击屏幕左侧菜单【楼梯】→【多跑楼梯】，弹出如图7-20所示对话框。

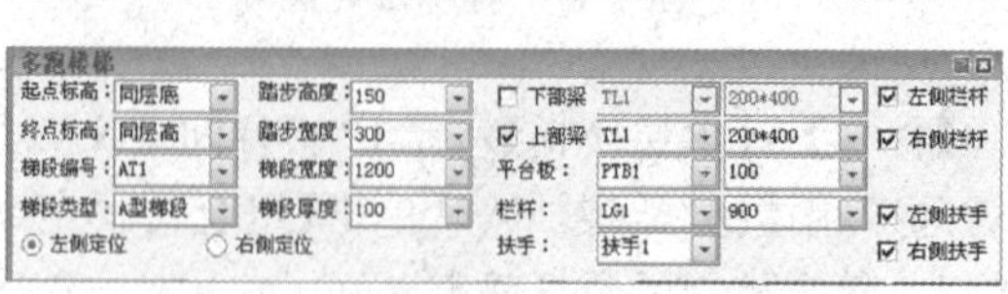

图7-20 "多跑楼梯"设置对话框

在上述"多跑楼梯"对话框里面，我们可以定义每一个梯段及相应的梯板、梯梁的尺寸信息。同时，在对话框里，我们可以选择左侧或右侧定位且能为梯段布置栏杆。

（2）在完成一个梯段的数据设置后，我们回到软件模型界面，移动鼠标光标到起跑点，然后指定梯段的方向，如图7-21所示。

光标第二点确定梯段的长度，确定好第一梯段长后，继续移动光标。指定一点，这样就确

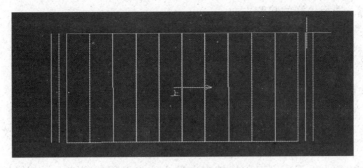

图 7-21　指定梯段方面示意

定好梯板的宽度了，如图 7-22 所示。

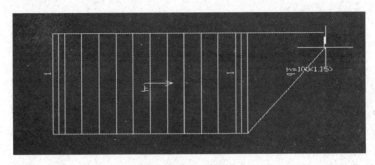

图 7-22　指定梯板宽度

确定好梯板宽度后，转角然后指定梯板的梯间长度，单击确认后，梯板就形成了；然后，依次再次定义梯段、梯板，依次循环，可任意绘制，方便快捷，这样我们就可以生产任意的多跑楼梯，如图 7-23 所示。

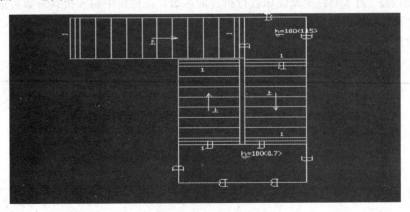

图 7-23　生成任意多跑楼梯

关键知识点：在鼠标光标移动画多跑楼梯时，一个休息平台完成后，如果梯段有变化要在对话框中选择新的梯段编号，重新定义数据。而且，这时候不能右击确认，如果右击，软件会认为多跑楼梯已经定义完成了，因此多跑楼梯的定义是一个连续的操作过程，一定要注意。

【高度设置】　调整楼梯框的底部或顶部的相对标高。

【删除整体】　一次删除布置的多层楼梯。

其他同梯段说明。

【起跑方向】 选择楼梯的起跑方向。

【外侧布置扶手】 在栏目内打"√"，表示在楼梯的外侧布置扶手。

【外侧布置栏杆】 在栏目内打"√"，表示在楼梯的外侧布置栏杆。

操作说明：

同梯段相关说明。

温馨提示：

组合楼梯的各构件一旦布置到界面中后，就分解了，要修改只能个别修改。可以将多余的构件进行删除。

楼梯底部生成的水平面积可以用拖拽夹点的方式将面积范围缩小，不能扩大，这是因为面积向上搜寻不到超出的楼梯构件的缘故。缩小则不同，因为只要向上搜索得到楼梯构件，就可计算面积。

7.8 建筑面积

菜单位置：【构件】→【建筑】→【建筑面积】

工具图标：📖

命令代号：jzmj

定义方式同脚手架说明，略。

建筑面积布置方式选择栏的形式如图 7-24 所示。

选择 撤销 手动布置 选实体外围 核对构件 调整夹点

图 7-24 建筑面积布置方式选择栏

【折算系数】 对于有将建筑面积进行折算的区域，在栏目中输入折算系数再进行布置，输入的建筑面积就会按系数折算。如计算阳台建筑面积，可以在此输入折算系数"0.5"，输出时，阳台就只计算一半建筑面积。

8 装饰

本章内容

做法表、做法组合表、房间布置、地面布置、天棚布置、踢脚布置、墙裙布置、墙面布置、其他面布置、屋面布置、生成立面、立面展开、退出展开、立面切割。

本章主要讲述如何在预算图中布置装饰部分的构件。

8.1 做法表

功能说明：用于将定义的一组做法表识别并生成相应的做法编号。

菜单位置：【装饰】→【房间】→【做法表】

命令代号：sbzf

执行命令，弹出"设置"对话框，如图 8-1 所示。

图 8-1 "设置"对话框

对话框选项和操作解释：

栏目中内容：

【参数】 用于识别做法的一些规则设置。

【参数值】 对识别做法的数值的设置。

【编号与使用部位的区分】 设置编号与使用部位的分隔符。

【楼地面类型关键字】 设置提取楼地面编号的关键字。

【天棚类型关键字】 设置提取天棚编号的关键字。

【踢脚类型关键字】 设置提取踢脚编号的关键字。

【墙裙类型关键字】 设置提取墙裙编号的关键字。

【墙面类型关键字】 设置提取墙面编号的关键字。

【其他面类型关键字】 设置提取其他面编号的关键字。

【屋面类型关键字】 设置识别做法屋面编号的关键字。

【提取编号的颜色】 设置要提取的编号颜色，可以提高识别率。

复选框：

【启动时显示】 设置启动做法表时是否启动"设置"对话框。

按钮：

【恢复缺省】 单击该按钮，设置的内容全部返回到默认状态。

【确定】 设置完后单击，将数据保存，弹出"装饰做法识别"对话框，如图 8-2 所示。

【取消】 什么都不做，回到界面。

注意事项：

在进行做法表时，需要先将装饰识别做法的图纸复制、粘贴到安装路径下的 sample 文件夹中，并将图纸导入到工程中。

图 8-2 "装饰做法识别"对话框

对话框选项和操作解释：

栏目中内容：

【类型】 显示识别中的装饰类型。

【编号】 显示装饰类型的号名。

【使用部位】 显示这种编号的装饰类型用在什么部位。

【构造做法】 显示该号的装饰类型的做法。

【构造做法描述】 具体显示选中编号的构造做法。

按钮：

【设置】 单击该按钮，返回"设置"对话框。

【提取批量文字】 单击此按钮，将批量提取做法类型、编号、使用部位、构造做法。

【提取一行】 单击此按钮，将提取做法的编号、使用部位和构造做法。

【提取文字】 单击此按钮后，在命行栏提示选取要提取的"×××"文字，如果当前单元格在编号列，提示为提取【编号】文字，框选右击确定后，覆盖当前单元格数据。

【提取表格】 单击此按钮后，针对二阶矩阵的表格提取做法。

【追加做法】 对当前选择做法，追加构造做法。

【添加行】 新增一行，用于提取做法。

【导入 Excel】 将提取的做法导入到 Excel 表格。

【导出 Excel】 将 Excel 表格的做法导入到做法界面中。

【导入编号】 将生成的编号做法导入到界面中。

【生成编号】 将提取的做法生成编号。

【退出】 什么都不做，退出装饰做法识别对话框。

操作说明：

执行"sbzf"命令后，弹出"设置"对话框，对要提取的装饰做法识别进行分隔符和装饰类型关键字设置，单击【确定】按钮，将进入"装饰做法识别"对话框，选取提取方式。现以批量提取文字为例，单击【提取批量文字】按钮，对话框将隐藏，命令栏提示**请提取文字：**，框选要提取的文字，装饰做法识别结果将显示(图 8-3)。

单击【生成编号】按钮，将生成编号，完成对做法的提取。

图 8-3　装饰做法识别结果

8.2　做法组合表

功能说明：用于选中区域的材料表，生成相应的房间。

菜单位置：【装饰】→【房间】→【做组合表】

命令代号：sbcl

执行命令，弹出"设置"对话框，如图 8-4 所示。

对话框选项和操作解释：

见做法表相关说明。

单击【确定】按钮将弹出"装饰材料表识别"对话框，如图 8-5 所示。

对话框选项和操作解释：

图 8-4　做法组合"设置"对话框

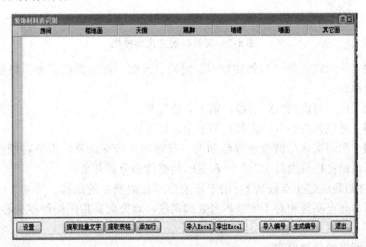

图 8-5　装饰材料表识别结果

参考做法表相关说明。

操作说明：

执行“sbcl”命令后，弹出“设置”话框，对要提取的装饰材料表识别进行装饰类型关键字设置。单击【确定】按钮，将进入“装饰材料表识别”对话框，选取提取方式。现以批量提取文字为例，单击【提取批量文字】按钮，对话框将隐藏，命令行提示**请提取文字：**，框选要提取的文字，装饰装饰材料表识别结果将显示(图 8-6)。

单击【生成编号】按钮，将生成房间编号，完成对材料的识别。

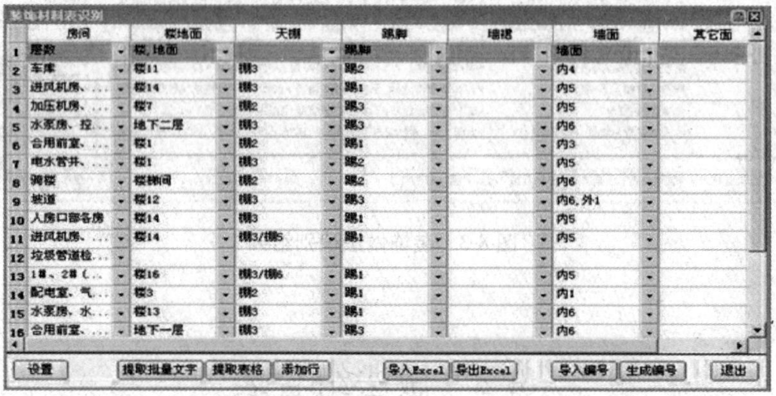

	房间	楼地面	天棚	踢脚	墙裙	墙面	其它面
1	层数	楼,地面		踢脚		墙面	
2	车库	楼11	棚3	踢2		内4	
3	进风机房、...	楼14	棚3	踢1		内5	
4	加压机房、...	楼7	棚2	踢3		内5	
5	水泵房、控...	地下二层	棚3	踢3		内6	
6	合用前室、...	楼1	棚2	踢1		内3	
7	电水管井、...	楼1	棚3	踢2		内5	
8	跨楼	楼梯间	棚2	踢2		内6	
9	坡道	楼12	棚3	踢3		内6,外1	
10	人房口部各房	楼14	棚3	踢1		内5	
11	进风机房、...	楼14	棚3/棚5	踢1		内5	
12	垃圾管道检...						
13	1#、2#(...	楼16	棚3/棚6	踢1		内5	
14	配电室、气...	楼3	棚2	踢1		内1	
15	水泵房、水...	楼13	棚3	踢1		内6	
16	合用前室、...	地下一层	棚3	踢3		内6	

图 8-6　装饰材料表识别结果

8.3　房间布置

功能说明：房间布置。

菜单位置：【装饰】→【房间】

命令代号：fjbz

房间是一个组合构件，定义方式同组合楼梯说明，要注意的是侧壁构件在定义高度范围时不能相互冲突，如墙裙高度为 1 200，而墙面的起点高又定为 1 000，这样会造成计算错误。

房间布置方式选择栏如图 8-7 所示。

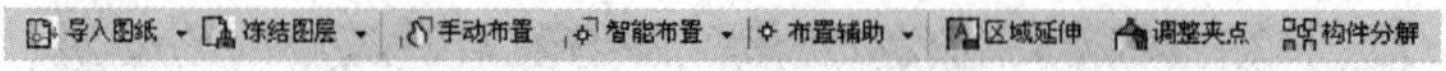

图 8-7　房间布置方式选择栏

【布置地面】　房间默认是同时将楼地面、侧壁、天棚一起布置的，如果将栏目内的“√”去掉，则不会布置地面。

【布置侧壁】　将栏目内的“√”去掉，则不会布置侧壁。

【布置天棚】　将栏目内的“√”去掉，则不会布置天棚。

【分解侧壁】　房间默认是侧壁连续绘制的，有时为了特殊计算，需要将侧壁分解开来，如柱、墙面要分开，则将栏目内打上“√”，布置的侧壁就会分解开来。

【栏内各构件的高度起止点设置】　用于修改依附在侧壁上的踢脚、墙裙、墙面、其他面等构件的高度范围。起点高指相对于侧壁本身底部高度，装饰面高指子构件本身的高度。

操作说明：

布置方式参照板的布置说明。

温馨提示：

房间定义时，要在房间的编号中选择侧壁、地面和天棚等子构件的编号，如果这些子构件没有被选择，就布置不了房间。

如果构件的高度经过调整已经超过了层高，请将房间侧壁高度调整到适合构件高度；否则，继续沿用"同层高"，侧壁高将会丢失构件超过层高部分的装饰量。

8.4 地面布置

功能说明：地面布置。

菜单位置：【装饰】→【地面】

命令代号：dmbz

定义方式同相关构件说明。

楼地面布置方式选择栏如图 8-8 所示。

图 8-8 楼地面布置方式选择栏

8.5 天棚布置

功能说明：天棚布置。

菜单位置：【装饰】→【天棚】

命令代号：tpbz

定义方式同相关构件说明。

天棚布置方式选择栏如图 8-9 所示。

图 8-9 天棚布置方式选择栏

8.6 踢脚布置

功能说明：踢脚布置。

菜单位置：【装饰】→【踢脚】

命令代号：bztj

定义方式同相关构件说明。

踢脚布置方式选择栏如图 8-10 所示。

图 8-10 踢脚布置方式选择栏

操作说明：

布置方式参照板的布置说明。

8.7 墙裙布置

功能说明：墙裙布置。

菜单位置：【装饰】→【墙裙】

命代号：qqbz

定义方式同相关构件说明。

墙裙布置方式选择栏如图 8-11 所示。

图 8-11 墙裙布置方式选择栏

操作说明：

布置方式参照板的布置说明。

8.8 墙面布置

功能说明：墙面布置。

菜单位置：【装饰】→【墙面】

命令代号：qmbz

定义方式同相关构件说明。

墙面布置方式选择栏如图 8-12 所示。

图 8-12 墙面布置方式选择栏

操作说明：

布置方式参照板的布置说明。

8.9 墙体保温布置

功能说明：墙体保温布置。

菜单位置：【装饰】→【墙体保温】

命令代号：qtbw

定义方式同相关构件说明。

墙体保温布置方式选择栏如图 8-13 所示。

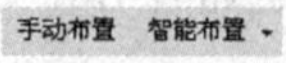

操作说明：

布置方式参照板的布置说明。

**图 8-13 墙体保温
布置方式选择栏**

温馨提示：

墙体保温定义时，如果保温的基层墙面需要分开结构类型来统计保温面筋时，可以在定义编号的施工属性中通过设置【剪力墙现浇外保温分开计算】设置项来实现。

8.10　其他面布置

功能说明：其他面布置。

菜单位置：【装饰】→【其他面】

操作说明：

布置方式参照墙面的布置说明。

8.11　屋面布置

功能说明：屋面布置。

菜单位置：【装饰】→【屋面】

命令代号：wmbz

定义方式同相关构件说明。

屋面布置方式选择栏如图 8-14 所示。

| 导入图纸 ▾ | 冻结图层 ▾ | 平屋面布置 ▾ | 坡屋面布置 ▾ | 选板布置 | 布置辅助 ▾ | 屋面调整 ▾ | 斜拱屋面 ▾ |

图 8-14　屋面布置方式选择栏

操作说明：

1. 布置平屋面

应先将屋面的轮廓绘制出来。用【手动布置】方式和【智能布置】方式都是先将屋面的轮廓进行生成，操作方法同板内相关说明。

屋面轮廓生成后，单击【屋面编辑】按钮，这时命令栏提示：请选择屋面，光标到界面中选择需要编辑的屋面，选中的屋面为亮显，这时命令栏又提示：

屋面编辑的高度模式-绝对标高 相对标高(A)：

根据提示，在命令栏内输入屋面的标高，这里绝对标高指标高从±0.000 算起，相对标高指从当前楼面算起。如果在编号定义内已经将【屋面顶高】设置为同层高，则在此处可以用【相对标高】来确定屋面高度。如果高度模式不需要改动，则直接回车，命令栏又提示：

请选择要输入高度的点<退出>或 设置卷边高(B) 切割绘制找坡区域(W) 退出(Q)：

如果平屋面是由多个找坡区域构成，则应按每一个区域做成一个找坡区域，这时应使用【切割绘制找坡区域(W)】的功能，将屋面分成各个区域。执行【切割绘制找坡区域(W)】的功能后，命令栏又提示：

请输入找坡区域的起点<退出>或 设置高度(H) 设置卷边高(B) 退出(Q)：

在屋面中分块绘制找坡区域，根据提示，光标单击当前找坡区域的起点，并依照命令栏提示将一个区域绘制封闭完成。之后，命令栏又提示：

布置汇水点 布置汇水线(L)：

【布置汇水点】 在区域内单击一点，表示找坡的方向是将区域周的水流向这个点。

【布置汇水线】 在区域内根据命令栏提示绘制找坡线，表示找坡的方向是顺找坡线将水流向坡度的低部。这里用【布置汇水线】作说明。执行命令后，命令栏提示：

`布置汇水线起点方向||布置汇水点(P)|:`

根据提示，光标置于找坡区域顺流水方向的起点单击，命令栏提示：

`请输入水流的方向的终点:`

根据提示，画一直线至水流方向的终点单击，命令栏提示：

`请输入起坡角度的正切值:`

在命令栏内输入找坡值，如 0.05 等，回车，一块找坡区域就布置完成了。依次进行下一块找坡区的编辑，直至将所有区域编辑完成。

2. 布置坡屋面

(1)手画坡屋面。

单击【手画坡屋面】按钮，执行坡屋面布置命令。根据命令栏提示先在界面上生成屋面轮廓，封闭后命令栏提示：

`输入屋面的脊线的起点`

光标置于屋面轮上有脊线的位置，单击屋脊线的起点，命令栏又提示：

`请输入下一点<退出>或[圆弧(A)]:`

根据提示，如果屋脊线是弧线则按照绘制圆弧的方式将脊线绘制至脊线的终点，直线就将光标接置于脊线终点。单击，这时命令栏会继续提示绘制脊线，如果还有脊线可以依据提示继续绘制脊线；如果脊绘制完毕则右击或回车，这时命令栏提示：

`输入屋面的阴、阳角线的起点`

如果是多坡面的坡屋面，则坡面与坡面相交必定产生坡屋面的阴脊线和阳脊线，软件内称为阴、阳角线。如果坡屋面是组合式的多坡面的，则继续根据命令栏提示在相应的位置绘制坡屋面的阴、阳角线；如果没有则继续右击或回车，这时弹出"请输入屋面的高度"对话框，如图 8-15 所示。

图 8-15 "请输入屋面的高度"对话框

在【脊线高】栏内输入屋面的脊线高，脊线高的起点是以当前楼层的楼面为"0"点。

在【边线高】栏内输入屋面的檐口线高，檐口线高的起点也是以当前楼层的楼面为"0"点，设置好高度，单击【确定】按钮，一个坡屋面就生成了(图 8-16)。

(2)输入角度生成坡屋面。

单击【角度布置】按钮，根据命令栏提示先绘制出屋面边框轮廓，右击后弹出"请输入屋面各边的坡度"对话框(图 8-17)。

图 8-16 坡屋面生成

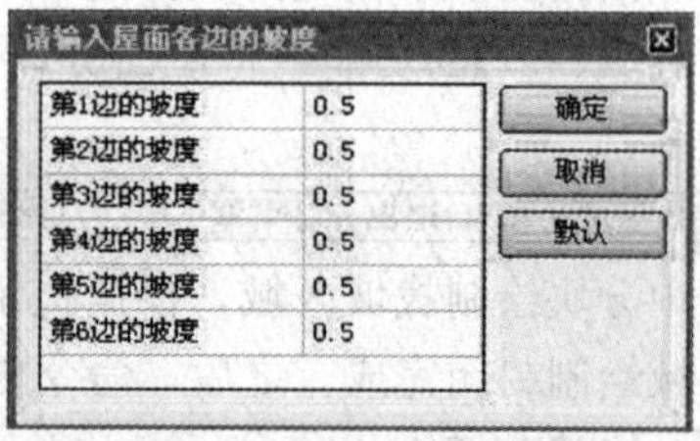

图 8-17 "请输入屋面各边的坡度"对话框

单击对话框中某条记录，屋面轮廓线上对应的线会亮显，根据设计坡度填入数据，最后单击【确定】按钮，屋面就生成了（图 8-18）。

图 8-18　输入坡屋面坡度生成的坡屋面

温馨提示：

如果已将布置的板进行了变斜，可以执行屋面随板斜的功能将屋面变斜。

（3）选墙布置坡屋面。

单击【选墙布置】按钮，根据命令栏提示先选择可以组成封闭的墙来组成屋面边框轮廓，确认后弹出"请输入屋面各边的坡度"对话框（图 8-19）。

单击对话框中某条记录，屋面轮廓线上对应的线会亮显，根据设计坡度和外扩值填入数据，最后单击【确定】按钮，屋面就生成了（图 8-20）。

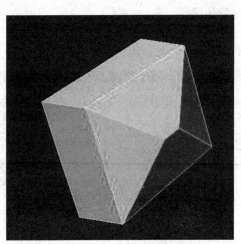

图 8-19　"请输入屋面各边的坡度"对话框　　　图 8-20　墙布置输入坡度和外扩值生成的坡面

（4）选板布置坡屋面。

单击选择现浇板，右击确认后即可生成同板大小、同板坡度的屋面。

8.12　生成立面

功能说明：在"立面装饰层"生成所有楼层的外墙面装饰构件。在生成的时候，按用户的选择划分为墙面/梁面/柱面等。

菜单位置：【装饰】→【立面装饰】→【生成立面】

命令代号：sclm

执行命令后弹出"立面装饰生成"对话框，如图8-21所示。

对话框选项和操作解释：

【楼层】 所有楼层的列表。后面将在勾选上的楼层里生成立面装饰或立面洞口构件。

【墙面】 划分为墙面并生成的立面装饰构件的编号。

【柱面】 划分为柱面并生成的立面装饰构件的编号。

【柱面条件（mm）】 划为柱面的条件，即看柱凸出墙面的距离的多少来划分，若选择"不生成"，则不形成柱面。

【柱面构件类型】 划分为柱面的构件的类型。即勾选上的构件在计算时可能划分为柱面，不勾的构件在计算时只能划分为墙面。

【梁面】 划分为梁面并生成的立面装饰构件的编号。

【梁面条件（mm）】 划分为梁面的条件，即看梁凸出墙面的距离的多少来划分，若选择"不生成"，则不形成梁面。

【梁面构件类型】 划分为梁面的构件的类型。即勾选上的构件在计算时可能划分为梁面，不勾构件在计算时只能划分为墙面。

【洞口】 划分为洞口并生成的立面洞口构件的编号。

【生成洞口构件】 哪些构件会生成立面洞口构件。勾选上的构件会生成立面洞口构件，不勾上的不生成立面洞口构件。

【开始生成】 开始执行批处理，在立面装饰层生成构件。

操作说明：

在勾选好界面参数后，程序会分析所选择的楼层是否先前已经生成为立面装饰/洞口；若有，则会进一步提示用户，如图8-22所示。

图8-21 "立面装饰生成"对话框

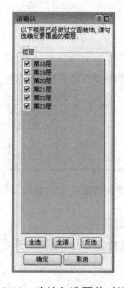
图8-22 确认勾选覆盖对话框

对话框选项和操作解释：

【楼层】 所有已经生成立面装饰/洞口的楼层的列表。在此勾选上的楼层在生成立面之前会清除先前生成的立面装饰/洞口。

8.13 立面展开

功能说明：选择立面装饰构件进行展开，展开后方便用户在一个展开的水平面上进行编辑修改，最后会有一个退出展开的命令将修改的结果反馈到立面装饰构件，包括装饰面多义线区域，做法/属性/编号名称等的所有修改。

菜单位置：【装饰】→【立面装饰】→【立面展开】

命令代号：lmzk

操作说明：

(1)选择立面展开构件。

1)若选择的是单段侧壁生成的立面装饰，命令栏提示：

是否对此单段装饰执行展开？[Yes(Y)/No(N)]<N>：

输入 Y，则程序将按此单段装饰的投影线条搜索构件进行展开，程序会弹出对话框，让选择要展开的楼层；若输入 N，命令栏则提示：

选择立面展开终止构件：

选择另一个立面装饰构件，选择成功后，则程序执行搜索路径。若搜索的路径有多条，则提示：

是这一条路径吗？[Yes(Y)/No(N)]<Y>：

这时，屏幕上会出现一条多义线表示当前确认的路径，若用户觉得是对的，则输入 Y，程序会弹出对话框，让选择要展开的楼层；否则，输入 N，程序会继续对另一条多义线提问，直到用户确认一条路径为止。中间用户若想中止操作，按 Esc 键即可。

2)若选择的是多段侧壁生成的立面装饰，命令栏提示：

选择立面展开终止构件：

选择另一个立面装饰构件，选择成功后，则程序执行搜索路径。若路径合法，程序会弹出对话框，让选择要展开的楼层。若有多条路径，则逐条提问让用户进行选择。若无合法路径，提示相应的错误信息并退出命令。

(2)弹出"立面装饰展开"对话框，选择要展开的楼层。如图 8-23 所示。

对话框选项和操作解释：

图 8-23 "立面装饰展开"对话框

【楼层】 所有楼层的表面按照前面分析确定的路径在所勾选上的楼层里查找立面装饰/洞口构件，并按路径往 X 正方向拉直的计算方法将立面装饰/洞口展开到 XY 平面，同时显示出标高等信息，如图 8-24 所示。

提示信息解释：

【不支持对空间斜面，水平面或洞口做为终止构件进行展开】 选择终止构件时，不支持选择立面洞口、梁底面以及其他一些非立面的装饰构件。

【选择构件不是一个楼层的，暂不能展开!】 选择的两个立面装饰不是一个楼层，暂不能展开。

【找不到展开的路径，请检查路径之间是否有空隙。】 不同的侧壁生成的立面装饰若想一次性展开成功，要求侧壁首尾相接，差不超过 1 mm。

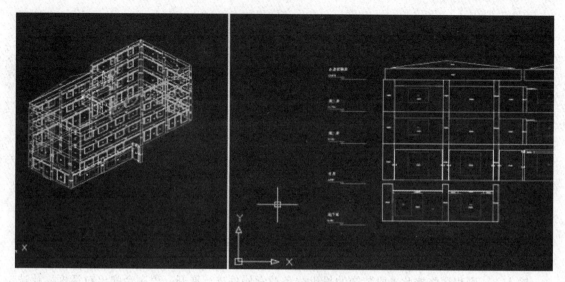

图 8-24 平面展开图

【找不到展开的路径，请检查是否误删除了某些构件。】 某些 CAD 的底层操作可能会删除某些数据。一般不会出现，若出现此提示，可能要求重新生成立面，否则无法展开。

【封闭的路径默认按逆时针展开！】 若原侧壁构件是封闭的路径，则在展开时只按逆时针展开。所以，若想完整地展开一个封闭的路径，顺时针选择相邻的两条边即可。

【非封闭的路径默认去除两端后展开】 若原侧壁构件是不封闭的路径，则在展开方向是从起点到终止，展开选择的两个边以及所有处于这两个边中间的边。

8.14 立面切割

功能说明：在立面展开后，若想将某些立面装饰拆分，或者将某些立面装饰合并，则可以使用此功能。

菜单位置：【装饰】→【立面装饰】→【立面切割】

命令代号：lmqg

操作说明：

(1)选择要拆分的装饰面，或【切换到合并(S)】

这时，若输入 S，则命令退出，下次再开启命令时切换为【选择要合并的装饰面】，或选择构件，命令栏提示：

拾取拆分线上的起点

这时，拾取一个点，命令栏又提示：

拾取拆分线的角度

这时，图面上显示一条橡筋线，表示拾取的角度，这两步都成功后按此线将前面选择的立面装饰或洞口切割成若干块。

(2)选择要合并的装饰面，或【切换到拆分(S)】

这时，若输入 S，则命令退出，下次再开启命令时切换为【选择要拆分的装饰面】，或选择构件。选择后，程序将这些选择的立面装饰或洞口合并成一个构件。

提示信息解释：

【立面装饰不能与立面洞口合并!】 如字面意思所示。

【属性或做法不相同,是否继续执行合并?】 若选择的立面装饰或洞口,属性不相同(指除了"所属楼层""面积""周长""轴网信息"等以外的其他属性),或做法不相同的,继续合并会丢失数据,故在此提示用户确认一下。

【区域合并不了!】 若选择的立面装饰或洞口的多线不符合成某些区域,则有此提示。

【合并后区域不唯一,暂不支持!】 若选择的立面装饰或洞口的多义线合成了多个区域,则继续执行会生成多个构件,而这些新生成的构件无法确定唯一的属性或做法,故不支持。

9 钢筋

本章内容

钢筋布置、柱筋平法、梁筋布置、板筋布置、筏板钢筋、条基钢筋、屋面钢筋、地面钢筋、表格钢筋、自动钢筋、钢筋显隐、钢筋三维、钢筋复制、钢筋删除、钢筋选项、钢筋维护。

钢筋计算主要是通过提取构件的相关属性，结合软件内置判定条件来完成的。从前面绘制工程预算图章节可以了解到，软件是利用了结构部分相关构件几何及空间信息，组成各种构件，以此快速得到其工程量。同样，在进行钢筋计算时，也是建立在各种构件几何及空间数据的基础上，完成钢筋计算。

用户在手工计算钢筋时，钢筋的有关尺寸信息基本上是从结构图中获得，通过对结构中各构件的基本数据组合，获取相应的钢筋计算结果。在软件中，当工程模型建立后结构部分的数据信息就已经反映到工程预算图中，比如一根矩形柱在预算图中就具有它真实的尺寸信息：柱高、截宽、截高等。而钢筋的计算将从结构图形中自动获取这些构件的数据和构件之间的连接信息，通过软件分析判定确定或用户指定的钢筋计算公式得到钢筋的长度和数量。然后，通过钢筋统计程序，获取钢筋的工程量。

钢筋计算的工作流程：

(1)激活相应的钢筋布置命令，选择需要布置钢筋的构件。

(2)定义有关钢筋描述信息，选择钢筋类型和钢筋名称，每一个钢筋名称对应一条钢筋计算公式。用户选定钢筋名称后，也就是选定了钢筋公式。钢筋的描述包括钢筋直径、分布间距或数量信息，以及钢筋排数等。

(3)软件根据用户设定的描述，自动从当前构件中获取相关尺寸等信息，并把两者相结合，结合长度和数量公式计算出构件中钢筋的实际长度及数量。

(4)将钢筋布置到构件中。钢筋布置遵循同编号原则，即同编号构件，在其中的任一个构件上布一次就可以了。个别特殊构件的非同编号布置钢筋，例如梁腰筋与拉筋，在【钢筋选项】中软件提供了控制同编号布置的设置选项。

(5)如果构件中布置了钢筋或已经附有钢筋信息，但计算时又不需要此构件的钢筋工程量，可在构件查询对话框中将【是否输出钢筋工程量】属性的属性值设置为"否"，此构件的钢筋就不会被计算输出了，而同编号其他构件的钢筋将不会受到影响，会正常输出。

最后由钢筋统计程序统计出钢筋总量。

9.1 钢筋布置

功能说明：用于软件内没有专门钢筋布置的构件。

菜单位置：【快捷菜单】→【钢筋布置】

命令代号：gjbz

本命令用于所有构件的钢筋布置，包括柱、梁、墙、板、筏板、独基承台、基础梁等构件的钢筋。

执行命令后选择要布置钢筋的构件，或者在空白处右击弹出"编号配筋"对话框，如图 9-1 所示。

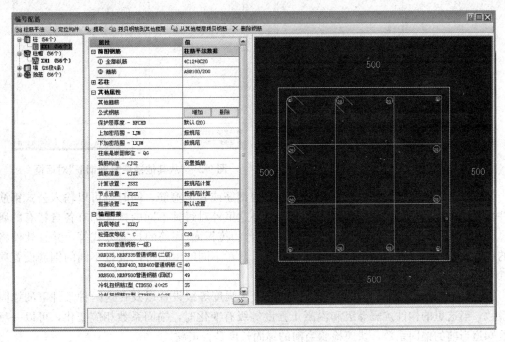

图 9-1 "编号配筋"对话框

对话框选项和操作解释：

【柱筋平法】 对于柱、暗柱构件，单击【柱筋平法】按钮，界面则定位到当前选定的柱编号的柱体构件，用户可以通过柱筋平法编辑该柱体构件的钢筋。

【定位构件】 当前光标选定到某一构件的编号时，单击【定位构件】按钮。

【提取】 在布置钢筋时单击该按钮，可以从图形中提取钢筋描述。

【复制钢筋到其他楼层】 单击该按钮，弹出"复制钢筋到其他楼层"对话框，如图 9-2 所示。

对话框分为两部分，当前层编号选择和目标楼层选择，在当前层编号选择中可以根据需要选择需要复制的构件编号，在目标楼层中可以选择将已经选中的构件编号复制到目标楼层，当不勾选【只显示当前构件类型】时，则所有构件都会显示出来提供选择；当不勾选【覆盖同类型构件钢筋】时，则复制钢筋时，如果目标楼层同编号的构件有钢筋则不会覆盖。

【从其他楼层复制钢筋】 单击该按钮，弹出"从其他楼层复制钢筋"对话框，如图 9-3 所示。

对话框分为两部分，即源楼层和复制构件，在源楼层中可以选择需要复制的构件所在的楼层，在复制构件框中则选择当前选择楼层中的构件以及编号。勾选【只显示当前构件类型】时，则所有构件都会显示出来提供选择；当不勾选【覆盖同类型构件钢筋】时，则复制钢筋时，如果目标楼层同编号的构件有钢筋则不会覆盖。

【删除钢筋】 删除当前选择的构件编号的钢筋数据。

简图框内的内容：

【简图钢筋】 与右边参数图形中对应的钢筋的描述输入框，下拉按钮会有钢筋输入提示。

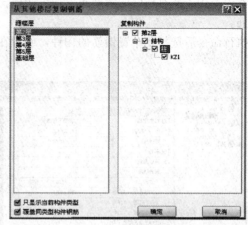

图 9-2 "复制钢筋到其他楼层"对话框　　　　**图 9-3 "从其他楼层复制钢筋"对话框**

【其他属性】　其他属性中用户可以输入其他钢筋或其他箍筋，同时也可以输入公式钢筋即软件自带的钢筋维护公式库中的钢筋数据，另外这里针对每种不同的构件都有各自特有的属性项，如柱的上/下加密范围、插筋设置、独基承台的筏板面/底筋的拉通方式等，并且软件将钢筋的计算设置和节点设置做出了编号级，即这里针对不同的编号可以设置不同的钢筋设置项和构件节点构造。

【锚固搭接】　提供了构件的抗震等级和混凝土强度等级设置以及在这两种条件下的锚固长度系数，当这里的构件抗震等级和混凝土强度等级有变化时，锚固系数相应变化，可以一目了然地知道当前的锚固系数，快速检验当前的锚固长度是否正确。

　>> 按钮：将参数图形对应的钢筋计算公式部分展开，展开见后述，如图 9-4 所示。

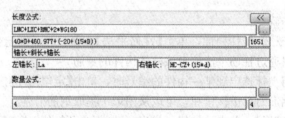

图 9-4 公式部分展开

栏目内的内容：

【长度公式】　对应钢筋名称的钢筋长度公式。

【长度计算式】　钢筋长度的计算表达式。

【长度中文式】　用中文解释的表达式。

【左锚长】　钢筋锚入左侧或下边支座内的计算长度。

【右锚长】　钢筋锚入右侧或上边支座内的计算长度。

【数量公式】　对应钢筋名称的钢筋数量公式。

【数量计算式】　钢筋数量的计算表达式。

按钮：单击该按钮，弹出"公式编辑"对话框，在对话框中查询公式中的变量解释或编辑公式，如图 9-5 所示。

该对话框的使用见后述。

操作说明：

参照图 9-6 所示的柱筋表来布置柱钢筋。

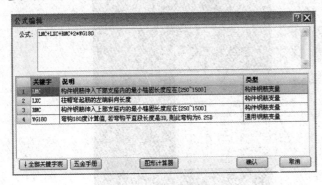

图 9-5 "公式编辑"对话框

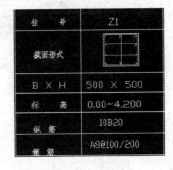

图 9-6 柱筋表

在界面上空白处右击，在编号钢筋界面上选择 Z1 编号的柱，如图 9-7 所示。

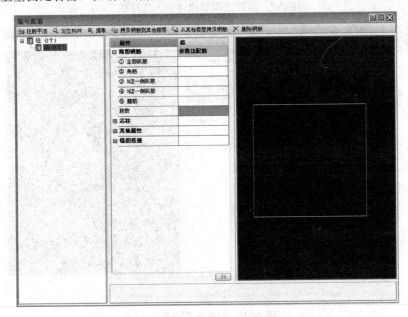

图 9-7 默认柱筋已填入对话框中

根据柱筋表，在全部纵筋栏的空白处输入钢筋描述 10B20，本图的纵筋没有分角筋和边侧筋，当大样中有类似 4Φ22/4Φ18 这样的描述时，则可以在角筋、B 边/H 边纵筋栏输入相应的钢筋描述。

修改箍筋，修改钢筋描述，可单击单元格后面的⋯按钮，再弹出钢筋描述选择栏，如图 9-8 所示。

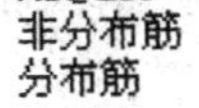

在钢筋描述选项栏中出现的是对应筋的历史描述，在历史描述中选择一个钢筋描述，如果在历史描述中没有对应的内容可选，则单击"分布筋"文字，展开钢筋描述输入栏，如图 9-9 所示。

按照柱表在栏中选择钢筋级别、直径、加密间距、分布间、肢数，之后右击确定（或者双击最后一次选择的数据），就将钢筋描述修改好了，如图 9-10 所示。

A8@200
非分布筋
分布筋

图 9-8 钢筋描述选择栏

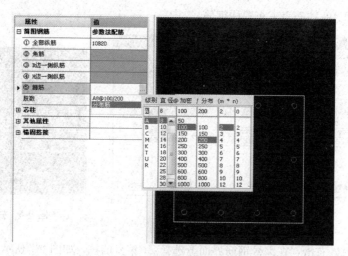

图 9-9　展开的钢筋描述输入选择栏

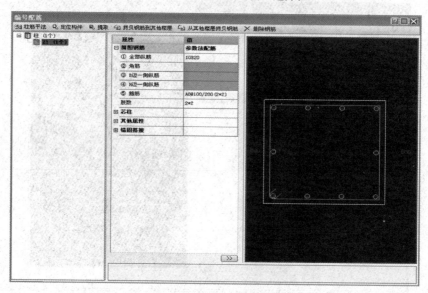

图 9-10　钢筋名称选择栏

修改选择好的钢筋后，退出对话框，柱钢筋就布置到界面中的柱上了。

布置好的 Z1 钢筋如图 9-11 所示。

执行命令后，命令栏会提示：

选择要布置钢筋的构件 | (S)设置 |：

根据提示，在界面选择需要布置钢筋的构件，之后按上述方式操作就行了。

小技巧：

要提高布置速度，可先在默认钢筋中设置好常用的数据，这样只要进行少量修改，就可以进行钢筋布置了。

图 9-11　布置好的柱筋

如果不同编号间的构件钢筋相同或类似，可以采用【参照】功能，参照已经布置到其他编号构件上的钢筋来快速布置钢筋。

【其他钢筋】当钢筋名称选择栏中没有可选项时，表示软件内没有对的钢筋公式来支持钢筋布置，这时可用软件提供的【其他钢筋】功能来置钢筋。

单击【其他钢筋】后面的[...]按钮，弹出"编辑其他钢筋"对话框，如图9-12所示。

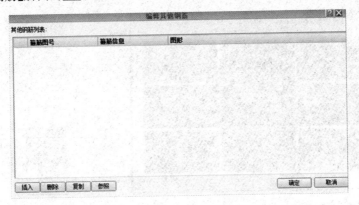

图 9-12　"编辑其他钢筋"对话框

对话框选项和操作解释：

【插入】　在对话框中新建一类钢筋。

【删除】　将选中的一类钢筋删除。

【复制】　将选中的钢筋行复制一条。

【确定】　将定义的钢筋提取到"编号配筋"对话框中。

【取消】　什么都不做，回到"编号配筋"对话框。

栏目内的内容：

【箍筋图号】　钢筋图样的图号。

【箍筋信息】　箍筋信息描述。

【图形】　选择好箍筋图号后，栏目中就有对应的图形显示，并且还有个弯折段的长度数据，可以直接对长度数据进行修改。

操作说明：

用【其他钢筋】功能布置钢筋的操作方式如下(图9-13)：

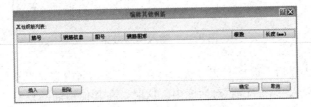

图 9-13　用其他钢筋功能布置钢筋

进入对话框后，单击【插入】按钮，这时对话框中会增加一行记录。

在【筋号】单元格内输入当前的钢筋称号。

在【钢筋信息】单元格内输入当前的钢筋描述，钢筋描述的操作同上。

在【图号】单元格内输入当前的钢筋的简图号，不知道简图号时，单击单元格后的[...]按钮，弹出"选择简图"对话框，如图9-14所示。

在【根数】单元格内输入当前的钢筋数量。

在【长度】单元格内显示当前钢筋的计算长度。

在"选择简图"对话框中，可以选择需要的钢筋形式。

【弯折】栏，单击栏目后面的▼按钮展开的选择栏，如图 9-15 所示。

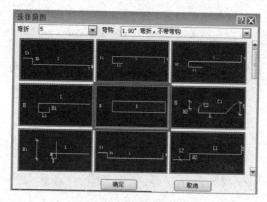

图 9-14　"选择简图"对话框

图 9-15　钢筋简
图选择栏

　　在栏目中选择需要的钢筋弯折，就会在下面栏目内展开软件内置好的一些钢筋形状，在栏目中选择一种符合要求的钢筋形状，单击【确定】按钮或双击该图形，对应的钢筋简图号就提取到【图号】单元格了，同时对应的图形也在【图形】栏显示出来了。

　　温馨提示：

　　手工布置其他钢筋的数量和长度都需要输入，这是因为程序提取不到构件的尺寸性缘故。

　　钢筋的计算长度，依据选择的钢筋图形，单击图中对应的数据值在展开的栏目中输入数据，如图 9-16 所示。

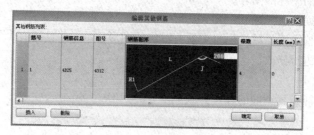

图 9-16　输入钢筋数据

　　一条钢筋记录输入完后，重复上面方法，再新建一条钢筋内容，直至输入完毕，最后单击【确定】按钮，将钢筋放入"编号配筋"对话框中。这时，在其他钢筋的栏目中会看到对应的钢筋筋号。

9.2　柱筋平法

　　功能说明：通过绘制来确定钢筋位置和长度，从而满足平面标注法要求来计算钢筋工程量。本命令用于布置柱和暗柱钢筋。

　　菜单位置：【快捷菜单】→【钢筋布置】

　　命令代号：zjpf

　　执行命令后弹出"柱筋布置"对话框，如图 9-17 所示。

　　对话框选项和操作解释：

图 9-17 "柱筋布置"对话框

■：自动布置角筋按钮，单击 ▼ 按钮，可以选择【定位角筋】功能。

◎：布置单边侧钢筋按钮，单击 ▼ 按钮，可以选择【任意主筋】【双排纵筋】功能。

⊗：布置双边侧钢筋按钮。

□：布置矩形箍筋或拉筋按钮，单击 ▼ 按钮，可以选择【自动生成箍筋或拉筋】【拉筋】【任意箍筋】【多边形箍筋，以纵筋定位】【多边形箍筋，以构件顶点定位】功能。

✎：选择钢筋修改描述，单击 ▼ 按钮，可以选择【编辑纵筋长度】【编辑箍筋数量】功能。

✐：删除钢筋按钮。

↶：撤销上步操作按钮。

▦：通过选择柱（暗柱）来布置柱筋。

▯：在图形上提取钢筋描述，根据选取的描述自动判定描述类型，并把钢筋描述数据写到对话框的相关栏目里面。

▧：通过选择类似的柱来布柱筋。单击 ▼ 按钮，可以选择【读钢筋库】（调用已经保存数库里面的钢筋类型来布置当柱的钢筋）、【选择要参照的柱】功能。

【钢筋入库】 将已经定义好的柱钢筋保存到数据库内以便今后使用。

【钢筋查询修改】 选择需要进行描述修改的钢筋，进行相应的描述修改。

操作说明：

第一步：选择要布置钢筋的柱或暗柱，右击→单击【柱筋平法】命令，弹出"柱筋布置"对话框，分别对【外箍】【内箍】【拉筋】【角筋】【边侧筋】的默认钢筋描述进行设置。

第二步：单击自动布置角筋、其他定位角筋命令来获得角筋位置，并将设置好的默认角筋规格布置到相关位置。

第三步：单击布置单边侧或双边侧钢筋布置命令来获得边侧钢筋位置，并将设置好的默认侧钢筋规格布置到相关位置。

第四步：单击矩形箍布置命令，通过分别点取矩形区域的对角点来获得矩形箍的路径长度。

第五步：单击拉筋命令，通过单击边侧钢筋来获得内部拉筋位置，并将设置好的默认内部拉筋规格布置到相关位置。

第六步：单击多边形箍筋，可以处理异形的箍筋形式。

第七步：单击多边形外箍和任意分布筋，通过单击边侧钢筋或角筋来获得异形内箍/外箍的位置，并将设置好的默认钢筋规格布置到相关位置。

第八步：单击删除对象命令，框选设置需要删除的钢筋对象，将多余的钢筋删除。

第九步：单击查询钢筋信息命令，对框选的钢筋信息进行修改，如图 9-18 所示。

以上步骤是常规操作步骤，其未涉及的步骤可以无须执行，如：布置完毕后没有多余的钢筋，就可以忽略删除对象的命令步骤等。

用柱筋平法命令完成的钢筋三维效果如图 9-19 所示。

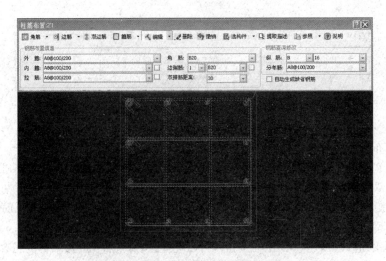

图 9-18 柱筋平法钢筋信息查询、修改

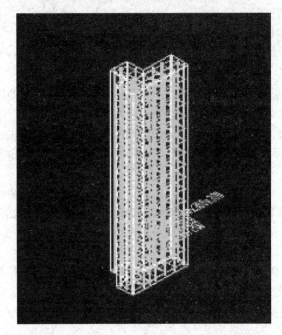

图 9-19 已完成柱筋平法钢筋三维效果

在箍筋输入栏，有核心区的钢筋描述为：φ8/10@100/200 这样的形式，直筋较大的箍筋为核心的箍筋，目前软件支持柱筋平法的核心区箍筋的输入和计算，如图 9-20 所示。

图 9-20 布置界面

柱的核对单筋计算结果，如图 9-21 所示。

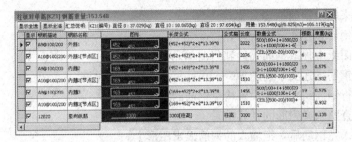

图 9-21　柱的核对单筋计算结果

温馨提示：

（1）用柱筋平法布置钢筋时，要把 CAD 的捕捉功能打开。

输入钢筋定位点的时候，要点取在捕捉点上；否则，定义出来的公式会不准确，可以在栏目的单元格中直接修改变量值。

（2）通过柱筋平法功能布置的钢筋，在计算的时候能够根据规范要求自动处理构件变截面和钢筋变规格不同场景的构造要求，无须手工干预。

上柱纵筋改变直径时，下柱纵筋计算原理：

当遇到上柱纵筋变大时，软件的柱筋平法处理结果，如图 9-22 所示。

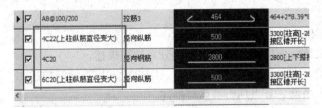

图 9-22　柱筋平法处理结果

9.3　梁筋布置

功能说明：提供梁钢筋的布置和识别功能。

菜单位置：【快捷菜单】→【梁筋布置】

命令代号：ljbz

执行命令后弹出对话框，如图 9-23 所示。

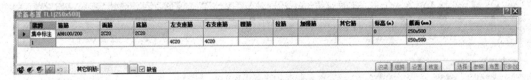

图 9-23　"梁筋布置"对话框

对话框选项操作解释：

【其他钢筋】　同钢筋布置章节说明。

【默认】　同钢筋布置章节说明。

【转换】 用来转换钢筋描述。

【合并】 对钢筋描述文字进行合并。

【提取】 从图纸上提取钢筋描述到当前单元格。

【吊筋】 把钢筋描述文字前增加一个吊筋标识，以识别吊筋。

【设置】 进行钢筋识别时和设置构造钢筋的选项。

【核查】 核查整条梁钢筋的计算结果。

【布置】 输入完钢筋后，把输入的钢筋输出图形上。

【参照】 参照其他已布置钢筋的梁，来布置当前梁钢筋。

【下步】 展开对话框，查看平法对应的实际钢筋。

栏目内的内容：

【梁跨】 布置钢筋对应的梁跨号。

【箍筋】 输入梁箍筋描述。

【面筋】 输入梁的上部钢筋，面筋描述。

【底筋】 输入梁的下部钢筋，底筋描述。

【左支座筋】 输入对应梁跨的左端（或与较小跨号梁跨相连端）支座上部钢筋描述，同平法钢筋标准一致。

【右支座筋】 输入对应梁跨的右端（或与较大跨号梁跨相连端）支座上部钢筋描述，同平法钢筋标准一致。

【腰筋】 输入梁纵向构造或抗扭钢筋描述。

【拉筋】 输入梁侧纵向构造或抗扭钢筋的分布拉筋描述。

【加腋筋】 当梁上有加腋时，会显示出来，用户输入加腋钢筋描述。

【加强筋】 输入吊筋、节点加密箍筋等描述。

【其他筋】 输入其他自定义钢筋描述。

【标高】 梁跨顶高与所在层层顶标高的相对高。

【截面】 梁段的截面尺寸，此处的截面尺寸随梁跨段显示。

 ：自动识别按钮，自动识别梁筋，可以用来自动识别电子图钢筋和自动布置设置好的构造筋。

 ：选梁识别按钮，选择一条梁，识别梁附近的钢筋描述。

 ：选梁和文字识别按钮，选择识别钢筋的梁以及要识别的钢筋的文字。

 ：布置梁筋按钮，自己输入钢筋数据来布置梁筋。

 ：撤销按钮，取消上一步的操作。

单击【下步】按钮，展开下步对话框，如图 9-24 所示。

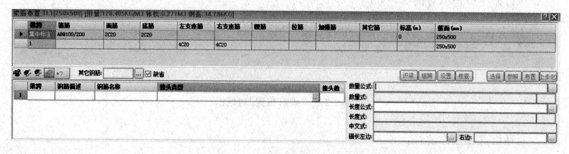

图 9-24 梁筋布置展开对话框

【编号】 同钢筋布置章节说明。

【梁跨】 布置钢筋对应的梁跨号。

【钢筋描述】 同钢筋布置章节说明。

【钢筋名称】 同钢筋布置章节说明。

【接头类型】 同钢筋布置章节说明。

【接头数】 编辑钢筋的接头数量。

【数量公式】 同钢筋布置章节说明。

【数量式】 钢筋数量的数字表达式。

【长度公式】 同钢筋布置章节说明。

【长度式】 长度公式中的钢筋锚长展开后的表达式。

【中文式】 同钢筋布置章节说明。

【锚长左边】 同钢筋布置章节说明。

【右边】 同钢筋布置章节说。

【⋯】 同钢筋布置章节说明。

操作说明：

选择要布置钢筋的梁，如果勾选了默认钢筋，缺钢筋会自动出现在表格中，如图 9-25 所示。

梁跨	箍筋	面筋	底筋	左支座筋	右支座筋	腰筋	拉筋	加强筋	其它筋	标高(m)	截面(mm)
集中标注	A8@100/200	2C20	2C20							0	250×500
1				4C20	4C20						250×500

其它钢筋: ⋯ ☑缺省   识梁 组跨 设置 核查   选择 参照 布置 下步

图 9-25 默认钢筋

根据平法标注，先输入集中标注的描述。

输入原位标注的描述，不要求集中标注的钢筋，直接按照平法标注数据行输入。如果有原位的面筋和箍筋，也直接在对应的跨内进行输入。

输入和修改数据后，单击【下步】按钮，可以查平法对应的具体的钢筋。

如果要修改对应的钢筋，单击钢筋名称单元格按钮，弹出钢筋名称下拉选择列表。列表的左上部是梁筋的类型，梁筋分面筋、底筋、支座钢筋等，左下部分是这种类型对应的钢筋。右边部分是钢筋对应的简图，可以通过左下的钢筋名称来进行选择，也可以单击右边的钢筋简图来选择钢筋，如图 9-26 所示。

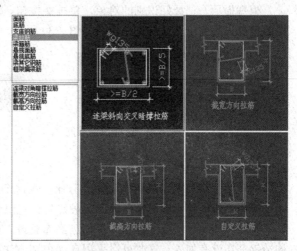

图 9-26 钢筋名称选择

修改好钢筋后，单击【布置】按钮将梁钢筋布置在图形上，如图 9-27 所示。

执行命令后，命令栏提示：

选择构件梁,条基<退出>

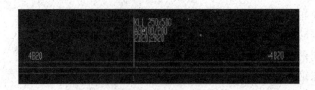

图 9-27　布置好的梁筋

在界面中选择布置钢筋的梁，之后按上述方法操作就行了。

自动识别操作说明：

按钮 用于自动识别梁、条基钢筋。操作方式有两种：①如果电子图很规范，文字的位置与梁线间距离合适，这类情况可以采用自动识别来识别电子图上的梁筋。②布置好钢筋后，可以用来增加在结构总说明中的构造钢筋，例如腰筋、吊筋、节点加密箍等。单击自动识别梁筋的按钮后，其对话框会有变化，如图 9-28 所示。

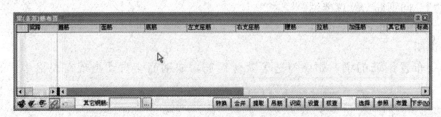

图 9-28　单击识别梁筋后对话框的按钮会变化

进行钢筋自动识别之前，如果没有对钢筋描述进行转换，应单击【转换】按钮，将钢筋描述文字进行转换后再进行识别。

第一种情况，先确定柱、梁等构件已经布置好的编号与集中标注的编号相同，转换好钢筋描述和集中标注线。单击自动识别，确认是识别梁筋还是识别条基钢筋，如图 9-29 所示。

根据提示，选择好识别的对象，单击 按钮，软件根据图上的平法标注来识别所有的直形梁的钢筋，并弹出下面的进程条，如图 9-30 所示。

图 9-29　选择识别梁筋　　　　　图 9-30　自动识别进程条
　　　　　还是条基筋

进程条显示现在经识别的梁的百分比。在这个过程中，可以按 Esc 键退出识别过程，但是这个操作可能使得识别出错。因此，最好是让它识别完成。

第二种情况，图纸上标注的钢筋已经布置好，电子图已经清理干净，但是结构总说明中的构造钢筋还没有加入，这时可以采用自动识别方法批量布置整层的构造钢筋。先单击【设置】按钮，进入到【钢筋选项】中的【梁识别设置】，根据设计要求设置好各个数据。如果工程中有构造腰筋表，则进入【腰筋设置】页面，设置腰筋规则。设置完成后，单击【自动识别】按钮，就可以将构造钢筋批量加入。如果在第一种情况下已经设置好说明类构造钢筋，也可以同时把设计图上的钢筋和说明类构造钢筋布置完成

识别好的筋，可以用【布置梁筋】来修改。

选梁识别操作说明：

按钮 用于选择图形中的梁来识别梁筋，可以点选或者是框选任意一段梁，然后右击，程序将自动识别这条梁附近的梁钢筋文字描述。使用选梁识别对话框内会增加一个【自动】的复选框"□"（图 9-31），用于将识别出的钢筋直接布置或确认布置到构件的选择，在选项前的框内打"√"，识别和布置是同时进行的，如果不将自动选项勾选，则识别的内容会先放到对话框内让用户校对确认后单击【布置】按钮，再将钢筋布置到界面中的梁上。

梁筋布置 KL1[250x500]											
跨数	箍筋	面筋	底筋	左支座筋	右支座筋	腰筋	拉筋	加强筋	其它筋	标高(m)	截面(mm)
集中标注	A8@100/200	2C20	2C20							0	250x500
1				4C20	4C20						250x500

图 9-31　选梁识别按钮栏目的变化

选梁和文字识别操作说明：

按钮 用于选择图形中的梁和相应的文字来进行梁筋识别。当梁排布密集，这时梁的文字描述绞在一团，软件分不清梁筋文字与梁的关系时，用前述两种方式识别梁筋往往会出错，软件提供本功能进行梁筋识别。操作方法同前述，是要同时选择梁线和钢筋描述文字。

温馨提示：

在布置、识别等操作之前，单击对话框上的【设置】按钮，设置构造钢筋，如腰筋、拉筋、节点加密筋、吊筋等，软件会按设置条件自动对符合条件的梁进行这些附加钢筋的布置。

钢筋布置前，根据不同工程设置好默认钢筋，这样可以事半功倍。

9.4　板筋布置

功能说明：提供板钢筋的布置功能。

菜单位置：【快捷菜单】→【钢筋布置】

命令代号：bjbz

执行命令后弹出"布置板筋"对话框，如图 9-32 所示。

对话框选项和操作解释：

【板筋类型】　要布置哪种类型板筋。

【布置方式】　指定板筋的布置方式。

【相同构件数】　如果图纸上相同板筋只是标注了一个，其他的板筋用编号来替代时，可以输入相同的数量。

图 9-32　"布置板筋"对话框

【设置】　识别板筋时，用来设置板筋的挑出类型，是否自动带构造分布筋等信息。

【编号管理】　单击该按钮弹出"板筋编号"对话框，如图 9-33 所示。

在"板筋编号"对话框中：

【增加】　用来增加一个板筋编号。

【识别】　从电子图识别板筋的编号，支持一次识别多个编号文字。

【删除】　删除一个板筋编号。

【提取】　从图形上提取钢筋描述或者板筋编号。

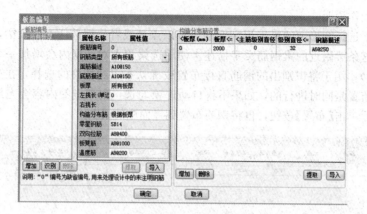

图 9-33 "板筋编号"对话框

【导入】 从其他工程导入板筋编号。

【构造分布筋设置】 对话框右边的构造分布筋设置，目的是为了自动判定构造分布筋的描述，目前支持根据同板厚、不同负筋描述来确定构造分布筋的描述。

板筋编号定义说明：

(1)一个编号可以同时定义板筋、板底筋、构造分布筋、零星双层拉筋、凳筋、温度筋，可以设置钢筋类型来动态调整；

(2)"0"编号一般为默认板筋编号；

(3)构造分布筋的设置可以设置为根据板厚自动判定，也可以设置一个具体的钢筋描述；

(4)可以将按板厚区分分配的板筋编为同一编号，软件能动态匹配布置。

【确定】 对编辑结果确认并返回"布置板筋"对话框。

【取消】 返回"布置板筋"对话框。

"布置板筋"对话框中：

【面筋描述】 布置面筋或者负筋时的钢筋描述，对于板筋的布置方式增加了钢筋的"隔一布一"布置方式，如板负筋填写成 A8/10@150，则自动按 φ8 与 φ10 分隔布置。"根据板厚"是根据板筋编辑里设置的数据来自动判定面筋或负筋的描述。

【构造筋】 布置负筋时，自动带的构造分布筋的描述，"根据板厚"是根据构造分布筋设置的数据来自动判定构造分布筋的描述。

【总挑长】 板面筋总的挑出长度，等于左右挑长的和。当板筋类型为面筋时有效。

【左(下)挑长】 板面筋的左边或下边挑出长。当板筋类型为面筋时有效。

【右(上)挑长】 板面筋的右边或上边挑出长。当板筋类型为面筋时有效。

>> 按钮：展开计算式栏目，展开后如图 9-34 所示。

【长度公式】 见柱钢筋解释。

【数量公式】 见柱钢筋解释。

【恢复当前公式】 单击后，把钢筋公式恢复为默认的公式。

【简图】 当前布置的钢筋简图。

布置操作说明：

选择好要布置的板筋类型，例如要布置板面筋。对板面筋，根据电子图上的标注规则，设置好"单挑类

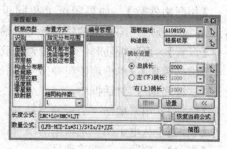

图 9-34 板筋布置对话框展开

型"和"双挑类型"。

这时，命令栏提示：

点取外包的起点<退出>:

"外包"就是钢筋长度方向的外包范围。

按照命令栏提示，光标移至界面中需要布置钢筋的位置，点取钢筋外包长度起点，命令栏又提示：

点取外包的终点<退出>:

光标移至界面中点取钢筋外包长度的终点，命令栏又提示：

点取分布范围的起点<退出>:

光标移至界面中点取钢筋分布长度的起点，命令栏又提示：

点取分布范围的终点<退出>:

光标至界面中点取钢筋分布长度的终点，至此，板上的某类钢筋就布置上了，如图9-35所示。

温馨提示：

图中，板筋线条的显示有两种方式：

(1)通过右键菜单中【钢筋明细】命令显示出来，如果关闭钢筋明细线条，再执行一次【钢筋】命令即可。

(2)将【钢筋选项】→【计算设置】→【板】的第22条设

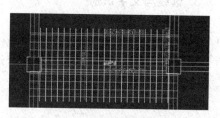

图9-35 置好的板面筋

置为"是"，也可以将钢筋的明细线条显示出来，不过这里设置的显示是将板所有钢筋都显示出来。

对于双层双向、单层双向、双层单向、异形板底筋、异形板面筋的布置，执行命令后，光标至界面中需要布钢筋的板中，顺钢筋的布置方向画一条直线，钢筋就布置上了。因为这几种钢筋的类型只能在一块整板内布置的缘故，程序是根据光标画的线条方向，自动找到板的边缘的。

小技巧：

如果布置的板构件是小板，而钢筋又需要连通布置，且钢筋的外包长和分布范围的边缘又不规则时，可用合并板的功能将板进行合并。之后，用两点布置板面筋或底筋进行钢筋布置。对于另外不需连通的钢筋，再将板分开进行钢筋布置，就能解决上述问题。

识别操作说明：

系统判定说明如下：

(1)通过选择的板筋线是否带有弯钩或者直钩信息，来判断是底还是面。

(2)如果选择的线是断开的，系统会把断点距离10 mm内的两段线连在一起。

(3)同时系统会自动去查找选择到的板筋线350 mm附近的钢筋描述、钢筋标注以及钢筋编号，现默认的信息都是与板筋线平行的，找到的信息会填写到对话框中。

(4)如果找到了3种信息即找到钢筋描述、标注以及编号，就会把这个编号添加到钢筋列表记录中；如果只是找到编号，就会到钢筋列表记录中找到与这个编号匹配的钢筋。

(5)如果找到钢筋标注，则板筋外包长度是标注中的长度，否则取板筋线的长度。

(6)如果识别的是面筋，而且没有找到板筋的两个支座，会自动布置分布筋。

板筋识别有五种方法：框选识别、按板边界识别、选线与文字识别、选负筋线识别和自动负筋识别。

1. 框选识别

执行命令后，命令栏提示：

请选择要识别的板筋线<退出>:

根据提示光标至界面中点取需要识别的板筋线，可以一次选择多条钢筋线，右击确认选择结束，命令栏又提示：

> 点取分布范围的起点<退出>：

根据提示光标至界面中点取当前正识别的板筋分布起点，命令栏又提示：

> 点取分布范围的终点<退出>：

根据提示光标至界面中点取当前正在识别的板筋分布终点，一类板钢筋就识别成功了。钢筋的描述判定见"系统判定说明"第3条。

2. 按板边界识别

识别的方式与框选识别类似，但识别时会根据钢筋与板之间的关系，动态判定是否按板边界进行分布。

3. 选线与文字识别

执行命令后，命令栏提示：

> 请框选要识别的板筋线和文字信息<退出>：

根据提示光标至界面中框选到所有这个钢筋中要用的信息，然后点取分长度的第一点、第二点，右击就将板筋识别了。

4. 选负筋线识别

此种识别方式是由程序自动判定钢筋的分布范围，是判定一条梁或是墙在一个段内是一直线的形状时，直接将这条直线梁或墙上分布上板筋。

执行命令后，命令栏提示：

> 请选择要识别的板筋线<退出>：

根据提示光标至界面中点取需要识别的板筋线，右击，钢筋就识别成了。钢筋的描述同上面的选线识别板筋的判定一样。

5. 自动负筋识别

执行命令后，命令栏提示：

> 请选择一条需要识别的负筋线<退出>：

根据提示光标至界面中点取需要识别的板筋线，右击，界面中的板负筋就全部被识别出来了。

板筋调整说明：

有些情况下，需将板钢筋进行明细长度的调整，具体操作步骤如下：

第一步：显示需要调整的板钢筋明细线条。

第二步：单击板钢筋线条，右击，调整钢筋，弹出图9-36所示的对话框。

具体操作参照CAD的剪切和延伸命令，根据不同情况选择相应的操作方式。

图9-36　板"钢筋线条编辑"对话框

温馨提示：

(1)板筋布置与其他钢筋的布置不同，板筋布置中不能随意增加板筋类型，所有的板筋类型只能在【板筋类型】栏中选取。

(2)布置板面负筋时，建议先定义好板面负筋编号，方便快速布置或识别板筋。

(3)异形板筋或双层双向等钢筋是按的外形捕捉构件尺寸的，手动布置的板面筋、板底筋与板外形无关。

(4)应根据设计图纸的标注尺寸，选择好板面负筋的挑长值和锚固类型。

9.5 人防墙及楼层板带钢筋布置

温馨提示：

楼层板带钢筋的自动识别的钢筋分布范围为板筋所在的相应板带的范围。

人防墙钢筋布置

楼层板带钢筋布置

9.6 基础板带钢筋布置

功能说明：提供基础板带钢筋的布置功能。

菜单位置：【快捷菜单】→【钢筋布置】

命令代号：gjbz/jcbdj

基础板带钢筋的布置和识别与楼层板带钢筋的处理类似，参照即可。

9.7 后浇带钢筋

功能说明：提供后浇带构件钢筋的布置功能。

菜单位置：【快捷菜单】→【钢筋布置】

命令代号：hjdj

执行命令后弹出后浇带钢筋布置对话框如图 9-37 所示。

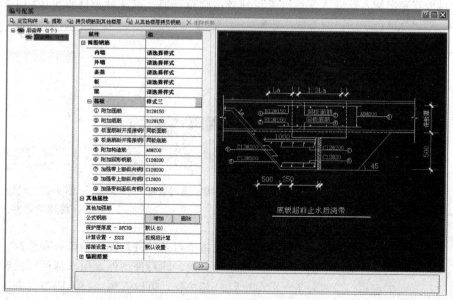

图 9-37 后浇带钢筋布置

对话框选项和操作解释：

【简图钢筋】 根据建筑施工情况，选择提供了六种构件的后浇带钢筋设置，即筏板、条基、内墙、外墙、梁、板，根据设计图纸要求可以选择对应样式。

【筏板或梁样式选择设置】 根据图纸的要求，如筏板或梁，根据板厚或梁高的不同，后浇带钢筋和尺寸信息会有所不同。

单击筏板或梁的样式栏的…按钮，这时，软件弹出"样式选择"对话框，如图9-38所示。

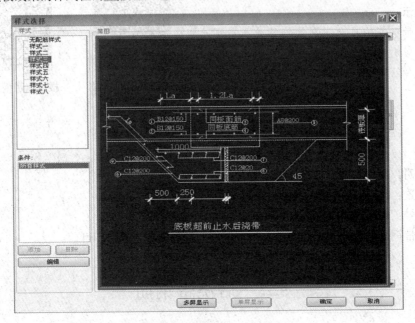

图9-38 "样式选择"对话框

可以通过对话框左侧的条件框内的【编辑】按钮来添加条件，单击【编辑】按钮，弹出如图9-39和图9-40所示对话框。

用户可以在空白输入框输入或通过下拉列表选择条件值，设置好条件后单击【确定】按钮，会在条件栏列出当前已经编辑的条件，如图9-41所示。

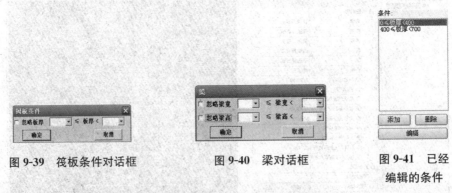

图9-39 筏板条件对话框   图9-40 梁对话框   图9-41 已经编辑的条件

用户可以通过【添加】【删除】【复制】和【修改】按钮来对条件进行相应的调整和修改。用户需要注意的是，不同的条件对应的钢筋参数图形是独立的，即每种条件下用户都可以去对钢筋或尺寸信息进行独立的编辑，设置好条件后单击【确定】按钮，可以看到通过不同条件来区分相应的筏板的大样图形，如图9-42所示。

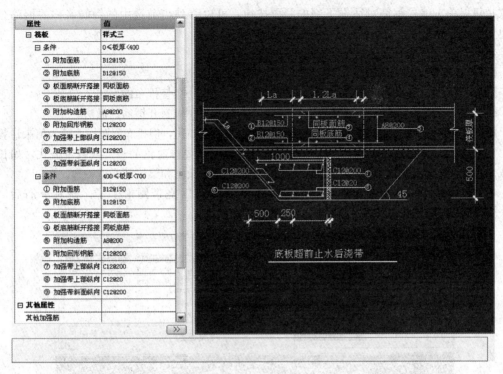

图 9-42　筏板大样图形

【参数图】　根据图纸的要求，可以在对话框的参数图形部分，对相应的钢筋描述或后浇带尺寸数据进行修改调整，如图 9-43 所示。

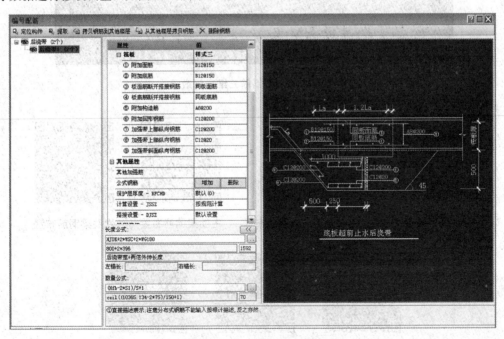

图 9-43　修改调整数据

可在钢筋描述栏单击┉按钮，在下拉列表中选择钢筋描述或查看调整钢筋公式，查看钢筋公式也可以单击编号钢筋对话框下部的 >> 按钮，可以看到当前选中的钢筋名称的钢筋公式信息。

在钢筋描述下拉列表中有几种钢筋布置形式，如：

【同板面筋】 修改钢筋的描述信息与底板面筋的一致。

【隔一断一】 底板面筋在这里采取一根拉通和一根断开交替排布的做法。

【隔二断一】 底板面筋在这里采取每两根拉通钢筋布一根断开钢筋的做法。

【同梁箍筋@100】 钢筋的级别描述同梁的箍筋的级别描述，但排布间距按照输入值来计算。

在右边的【长度公式】和【数量公式】栏用户可以根据需要修改钢筋长度或数量公式，如长度公式中出现：同梁箍筋，则表示该处后浇带的附加箍筋的长度和梁箍筋长度一致。

在设置好条件后，单击【确定】按钮，钢筋就布置在后浇带图形上了，核对单筋后，如图 9-44 所示。

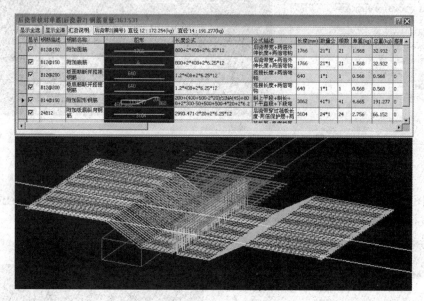

图 9-44　所示 钢筋三维显示效果

空心板钢筋布置

空心楼盖柱帽钢筋布置

主肋梁钢筋布置

次肋梁钢筋布置

柱头板钢筋布置

侧腋钢筋布置

空挡钢筋布置

9.8　条形基础钢筋

条形基础钢筋同梁筋布置。

9.9　屋面钢筋

参照板筋单层双向和单层单向以及零星板筋布置。

9.10　地面钢筋

参照板筋层双向和单层单向以及零星板筋布置。

9.11　表格钢筋

功能说明：用表格来定义构件编号、布置构件钢筋。

菜单位置：【柱、暗柱、梁等构件】→【表格钢筋】

命令代号：bggj

操作说明：

执行命令后弹出"表格钢筋"对话框，如图 9-45 所示。

表格钢筋现在提供了五种表格钢筋类型，即柱表、柱大样表、墙表、梁表和过梁表。通过单击命令栏的按钮，可以进入相应的钢筋表格。

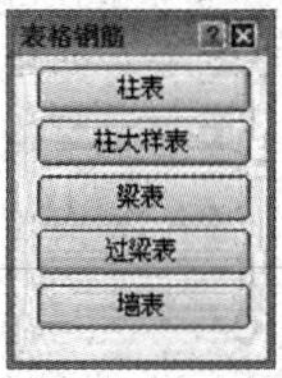

图 9-45 "表格钢筋"对话框

9.11.1　柱表

功能说明：可以处理柱、暗柱、构造柱三类构件的表格钢筋。

菜单位置：【柱、暗柱】→【表格钢筋】

命令代号：zpjb

执行【识别】→【识别柱筋】命令后，弹出"柱表钢筋"对话框，如图 9-46 所示。

对话框选项和操作解释：

对话框上部的柱表数据表格由 14 列数据组成，分别是编号、结构类型、材料、标高、楼层、截面、尺寸、全部纵筋、角筋、b 边一侧筋、h 边一侧筋、箍筋描述、箍筋类型、加密长。

【编号】　其为构件编号，记录输入的柱、暗、构造柱编号。

【结构类型】　其是一个下拉选择对话框，从下拉列表中选择这个编号对应的结构类型，例如暗柱或构造柱等。

【材料】　对应构件的材料（主要是混凝土强度等），有两种情况可以不用输入材料，一是不通过柱表定义柱编号，二是在工程设置中已经设置好每个楼层对应的柱材料，软件会自动根据柱表中的编号和标高对应材料。

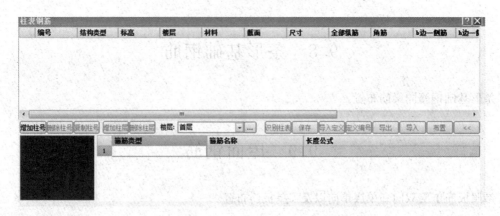

图 9-46 "柱表钢筋"对话框

【标高】 用于选择柱的起始标高。

【楼层】 用于输入标高对应的楼层。

【截面】 用于输入编号对应的截面类型。

【尺寸】 用于输入截面的尺寸参数，可以通过弹出的辅助对话框输入。

【全部纵筋】 其是指柱上所有纵筋，如果填写了所有纵筋，则不能填写后面的纵筋。

【角筋】 其是指角部钢筋。

【b—侧筋】 其是指 b 边单侧钢筋，软件默认对称布置，计算钢筋时钢筋的数量会乘以 2。

【h—侧筋】 h 边单侧钢筋，软件默认对称布置。

【箍筋描述】 对应箍筋的描述。

【箍筋类型】 柱箍筋对应的类型编号，如果没有编号，可以自定义一个编号。

【加密长】 如果需要指定柱的加密区长度，可以自行输入，否则按照标准计算加密。

对话框右下部位的表格。用于输入柱表表格箍筋类型对应的箍筋。

【箍筋类型】 柱表表格中的箍筋类型。

【钢筋名称】 箍筋类型对应的箍筋名称。

【长度公式】 钢筋名称对应的长度公式，可以手动调整钢筋的长度公式。例如，在柱表表格中将【箍筋类型】设为 1，然后到右下表格中指定钢筋名称为"矩形箍(4 * 4)"，就表示箍筋类型 1 对应的箍筋就是"矩形箍(4 * 4)"，如果其他编号的柱箍筋也是"矩形箍(4 * 4)"，则在柱表表格的"箍筋类型"中输入 1 就可以了。

【识别柱表】 单击，弹出"识别柱表"对话框，进入柱表识别功能。

【保存】 把柱表数据以及对应的箍筋设置数据保存到工程中。

【导入定】 把工程中各个楼层定义的柱、暗柱、构造柱的编号导入到柱表中。

【定义编号】 把柱表中的编号定义到各个楼层。

【导出】 把柱表表格中的数据导出到 Excel 中，包括表头。

【导入】 把选择的 Excel 数据导入到柱表，导入前需要先打开 Excel 表，选择要导入的数据，然后单击【导入】即可，注意选择数据时不能选择表头。

【布置】 把输入好的钢筋按编号布置到各楼层构件上。

【展开 >> 】 隐藏或展开右下表格，减少对话框占的屏幕位置。

对话框左下部位的"幻灯片"：显示编号对应的截面形状以及每边的长度标注。

操作说明：

1. 柱表识别

进行柱表识别之前应将柱表内的描述文字进行转换，例如电子图中柱表的样式如图 9-47 所示。

识别柱表的步骤如下：

(1)单击【识别柱表】按钮，弹出"描述转换"对话框，如图 9-48 所示。

图 9-47　原始柱表

图 9-48　钢筋"描述转换"对话框

转换柱表中的钢筋描述。

(2)转换完钢筋描述后，软件会提示选择柱表表格线，此时用光标框选图中的所有表格线，右击确定，会弹出"识别柱表"对话框，如图 9-49 所示。

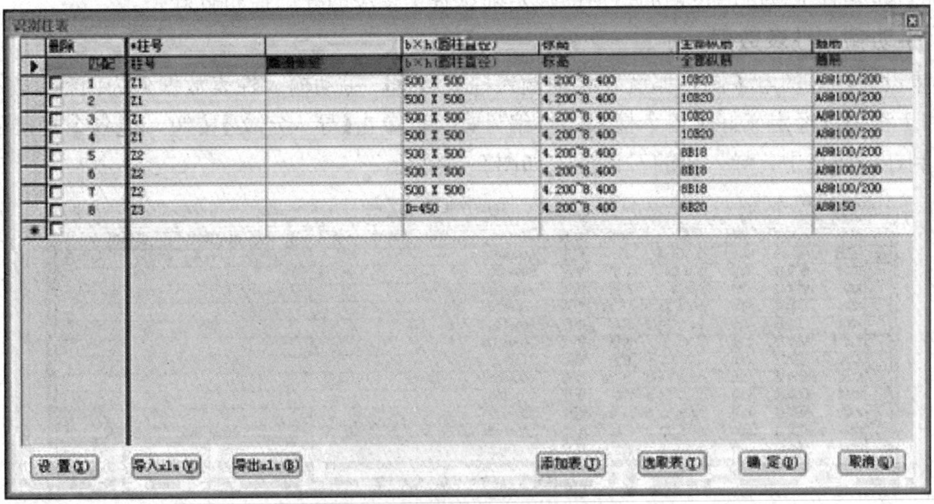

图 9-49　"识别柱表"对话框

"识别柱表"对话框只是识别柱钢筋表的一个中间环节，用于将电子图上不匹配的内容和柱筋布置不需要的内容进行匹配和删除。

对话框顶部的删除、＊柱号、b×h(圆柱直径)、标高、全部纵筋、箍筋，是软件固定的内容，当识别过来的表头与这些固定的内容不相符时，单击绿色栏单元格内的▼按钮，在展开的选项栏内选择一个名称与之对应，如图 9-50 所示。

使对话框中的上下两项表头选项一致后，单击【确定】按钮，回到"柱表钢筋"(图 9-46)对话框，这时对话框中就已经有了钢筋数据，如图 9-51 所示。

2. 识别完柱表后的下一步操作

(1)识别柱表后，接下来需要设置箍筋类型，并将其对应到具体的钢筋名称，如箍筋对应的肢数，截面形状的名称。在这里需要在右下的表格中，选择设置好箍筋类型 I 和 H 对应的箍筋名称以及长度公式。

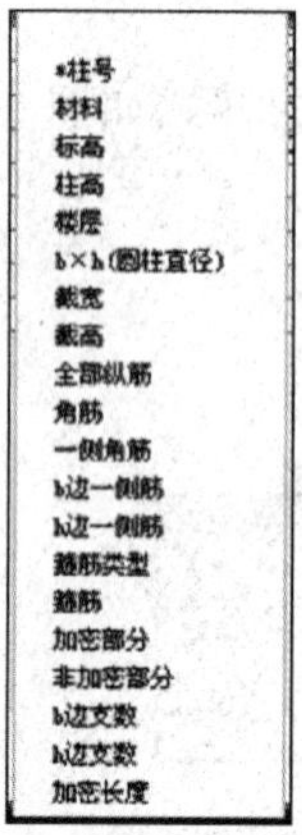

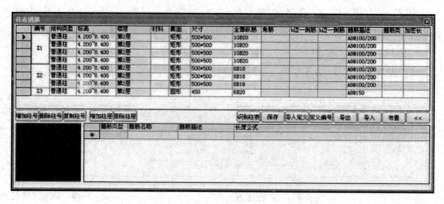

图 9-50　表头
对应选项栏

图 9-51　对话框中已经有了钢筋数据

(2)完成柱表据输入后可以单击【定义编号】按钮,定义各个楼层的柱编号,也可以单击【布置】按钮,布置各个楼层的柱钢筋。但前提是确认各个楼层的柱已经布置好了。

3. 手动输入柱表数据

如果没有柱表的电子图,那就要手动输入柱表数据,手动输入柱表数据分为两种情况:

(1)工程中已经定义好了各个楼层的柱编号,可以单击【导入定义】按钮,把各个楼层的柱编号导入到柱表表格中,导入后的对话框,如图 9-52 所示。

图 9-52　导入编号后的柱表

这样在各个层的编号后面输入对应的钢筋就可以了。

(2)如果还没有定义柱编号,就应手工输入柱表数据了。按照柱表表格中列的顺序来输入柱表数据。先输入柱编号,然后指定这个编号对应的结构类型、材料、标高、截面、截面尺寸纵筋、箍筋和箍筋类型,如果要指定加密长,而不是按照标准计算加密长,则输入加密长。在输入编号中,如果输入的编号是规范中的标准代号,如 KZ1,则结构类型会自动判定;标高的输入是根据楼层表设置来选择的。

下面介绍柱表的另两个功能,【导出】【导入】,这两个功能是和 Excel 有关的。【导出】是把柱表表格中的数据导出到 Excel 中。单击【导出】按钮后,软件会打开 Excel 软件,并把柱表表格中的数据输出到 Excel 中。导出后的 Excel 文件如图 9-53 所示。

Excel 中修改好数据后,通过下面的操作可以把 Excel 中的数据再回到柱表表格中。首先在 Excel 中选中要导入的数据,注意要框选第一行的表头,选择的整列数量和顺序都要和柱表表格中相同,不要随意改变列的顺序或者删除列。单击【导入】按钮,就可以把选择的 Excel 数据导入了。

	A	B	C	D	E	F	G	H	I	J	K	L	M	N
1	编号	结构类型	材料	标高	楼层	截面	尺寸	全部纵筋	角筋	b边一侧筋	b边一侧筋	箍筋描述	箍筋类型	加密长
2	Z-3	普通柱	C35	44.8~51.3	16~17	矩形	800*900		4C25	3C25	4C22	B120100(4*3)	I	
3	Z-3a	普通柱	C35	44.8~51.3	16~17	矩形	800*900		4C25	3C25	4C22	B120100(4*3)	I	
4	Z-3	普通柱	C35	50.3~57.3	18~19	矩形	800*800		4C25	3C22	3C22	B100100(4*4)	H	
5	Z-3a	普通柱	C35	50.3~57.3	18~19	矩形	800*800		4C25	3C22	3C22	B100100(6*4)	H	
6	Z-3	普通柱	C35	57~60.3	20	矩形	800*800		4C25	3C22	3C22	B100100(4*4)	H	
7	Z-3a	普通柱	C35	57~60.3	20	矩形	800*800		4C25	3C22	3C22	D100100(6*4)	H	
8	Z-3	普通柱	C30	60~75.3	21~25	矩形	800*800		4C25	3C22	3C22	B100100	H	
9	Z-3a	普通柱	C30	60~75.3	21~25	矩形	800*800		4C25	3C22	3C22	B100100	H	
10	Z-3	普通柱	C30	73.3~78.3	25~26	矩形	800*800		4C25	3C22+4C28	3C22+4C28	B100100/200	H	800
11	Z-3a	普通柱	C30	73.3~78.3	25~26	矩形	800*800		4C25	3C22+4C28	3C22+4C28	B100100/200	H	800
12	Z-3	普通柱	C30	75.8~81.3	26~27	矩形	800*800		4C25	3C22+4C28	3C22+4C28	B100100/200	H	900
13	Z-3a	普通柱	C30	75.8~81.3	26~27	矩形	800*800		4C25	3C22+4C28	3C22+4C28	B100100/200	H	900

图 9-53　导出到 Excel

温馨提示：

(1)在识别柱表时，如果表头在表格的下面，可以通过 CAD 的镜像功能，把表头镜像到表格的上面，可以提高对表头的识别率。

(2)如果表头是多行复杂表头，要手动调整表头，把多行表头修改为单行表头。

(3)如果柱表是大样图，通过补充部分线条，将大表划分成几个小表，分次框选识别。

9.11.2　柱大样表

功能说明：用来布置各个楼层的柱筋大样钢筋。

菜单位置：【柱、暗柱】→【柱表大样】

命令代号：dybg

单击【柱表大样】，弹出对话框，如图 9-54 所示。

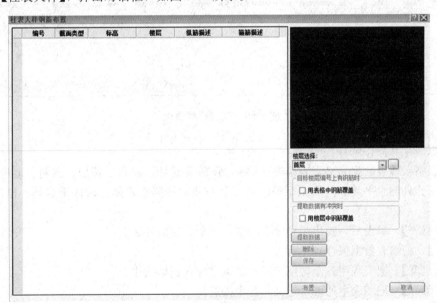

图 9-54　柱大样表格

对话框选项和操作解释：

【柱大样表格】　用来保存所有柱筋、暗柱钢筋的大样数据，只有标高可以修改。

【楼层选择】　指定要把表格中的钢筋布置到哪些楼层中，可以把所有楼层的钢筋设置好后，布到整个工程中。

【提取数据】 从当前楼层中提取柱筋平法做的钢筋，如果导入了墙柱钢筋大样的电子图，把电子图中的编号与标高也进行提取，这样可以设置对应的标高。

【删除】 删除表格中的一行数据。

【保存】 把表格中的数据保存到工程中。

【布置】 把表格中的钢筋布置到指定的楼层中。

操作说明：

这个功能的目标是针对墙柱大样表格中的钢筋，只要画一次，其他楼层用柱表大样进行自动布置。操作的流程如下：

（1）导入墙柱定位图，识别柱、暗柱构件。

（2）导入墙柱钢筋大样图，用识别大样功能识别（暗柱）钢筋。

（3）用柱大样表格功能，单击【提取】按钮，提取识别出来的柱筋大样以及对应的标高信息。

（4）识别其他楼的柱、暗柱构件。

（5）用柱大样表格功能，单击布置，把对应标高的钢筋布置到相应标高的楼层。

9.11.3 墙表

功能说明：用来定义各个楼层的墙编号，布置墙钢筋。

菜单位置：【墙体】→【混凝土墙】→【墙表大样】

命令代号：qpjb

单击【墙表大样】，弹出"墙表"对话框，如图 9-55 所示。

图 9-55 "墙表"对话框

对话框选项和操作解释：

墙表表格：墙表数据表格，表格有 14 列，分别是编号、标高、楼层、材料、墙厚、排数、水平分布筋、外侧水平筋、内侧水平筋、垂直分布筋、外侧垂直筋、内侧垂直筋、拉筋、拉筋类型。

【识别墙表】 单击后，弹出识别墙表功能，识别方法同柱表。

【保存】 把墙表数据保存到工程中。

【导入定义】 把工程中各个楼层定义的墙编号导入到墙表中。

【定义编号】 把墙表中的编号定义到各个楼层。

【导出】 把墙表中的数据导出到 Excel 中，包括表头。

【导入】 把选择的 Excel 数据导入到墙表中。

【布置】 把设置好的钢筋布置到图形。

操作说明：

操作方法同柱表。

9.11.4　梁表

功能说明：用来定义各个楼层的单跨的梁，如连梁、单梁的编号，布置对应的钢筋。

菜单位置：【梁体】→【梁表大样】

命令代号：qpjb

单击【梁表大样】，弹出"梁表"对话框，如图 9-56 所示。

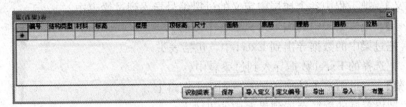

图 9-56　"梁表"对话框

对话框选项和操作解释：

梁表格：梁表数据表格，表格有 12 列，分别是编号、结构类型、材料、标高、楼层、顶标高、尺寸、面筋、底筋、箍筋、腰筋、拉筋。拉筋可以自动计算出来。

【识别梁表】　弹出识别梁表功能，识别方法同柱表。

【保存】　把梁表数据保存到工程中。

【导入定义】　把工程中各个楼层定义的梁编号导入到梁表中。

【定义编号】　把梁表中的编号定义到各个楼层。

【导出】　把梁表中的数据导出到 Excel 中，包括表头。

【导入】　把选择的 Excel 数据导入到梁表中。

【布置】　把设置好的钢筋布置到图形。

操作说明：

操作方法同柱表。

9.11.5　过梁表

功能说明：用来定义各个楼层的过梁的编号，布置过梁以及布置对应的钢筋。

菜单位置：【梁体】→【过梁】→【梁表大样】

命令代号：qpjb

单击【钢筋】→【表格钢筋】，在命令栏内单击【过梁表】，弹出"过梁表"对话框，如图 9-57 所示。

图 9-57　"过梁表"对话框

对话框选项和操作解释：

过梁表格：过梁数据表格，表格有 9 列，分别是编号、材料、洞宽＞、洞宽＜＝、梁高、支座长度、上部钢筋、底部钢筋、箍筋。其中洞宽＞、洞宽＜＝用来指定洞宽在哪个范围内布置什么编号的过梁。表格内的数据应该填写完整，如墙宽范围洞宽＞列可为"0"，但是洞宽＜＝列一定应该有截止值，否则程序将不能正确判定墙宽。

【识别过梁表】 单击后，弹出识别过梁表提示，识别方法同柱表。

【保存】 把过梁表数据保存到工程中。

【导入定义】 把工程中各个楼层中定义的过梁编号导入到过梁表中。

【定义编号】 把过梁表中的编号定义到各个楼层。

【导出】 把过梁中的数据导出到 Excel 中，包括表头。

【导入】 把选择的 Excel 数据导入到过梁表中。

【布置过梁】 通过洞宽条件把过梁布置到各个洞口上。

【布置】 把设置好的钢筋布置到界面中的过梁上。

操作说明：

操作方法同柱表。

9.12 自动钢筋

功能说明：用表格来定义构件编号、布置构件钢筋。

命令代号：zdgj

操作说明：

执行命令后，弹出"自动钢筋"对话框，如图 9-58 所示。

9.12.1 墙洞(门、窗)补强筋

功能说明：自动给墙洞布置洞口加强筋，执行命令后弹出"洞口补强筋"对话框，如图 9-59 所示。

图 9-58 "自动钢筋"对话框

图 9-59 "洞口补强筋"对话框

对话框选项和操作解释：

【楼层选择】 可以选择需要布置墙洞加强筋的楼层，可以多选楼层。

【多边形墙洞口单边加强筋(＜＝)】 除圆形墙洞外的其他形状的洞口，洞口的单边长度小于等于 800 mm 的边，在这个边上布置加强钢筋，钢筋描述在栏目内设置。

【多边形墙洞口单边加强筋(＞800)】 除圆形墙洞外其他形状的洞口，洞口的单边长度大于 800 mm 的边，在这个边上布置加强钢筋，钢筋描述在栏目内设置。

【圆形墙洞口全部加强筋(D＜＝300)】 指定直径小于等于 300 的墙洞上布置加强钢筋，钢筋描述在栏目内设置。

【圆形墙洞是否采用圆形加强筋(D>300)】 选项，在复选框"□"内打"√"表示执行此项选择。

【圆形墙洞口全部加强筋(D>300)】 指定直径大于300的墙洞上布置加强筋，钢筋描述在栏目内设置。

【布置】 把当前楼层的所有剪力墙上洞口，按照洞口的形状和大小，布置上设置的钢筋。

【取消】 退出对话框。

操作说明：

根据结构总说明或规范说明，设置对话框中的钢筋描述，单击【布置】按钮，设置的钢筋布置到当前楼层中符合条件的墙洞口上。

温馨提示：

自动钢筋只对当前打开的楼层进行布置，要布置其他楼层，需要在界面上打开其他楼层。

洞口加强筋是布置在洞口上的，同编号的洞口只布置一次，砌体墙上的洞口不计算加强筋。

9.12.2 底层墙柱插筋

功能说明：自动将底层柱、墙布置上插筋。

操作说明：

根据结构总说明或规范说明，单击【钢筋】→【钢筋选项】→【计算设置】，在各构件下将插筋设置好，执行【自动钢筋】命令，单击命令栏中的【插筋(C)】按钮，就将设置的钢筋布置在界面中的构件上了。

自动插筋应该将墙、柱构件的【楼层位置】设置为"底层"。设置楼层时可以用识别内外功能中的识别楼层位置，前提是已经把上下层构件都已经做好了。

用【柱筋平法】布置的钢筋会根据构造要求自动布置插筋，这里布置的插筋对"柱筋平法"布置的钢筋不起作用。注意：用【柱筋平法】布置的钢筋要构造出插筋也应将柱子"楼层位置"设置为"底层"。

温馨提示：

如果第一次设置的插筋有错误，可以回到【钢筋】→【钢筋选项】→【计算设置】内在各构件下对插筋设置进行修改，之后再执行自动插筋布置，就会对已经布置的插筋进行修改。

9.12.3 砌体墙拉结筋

功能说明：自动给砌体墙布置拉结筋，执行命令后对话框如图9-60所示。

图9-60 砌体墙拉结筋

对话框选项和操作解释：

栏目内容：设置墙体条件，在条件区域内布置的墙体拉结筋的钢筋描述。

【布置】 在当前楼层找到符合墙宽范围的砌体墙，布置上对应的拉结筋，拉结筋的排数由【排数】数值确定。

【取消】 退出对话框。

操作说明：

根据结构总说明或规范说明，设置在某个墙宽范围内的砌体墙上布置上对应的墙体拉结筋，如果针对不同的墙宽，采用的拉结筋不同，可以修改对话框中的墙宽范围，进行多次布置即可。

温馨提示：

砌体墙拉结筋的长度计算公式，可以回到【钢筋】→【钢筋选项】→【计算设置】内砌体墙下修改。

9.12.4 构造腰筋自动调整

构造腰筋自动调整

9.12.5 梁(条基)拉通调整

功能说明：将每跨断开布置的梁底钢筋、条基面筋调整为拉通布置，执行命令后对话框如图9-61所示。

9.12.6 梁附加钢筋自动布置与调整

功能说明：对梁的自动布置的节点加密箍筋与吊筋进行调整或者是自动布置，或者对折梁处的附加钢筋进行调整(图9-62)。

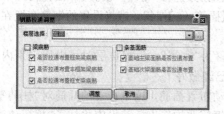

图9-61 "钢筋拉通调整"对话框

图9-62 "自动布置与调整节点
加密箍与吊筋"对话框

9.12.7 板洞边补强筋

功能说明：自动对板洞边布置加强钢筋(图9-63)。

9.12.8 自动布置构造柱筋

功能说明：自动布置构造柱的钢筋，已经布置了钢筋的构造柱不会再修改(图9-64)。

图9-63 "自动布置板
洞补强筋"对话框

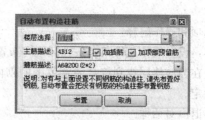

图9-64 "自动布置
构造柱筋"对话框

9.12.9 墙下无梁附加板筋

功能说明：跨层检查墙下无梁的情况，对墙下无梁时，自动布置附加板筋(图 9-65)。

9.12.10 板负筋挑出类型调整

功能说明：当楼层的板负筋的挑出类型需要调整时，可以通过本设置项进行统一调整(图 9-66)。

图 9-65 "墙下无梁板筋"对话框　　　　**图 9-66** "板负筋挑出设置"对话框

9.13 钢筋显隐

功能说明：对梁筋二维显示的线条进行控制。
菜单位置：【钢筋】→【钢筋显隐】
工具图标： **钢筋显隐**
命令代号：gjxy
执行命令后弹出对话框，如图 9-67 所示。
【不显示】 不显示梁筋的二维钢筋。
【顶部筋】 只显示梁顶面的二维钢筋，包括面筋、支座、箍筋、吊筋、点加密箍筋。
【侧边腰筋】 只显示梁侧边的腰筋。
【底部筋】 只显示梁底部的钢筋。

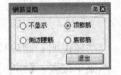

图 9-67 "钢筋
显隐"对话框

9.14 钢筋三维

功能说明：选择构件后，对构件上的钢筋进行三维查看。
菜单位置：【快捷菜单】→【钢筋三维】
命令代号：swgj
执行命令后得出"钢筋三维"对话框，如图 9-68 所示。
可以进行三维查看的钢筋目前有：柱、梁、墙、板、筏板、独基、坑基构件的钢筋；对每类构件都可以进行分类控制显示与隐藏；当执行【钢筋三维】命令后，图形会自动转换为"西南等轴测视图"，并且钢筋条会按实际钢筋的直径进行显示。

图 9-68 "钢筋三维"对话框

【选择构件】 选择要三维查看钢筋的构件，一次可以选择多个构件进行三维钢筋查看。

【角筋】【边侧筋】… 对要三维显示的钢筋进行显示控制，方便查看。

9.15　钢筋复制

功能说明：用于复制一个构件上的全部钢筋或单个钢筋到另外一个构件上。

菜单位置：【钢筋】→【钢筋复制】

工具图标：

命令代号：gjfz

操作说明：

执行命令后，命令栏提示：

‖ 选择要复制的构件(D) ‖选择要复制的钢筋：

第一种是复制局部钢筋描述：单击【选择要复制的构件(D)】命令，选取源构件后回车，再选择目标构件即可。

第二种是复制构件所有钢筋：选择源构件上要复制的钢筋描述，回车确认后，再选择目标构件即可。

温馨提示：

板筋和筏板筋是图形钢筋，其复制与其他钢筋不同，应采用【复制对象】命令复制，不能采用本命令。

梁筋之间局部描述的复制必须把梁筋切换成非平法显示，在钢筋选项中设置即可。

9.16　钢筋删除

功能说明：删除构件上所有钢筋。

菜单位置：【钢筋】→【钢筋删除】

工具图标：

命令代号：gjsc

操作说明：

输入命令后，根据命令栏提示，选择要删除钢筋的构件，右击确定删除。

可以一次删除多个构件上的钢筋。如果要局部删除某个钢筋描述，采用【删除对象】命令即可。

9.17　钢筋选项

功能说明：设置钢筋计算规则和钢筋属性等。

菜单位置：【快捷菜单】→【钢筋设置】

命令代号：gjxx

本命令用于设置钢筋的计算属性与部分布置方法。

执行命令后弹出"钢筋选项"对话框，如图 9-69 所示。

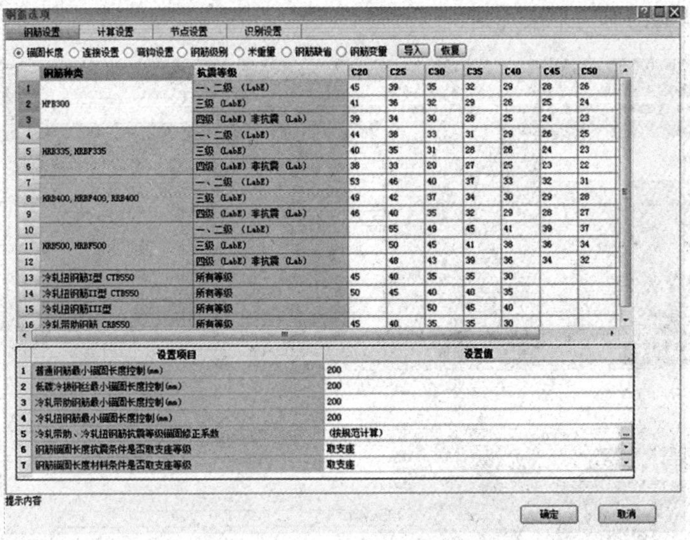

图 9-69 "钢筋选项"对话框

　　"钢筋选项"对话框共有 4 个设置页面，分别是【钢筋设置】【计算设置】【节点设置】【识别设置】，单击各标签便可进入相应的设置页面。

　　对话框的功能按钮解释：

　　【确定】　确认当前钢筋选项的设置并退出"钢筋选项"对话框。

　　【取消】　取消钢筋选项设置并退出"钢筋选项"对话框。

　　【导入】　单击该按钮，将另外工程的设置导入当前工程中，导入的操作方法如下：

图 9-70　导入选项对话框

　　单击【导入】按钮，弹出"导入选项"对话框，如图 9-70 所示。

　　单击【请选择参照工程】栏目后面的 ⋯ 按钮，弹出"打开"对话框，选择需要导入的参照工程，再在下面三个选项内选择导入的内容。

　　对话框中的选项是随着当前所编辑的项目而变化的，如对话框显示的就是【导入"钢筋选项"】【导入"识别设置"】【导入"梁识别"】。在对话框中用户根据实际情况选择导入的内容。选择第一个，【导入"钢筋选项"】则将钢筋选项对话框内的内容全部导入，会包含下面两个选项的内容；选择第二个，【导入"识别设置"】则将识别设置的内容导入，会包含下面梁识别的内容；选择第三个，【导入"梁识别"】则将梁识别的内容导入，不导入别的内容。选项设置完成后单击【确定】按钮，就将选中的内容导入到当前的工程中了。

　　【恢复】　如果用户在对话框中将数据修改错了，导入的数据是错的，则可单击【恢复】按钮，弹出"恢复选项"对话框，如图 9-71 所示。

　　在对话框中选择需要"恢复"的内容，单击【确定】按钮可将选中的内容恢复。

图 9-71　恢复选项对话框

9.17.1　钢筋设置

　　对话框选项和操作解释：

　　【锚固长度】　如图 9-72 所示，设置钢筋在什么材质、规格、混凝土强度等级、抗震等级下，锚入支座长度。栏目分为上、下部分，上部为钢筋锚固长度取栏，下部为固定方式选项和长度控制设置栏。默认的内容为平法规则。

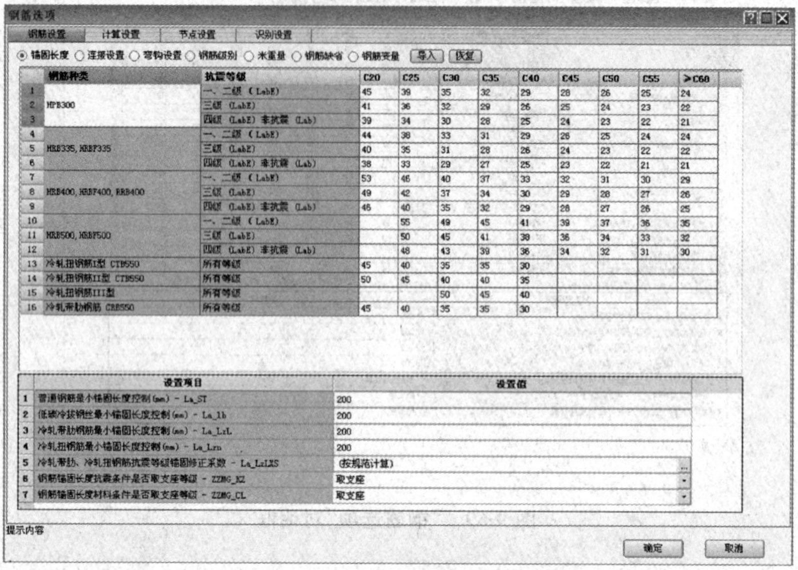

图 9-72　钢筋锚固设置页面

栏目前面有"＋"符号的可以单击该符号，将数据栏展开，展开的数据栏条目前面变为"－"号，单击该符号又可将条目进行折叠。

当数据量过多时，栏目的底部和右侧边有滑动条，光标拖拽滑动条或单击上下左右端的 ▼ 按钮，将数据移到界面上使之能够看到或方便编辑。

单击某条设置条目，栏目的底部会显示该条目的注释和用法说明。

记录行单元格后面有 ... 按钮的，单击该按钮，会弹出"按规范设置"对话框，如图 9-73 所示。

图 9-73　"按规范设置"对话框

"按规范设置"对话框内的默认内容是按规范取定的，用户可以对条目中的数据进行修改，修改后的数据会变为蓝色，单击【确定】按钮，修改的内容就会保存在对应的条目下面。修改的数值不会在图 9-72 的栏目中显示，但会将改过的条目变为蓝色。

记录行单元格后面有 ▼ 按钮的，单击该按钮，会展开选项提供给用户选择，来确定软件在计算或布置建模过程中，用什么方式进行(图 9-74)。

图 9-74　展开的项目选项

没有按钮的条目单元格，用户可以直接在栏目内对数据进行修改编辑。

【连接设置】 如图 9-75 所示，设置钢筋在什么材质、规格、构件内用什么接头形式的搭接长度。

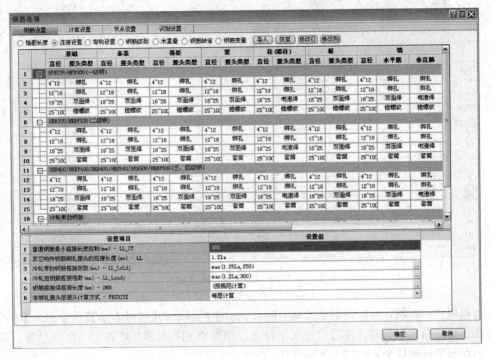

图 9-75　钢筋连接设置页面

单击【接头类型】单元格，会有 ▾ 按钮显示，单击该按钮，会有接头类型选项展开供选择，如图 9-76 所示。

三维算量版本的钢筋没有钢筋定尺长度了，而是改为水平钢筋接头的定尺长度。因为通过多年经验积累，钢筋的垂直接头一般都是按楼层进行接头，只有水平钢筋才有连通的接头方式，所以钢筋的定尺长度在软件内只针对水平钢筋。其他说明同"锚固长度"。

【弯钩设置】 如图 9-77 所示，设置钢筋在什么抗震等级下，其直钢筋、箍筋的弯钩调整值和平直段的取定。

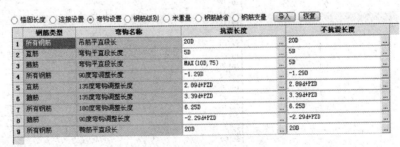

图 9-76　接头
类型选择栏

图 9-77　弯钩设置选择栏

单击栏目后的 … 按钮会展开"公式编辑"对话框，可以在对话框内修改钢筋的弯钩长度值。

【钢筋级别】 如图 9-78 所示，勾选钢筋在当前工程下的使用选项，不需要的可不勾选。

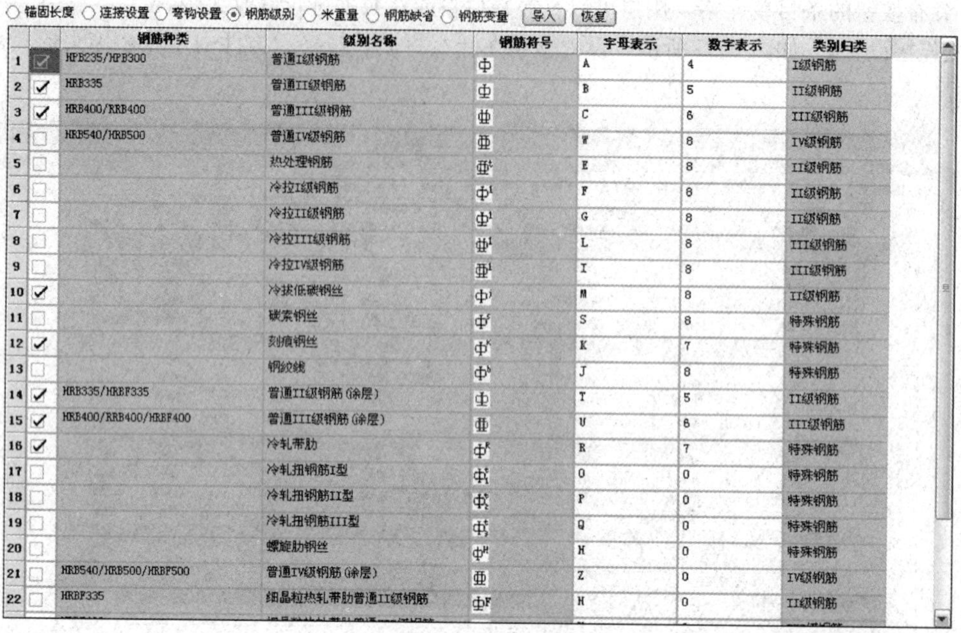

	钢筋种类	级别名称	钢筋符号	字母表示	数字表示	类别归类
1 ☑	HPB235/HPB300	普通I级钢筋	Φ	A	4	I级钢筋
2 ☑	HRB335	普通II级钢筋	Φ	B	5	II级钢筋
3 ☑	HRB400/RRB400	普通III级钢筋	Φ	C	6	III级钢筋
4 ☐	HRB540/HRB500	普通IV级钢筋	Φ	W	8	IV级钢筋
5 ☐		热处理钢筋	Φ	E	8	II级钢筋
6 ☐		冷拉I级钢筋	Φ	F	8	II级钢筋
7 ☐		冷拉II级钢筋	Φ	G	8	II级钢筋
8 ☐		冷拉III级钢筋	Φ	I	8	III级钢筋
9 ☐		冷拉IV级钢筋	Φ	I	8	III级钢筋
10 ☑		冷拔低碳钢丝	Φ	M	8	II级钢筋
11 ☐		碳素钢丝	Φ	S	8	特殊钢筋
12 ☑		刻痕钢丝	Φ	K	7	特殊钢筋
13 ☐		钢绞线	Φ	J	8	特殊钢筋
14 ☑	HRB335/HRBF335	普通II级钢筋(涂层)	Φ	T	5	II级钢筋
15 ☐	HRB400/RRB400/HRBF400	普通III级钢筋(涂层)	Φ	U	6	III级钢筋
16 ☑		冷轧带肋	Φ	R	7	特殊钢筋
17 ☐		冷轧扭钢筋I型	Φ		0	特殊钢筋
18 ☐		冷轧扭钢筋II型	Φ	P	0	特殊钢筋
19 ☐		冷轧扭钢筋III型	Φ	Q	0	特殊钢筋
20 ☐		螺旋肋钢丝	Φ		0	特殊钢筋
21 ☐	HRB540/HRB500/HRBF500	普通IV级钢筋(涂层)	Φ	Z	0	IV级钢筋
22 ☐	HRBF335	细晶粒热轧带肋普通II级钢筋	ΦF	H	0	II级钢筋

图 9-78　钢筋级别设置栏

根据用户的习惯，可以将钢筋级别的输入表示在栏目中的【字母表示】【数字表示】中进行指定，指定后，布置钢筋时将按用户定义字母表示钢筋级别，如将"A"表示一级钢筋等，但需注意，表示的字母和数字，在栏中不能重复。

【米重量】　如图 9-79 所示，钢筋和钢绞线的单位每米重量表，是按国家标准输入的数据，用于查看，一般不应修改。

普通钢筋
钢绞线 (1*3)
钢绞线 (1*7)
冷轧扭钢筋I型
冷轧扭钢筋II型
冷轧扭钢筋III型
冷轧带肋钢筋

	直径	理论重量
1	3	.056
2	4	.099
3	5	.154
4	6	.222
5	6.5	.260
6	7	.302
7	8	.395
8	9	.499
9	10	.617
10	12	.888
11	14	1.208
12	16	1.578
13	18	2.000
14	20	2.466
15	22	2.984
16	25	3.853
17	28	4.834
18	30	5.549
19	32	6.313
20	36	7.990
21	38	8.903
22	40	9.87
23	50	15.42

图 9-79　单位每米重量表

【默认钢筋】　如图 9-80 所示，用户在界面中对构件布置钢筋时，钢筋布置对话框中默认的钢筋在本栏目内提取，用户可以针对当前工程的实际情况在本栏目内设置默认钢筋，则布置钢筋时就提取设置的钢筋，会加快钢筋布置的速度。

图 9-80 默认钢筋设置栏

单击栏目左侧的构件名称，右侧栏目中的内容会随之改变。构件名称前有"＋"号的，单击"＋"号会向下一级展开。

栏目中的按钮、单元格选项均同前述。

【钢筋变量】 如图 9-81 所示，展示的是三维量版本所有涉及钢筋计算的"变量名称"，在本栏目中用户可以查看这些变量的解释用途，还可用这些变量组合出另外一个变量的计算式。

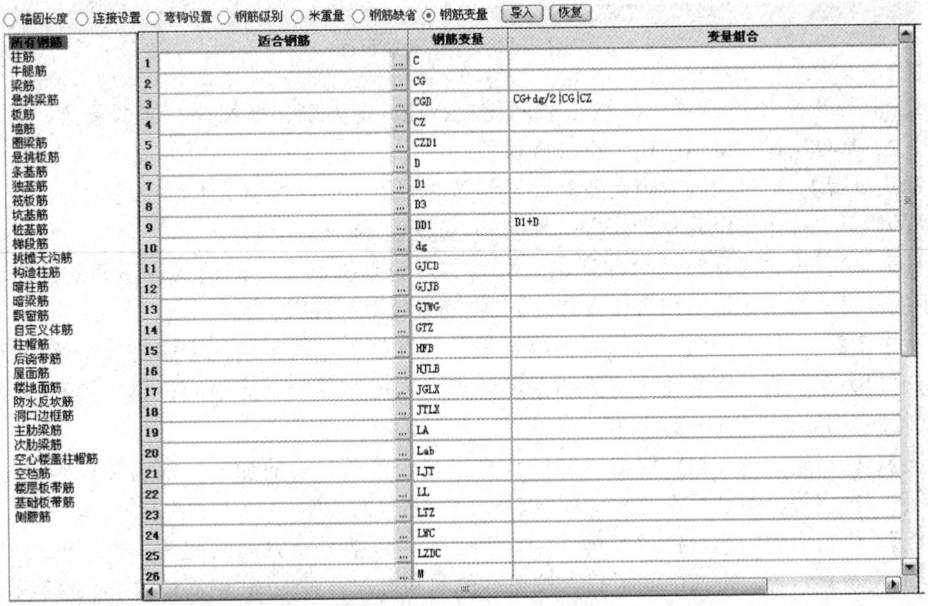

图 9-81 钢筋变量栏目

单击栏目左侧的钢筋类型，右侧栏目中的内容会随之改变。右侧栏目中分为三列：

【适合钢筋】 表示某条记录的钢筋变量除适合钢筋本身的构件类型外，还可以用于另外一种类型的构件。

【钢筋变量】 用于钢筋计算公式的变量，用户不能自己定义只能选择。

【变量组合】 对于一个钢筋变量，还需要用其他的变量组合时，栏目内显示的是组合公式或判定公式。

单击栏目后的 ⋯ 按钮，展开"公式编辑"对话框，可以在对话框内修改变量组合公式。

9.17.2 计算设置

计算设置页面如图 9-82 所示。

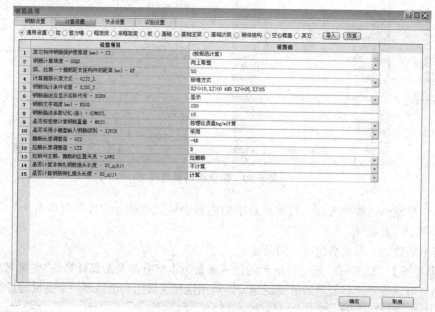

图 9-82 计算设置页面

页面上共计有 12 个选项，分别是通用设置、柱、剪力墙、框架梁、非框架梁、板、基础、基础主梁、基础次梁、砌体结构、空心楼盖、其他。

【通用设置】 栏目内的内容是所有计算钢筋的通用项目，对建筑工程中的钢筋计算都适用。页面中的栏目、按钮等说明和操作方式均同"钢筋设置"部分的说明。

【柱】 栏目内的内容只针对柱筋的计算设置，包括插筋、变截面、柱箍筋的加密判定等，页面中的栏目、按钮等说明和操作方式均同"钢筋设置"部分的说明。

【剪力墙】 栏目内的内容为混凝土墙钢筋的计算设置，由于结构中暗柱、暗梁的钢筋计算与墙有密切关系，所以将暗柱、暗梁的钢筋计算列入剪力墙，页面中的栏目、按钮等说明和操作方式均同"钢筋设置"部分的说明。

【梁】 栏目内的内容只针对梁钢筋的计算设置，包括箍筋的加密、钢筋接长判定等，页面中的栏目、按钮等说明和操作方式均同"钢筋设置"部分的说明。

【板】 栏目内的内容只针对板钢筋的计算设置，包括分布钢筋的起头、钢筋的锚固方式判定、钢筋线条显示等，页面中的栏目、按钮、说明和操作方式均同"钢筋设置"部分的说明。

【独基、条基、筏板】 栏目内的内容针对各类型基础钢筋的计算设置，说明同上。页面中的栏目、按钮等说明和操作方式均同"钢筋设置"部分说明。

【砌体结构】 圈梁、构造柱、砌体墙拉结钢筋，这些钢筋的计算都是有砌墙存在的内容，所以将这些构件钢筋计算选项列入"砌体结构"，说明同上。页面中的栏目、按钮等说明和操作方式均同"钢筋设置"部分说明。

9.17.3 节点设置

房屋是由基础、柱、墙、梁、板、楼梯等各类构件组合而成的。在现实当中不可能有单独的构件组成为房屋，构件互相交织在一起必定产生连接，这些连接点称之为连接节点。三维算量版本将构件连接之间钢筋的钢筋计算抽象为钢筋节点，便于用户理解和修改编辑。

【节点设置】 对柱、剪力墙、框架梁、非框架梁普通梁（板）、砌体构件的钢筋节点进行计算设置，如图9-83所示。

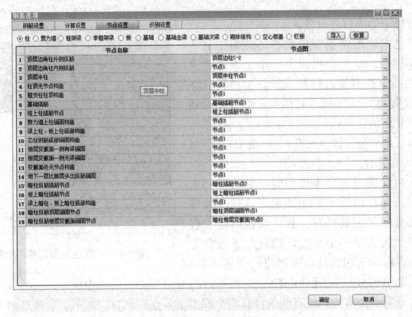

图 9-83　节点设置页面

单击柱节点栏目后面的节点图单元格，会弹出该条节点默认钢筋节点图，如单击【基础单层钢筋时柱插筋节点】条目后面的单元格，就弹击"节点类型示例图"对话框（图9-84）。

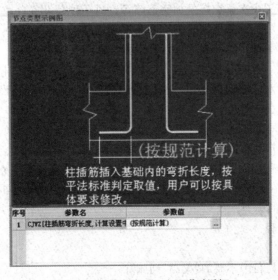

图 9-84　"节点类型示例图"对话框

在示例图对话框中：将光标置于绿文字上，会展开该条文字的提示，如图 9-85 所示。

可以在字提示内看对该条文字的解释，以及用到的变量名。单击该文字，会展开输入编辑栏，如图 9-86 所示。

图 9-85　文字提示　　　　　图 9-86　展开的输入编辑栏

可以对栏目中的内容进行修改。

图形内绿色文字的钢筋变量及表达式集中显示在对话框下部栏目内，用户可以不单击上面绿色文字而直接在栏目中对内容进行修改。单击栏目后面的▦按钮，会弹出"公式编辑"对话框，可以在对话框内修改编辑节点的计算式。

单击条目后面的▦按钮会展开"节点类型选择"对话框，如图 9-87 所示。

当节点有两种类型或多个类型时，对话框右边有多个小图形，用户可以单击小图形，选择一种符合需要的节点来满足钢筋计算。软件默认的是工程中常用的节点。每选中一个节点，栏目的下方会显示这个节点的解释和来源出处以及对应的变量解释，

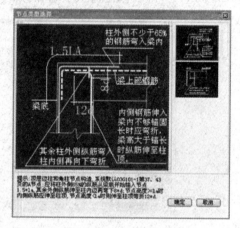

图 9-87　"节点类型选择"对话框

双击小图形和选中小图形单击【确定】按钮，都可以将节点置为当前选中项。

有些条目只有一个节点，但有些条目有两个或多个节点，如"柱"的第 7 项就有两个节点。

剪力墙、框架梁、非框架梁、板、砌体构件的说明同"柱"，略。

9.17.4　识别设置

软件内对钢筋进行识别设置是基于两种情况：一种是纯识别的设置，主要针对图像识别过后是否保留底图、是否布置主次梁交接处加密箍筋等；另一种是设置自动布置构造钢筋的条件，让软件确定在符合条件时将什么规格型号的钢筋布置到构件上。

【识别设置】　对梁、条基、腰筋表进行计算设置，如图 9-88 所示。

【梁】　分有 8 个节点，分别是公用、箍筋、腰筋、架立筋、吊筋、非框架梁、框架梁、框支梁，展开每个节点，有对应的选项条目，在【设置值】的单元格内进行设置。按钮的操作方式及说明见"钢筋设置"章节。

【条基】　同梁说明。

【腰筋表】　用于设置自动布置的腰筋，将选项切换到【腰筋表】页面显示为空白。【腰筋表】是空白的，用户在表内根据施工图设计要求，将梁截高、截宽在什么条件下布置什么规格型号的钢筋设置好，数据就会记录在系统中，在执行【自动钢筋】→【腰筋调整】命令时，就会提取表内的数据将腰筋布置到符合条件的梁上。

对话框选项和操作解释：

按钮：

【删除梁高】　用于将栏目中不要的"梁高"列删除。

【增加梁高】　用于增加一列"梁高"列。

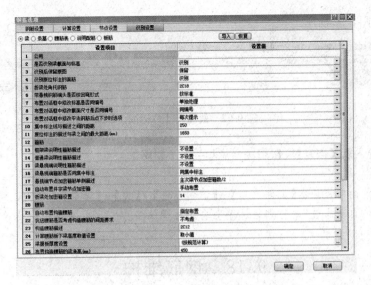

图 9-88　识别设置页面

【修改梁高】　用于修改"梁高"列单元格内的条件值。

【增加梁宽】　用于增加一行"梁宽"行。

【删除】　用于删除一行"梁宽"行。

栏目内容：

栏目中横向每一列为一个梁高间，默认有四列，从高＞450～1050高；竖向每一行为一个梁宽区间，默认一行。如果栏目中的数据不符合要求，用户可以进行修改编辑。

如要加一个梁宽为＞450＜＝650，梁高为＞1050＜＝的条件，操作方式如下：

(1)单击【增加梁宽】按钮，在栏目中增加一行梁宽(图9-89)。对话框中前后两端栏目是用于填写梁高起点和终点区间值的、二、四两栏用来填写条件符号，中间的栏内用于选择梁的高和宽度。栏目中的▼按钮点开可以在展开的栏目中选择相应的内容，对于一、五栏也可以手工输入数据。

根据例子在第一栏内输入"350"、第二栏选择"＜"、第三栏选择"梁宽"、第四栏选择"＜＝"、第五栏内输入"500"。如图9-90所示。

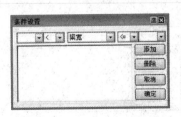

图 9-89　"条件设置"对话框

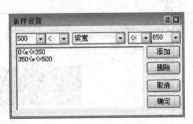

图 9-90　梁宽设置

单击【确定】按钮，将宽度条件加入栏目中。

(2)单击【增加梁高】按钮，弹出对话框同上(图9-90)。

根据例子在第一栏内输入"1050"、第二栏选择"＜"、第三栏选择"hw"、第四栏选择"＜＝"、第五栏内输入"1250"。结果如图9-91所示。

单击【确定】按钮，将高度条件加入栏目中。

图 9-91　梁高设置

最后结果如图 9-92 所示。

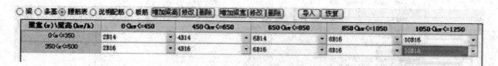

图 9-92　截面尺寸对话框

【删除】、【导入】、【恢复】按钮用法参见相关章节说明。

温馨提示：

自动布置腰筋的前提应在【钢筋选项】→【识别设置】→【梁】→【腰筋】选项内，将【自动布置构造腰筋】的值设为"自动布置"，否则软件不会自动布置腰筋。

9.18　钢筋维护

功能说明：对钢筋长度公式、数量公式以及钢筋构造进行查看和更改。

菜单位置：【数据维护】→【钢筋维护】

命令代号：gjwh

执行命令后弹出"钢筋公式维护"对话框，如图 9-93 所示。

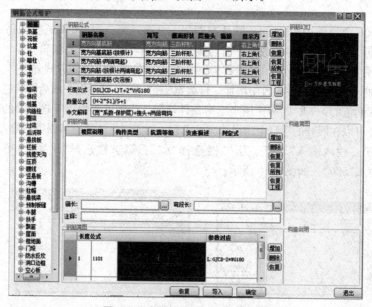

图 9-93　"钢筋公式维护"对话框

对话框选项和操作解释：

栏目内容：

构件列表栏：栏目中列出软件内所有需要布置钢筋的构件，单击构件会展开【钢筋类型】选项（图 9-94），单击某条钢筋类型，在其他栏目中会显示对应的内容。

钢筋名称栏：在【构件列表】栏选中了一个构件的钢筋类型后，本表内对应显示出这个钢筋类型的钢筋名称。

图 9-94　展开的
钢筋类型选项

钢筋公式栏：单击【钢筋名称】栏中某条钢筋名称，栏目内对应显示出这个钢筋名称的钢筋计算公式，钢筋描述带分间距的，数量公式栏内会显示数量公式。本栏目分为三部分：长度公式、数量式和中文注释。

钢筋构造栏：单击钢筋名称栏中某条钢筋名称，栏目内显示出这个钢筋名称的钢筋构造。软件依据构件的支座类型、楼层位置、钢筋在构件内的位置等内容进行钢筋构造判定。

构造表达式栏：单击钢筋构造栏中某条内容，栏目内对应显示出这个钢筋构造的钢筋构造计算式。栏目分四部分：锚固总长度、锚固的直段长度、锚固的弯段长度、中文注释。

钢筋样式简图栏：本栏中显示对应"钢筋名称"的钢筋样式图，出报时将按此图打印钢筋简图。本图严格按钢筋公式匹配，一旦用户修改了钢筋公式，则图形不会打印。

钢筋幻灯图栏：本栏中显示的是对应钢筋名称的钢筋幻灯图。钢筋幻灯图可在布置钢筋时，不用看钢筋名称直接选择钢筋图，也可以将需要的钢筋布置到构件上。

构造示意图栏：本栏中显示的是对应钢筋构造的构造简图。说明此处的钢筋是按图形构造的，施工基本也按此方式施工。

构造说明栏：本栏中显示的是对应钢筋构造的说明。说明钢筋构造方式和来源出处。

按钮：

【增加】　用于增加一行钢筋公式或构造，按钮置于某个栏目的后面，则对某栏目有效。

【删除】　用于删除一行钢筋公式或构造，说明同上。

【恢复】　光标置于某条钢筋内容上，单击该按钮则将该条修改的内容恢复到默认状态，说明同上。

【恢复所有】　单击该按钮，则对当前栏目内的内容恢复到默认状态，说明同上。

【恢复工程】　单击该按钮，则对钢筋维护栏内的内容恢复到默认状态，说明同上。

▭　单击该按钮，弹出"公式编辑"对话框，可以在对话框内修改编辑钢筋计算公式。

栏目底部的【恢复】【导入】【确定】【退出】四个按钮，对应整个"钢筋公式维护"对话框，用法见相关说明。

钢筋名称栏内有两个复选框选项，分别是【层接头】【箍筋】，表示对应本条钢筋是不是箍筋，是不是要计算层接头，在"□"内打"√"，表示是"箍筋"或"层接头"，计算钢筋时软件将按设置进行【层接头】或【箍筋】的计算方式进行计算。

操作说明：

下面说明钢筋公式修改和钢筋构造的修改过程。

(1)单击展开左边构件名称树选择要修改的钢筋类型，根据钢筋类型在钢筋公式表中找到要修改的钢筋名称，然后对下方栏目内的长度公式、数量公式以及层接头等内容进行设置修改。例如在柱中选择"纵向钢筋"，钢筋公式表格显示如图9-95所示。

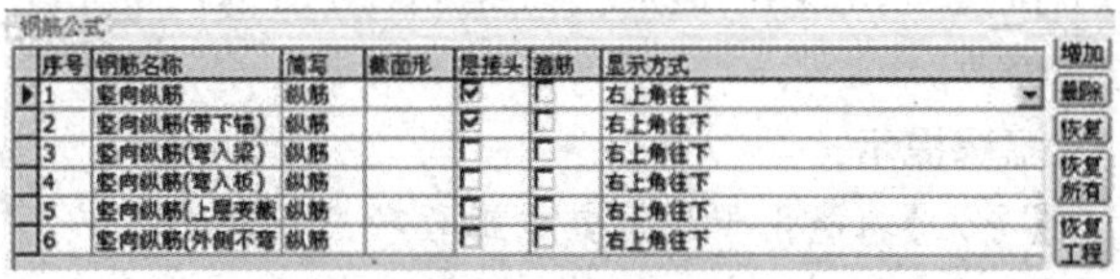

图 9-95　钢筋公式表格显示

如果要修改竖向纵筋的计算公式，则在表格下方的长度公式和数量公式中修改即可。

(2)如果此钢筋有钢筋构造，则在左下的钢筋构造栏中会显示当前钢筋对应的构造种类。可对钢筋的锚长、抗震等级、支座描述以及判定式等进行构造修改。

例如柱向纵筋的钢筋构造，如图9-96所示。

其中【支座描述】是指当前构造所适用的支座类型。【锚长】计算式中各变量的含义可以在下拉按钮弹出的钢筋公式编辑框中查看。【判定式】是使用当前钢筋构造的判定条件，软件会自动根据构件的条件判定出钢筋锚长的计算式。判定式中各变量的含义见表9-1。

楼层说明	构件类型	抗震	支座描述	锚长	判定式
顶层	框架柱,暗柱	全部	所有	MAX(La+HB,12D)	hb-CZ<La and (PMWZ=3 or PMW...
顶层	框架柱,暗柱	全部	所有	-CZ	hb-CZ>La and (PMWZ=3 or PMW...
顶层	框架柱,暗柱	全部	所有	MAX(La+HB,12D)	hb-CZ<La and PMWZ=1
顶层	框架柱,暗柱	全部	所有	0	hb-CZ>La and PMWZ=1
中间层	框架柱,暗柱	全部	所有	C+200-CZ	ZJWZ=1
所有层	构造柱	全部	所有	-HB+La	
所有层	构造柱	全部	顶层梁	-HB+La	
顶层	框架柱,普通柱,暗柱	全部	顶层梁	MAX(La+HB,12D)	hb-CZ<La and PMWZ=1
顶层	框架柱,普通柱,暗柱	全部	顶层梁	La	hb-CZ>La and PMWZ=1

图 9-96　钢筋构造栏

表 9-1　判定式中各变量含义

变量名称	变量值含义
楼层位置(LCWZ)	1=底层；2=中间层；3=顶层；0=所有层
柱：平面位置(PMWZ)	1=中柱；2=边柱；3=角；0=分
柱：主筋位置(ZJWZ)	1=角筋；2=内筋；3=外纵筋；0=不分
梁跨描述(LKMS)	1=单跨；2=连；0=通长
梁：平面形状(PMXZ)	1=直形；2=弧形；0=不分
梁：贯通筋(GTJ)	0=无贯通筋；1=有贯通筋
基础梁：外构造(WSGZ)	0=无外伸；1=有外伸
基础梁/筏板：高低位描述(GDMS)	0=底部高位；1=底低位；2=顶部高位；3=顶部低位
基础梁：主次梁描述(ZCLMS)	0=主梁；1=次梁
筏板：独基是否有箍筋(YGJ)	0=无箍筋；1=有箍筋
梁：钢筋级别(GJJB)	1=一级；2=二级；3=三级
基础梁/筏板：是否有斜底(XMS)	0=无斜底；1=有斜低

（3）钢筋简图的信息显示在右边的表格栏中。箍筋长度计算式中的"G"代号代表的长度计算公式在这里可以查看且可以修改。

例如查看"矩形箍（2 * 4）"，它的长度计算公式为"G_1+ G_2"，而 G_1 和 G_2 分别代表的钢筋长度计算公式在右边的钢筋简图表格中可以查看，如图 9-97 所示。

（4）在修改计算公式时，单击单元格内的下拉按钮，弹出"钢筋公式编辑"对话框，方便修改。

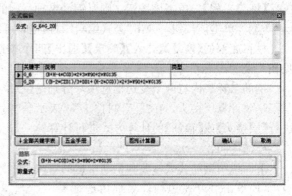

图 9-97　箍筋计算式展开

温馨提示：

【导入】功能用于导入其他工程项目钢筋公式。

【恢复】功能用来重新获取系统的构造，将清空用户修改了的构造。

（5）如果要增加一条钢筋公式，则单击栏目后面的【增加】按钮，就会在对应的栏目下面增加一条记录，在栏目的单元格内输入相应的内容，不知道输入什么内容参照栏目内原有的内容，这样就增加了一条钢筋计算公式，在布置钢筋的对话框中就可以选择该条钢筋了。

10   识别

本章内容

　　导入设计图、分解设计图、字块处理、缩放图纸、清空底图、图层控制、管理图层、全开图层、冻结图层、恢复图层、识别建筑、识别轴网、识别柱体、识别暗柱、识别独基、识别条基、识别桩基、识别梁体、识别砌体、识别门窗表、识别墙体、识别门窗、识别内外、识别截面、识别柱筋、识别梁筋、识别板筋、识别大样、描述转换、文字查找、文字合并、文字炸开、相同替换。

　　本章介绍软件的识别功能，应用导入 CAD 电子文档图，利用 CAD 图中的图形和标注信息快速识别构件和钢筋对象来建立算量模型。软件可以识别设计院二维和三维的电子文档图。

　　在使用识别功能时，建议采用以下识别流程：

构件识别流程：

轴网识别 →柱识别→梁识别→门窗表识别→墙识别→门窗洞识别。

钢筋识别流程：

暗柱识别→描述转换→梁筋识别→板筋识别→柱筋识别。

10.1   导入设计图

功能说明：导入施工图电子文档。

菜单位置：【导入图纸】→【导入设计图】

命令代号：drtz

本命令用于导入施工图电子文档，通过对电子图纸进行识别建模。

执行命令后弹出"选择插入的电子文档"对话框，如图 10-1 所示。

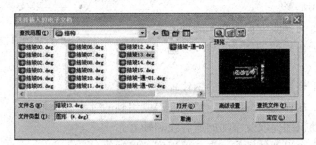

图 10-1　"选择插入的电子文档"对话框

对话框选项和操作解释：

【打开】　打开所选择的设计院图档，格式为"＊.dwg"。

【取消】 取消本次操作。

【高级设置】 单击该按钮，弹出"电子文档处理设置"对话框，如图 10-2 所示。

在对话框中勾选对的条目，导入电子图时，软件就会按设置对电子图进行相应处理。

【查找文件】 属 CAD 软件的操作，请参看有关书籍。

【定义】 属 CAD 软件的操作，请参看有关书籍。

【预览】 光标置于左边栏目中的某个图纸名称上时，电子图能够打开时，栏目中将缩略显示该电子图形。不打开将不能显示缩略图。

图 10-2 "电子文档
处理设置"对话框

操作说明：

选择好要导入的电子图后，单击【确定】按钮，这时对话框消失，选择的电子图插入到界面中。

快速导入：操作方式说明见上述，只是打开的对话框中没有【高级设置】按钮，导入图时不进行图纸处理，速度要快，但是图纸导入后需要后期处理，总的来说还是要占用时间的。

温馨提示：

(1)如果绘制电子图的 CAD 版本比三维算量软件所用 CAD 版本高，软件会将当前的 CAD 平台自动转换为高版本。

(2)如果整个工程图的所有图纸都在一个 dwg 图形文件里，会造成插入电子图非常慢，严重时会引起死机，建议使用 CAD 单独打开此文件，采用 wblock 命令分离各图纸为各单个 CAD 文件，如柱图、梁图等。

图纸处理

10.2 识别轴网

功能说明：自动识别用斯维尔公司建筑设计软件绘制的建筑电子图上的门窗、洞口、柱墙等构件。

菜单位置：【识别】→【识别轴网】

命令代号：szw

执行命令后弹出"轴网识别"对话框，如图 10-3 所示。

对话框选项和操作解释：

【提取轴线】 用于到界面中提取图元的轴线。

【添加轴线】 用于在界面的图元上添加上需要用到的轴线。

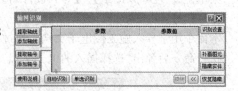

图 10-3 "轴网识别"对话框

【提取轴号】 用于到界面中提取图的轴线轴号。

【添加轴号】 用于在界面中的图元上添加上需要用到的轴线的轴号。

【自动识别】 自动识别提取及添加的所有线和轴号。

【单选识别】 选取要识别的轴线，点一根识别一根轴线。

【补画图元】 根据需要用户可以补画一些有利于识别建模的图元。

【隐藏实体】 根据需要可以将暂时不会用到的实体隐藏起来，方便识别建模。

单击【识别设置】按钮，展开"识别设置"对话框，如图 10-4 所示。

在对话框中对识别时用到的各种参数进行设置，单击【参数值】单元格后面的▼按钮，会展开选项栏供用户在栏目内选择合适的值来进行识别操作。

参数值栏中一些符号表示的内容如下：

"♯"代表数字；

"@"代表字母；

"."代表除数字和字母外的其他字符；

[A－K]表示按照字母表从 A 到 K 的所有字母。

如果设置的内容不符合要求，可以单击【恢复缺省】按钮，将设置的内容恢复到软件默认状态。

操作说明：

执行命令后，弹出图 10-3 所示对话框，命令栏提示：

`请选择轴网线或编号<退出>或 [轴网层(Y) 自动(Z)]:`

根据提示，光标至界面中选择需要识别成轴网的图线和轴号标注，这时界面中的线会临时隐藏。对话框中会显示提取的图层名称，如图 10-5 所示。

图 10-4 "识别设置"对话框

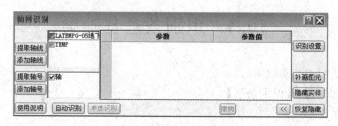

图 10-5 选取完后的对话框

如果选取了无用的图层，用工具条上的撤销命令来恢复上一次的操作，或者将这个图层名前面的√去掉。

这时工具条上的识别方式按钮都会变为可用状态，可选择各种方式来识别轴网。

温馨提示：

(1)自动识别会成组，单选识别不成组。

(2)是否识别尺寸标注只对自动识别有效，单选识别不识别尺寸标注。

(3)尺寸标注可以不提取，程序会自己在整个图元中搜索。

(4)如果尺寸与实际不符合，会将尺寸用红色显示出来。

10.3 识别独基

功能说明：识别独基；由于基础在立面上有形状和尺寸变化，故基础识别是分两步进行：先将基础的编号和平面识别出来，再到"构件编号"对话框中指定基础的立面形状和尺寸，再对界面上的基础识别。这步也可以反过来，先在"构件编号"对话框中指定基础的立面形状和尺寸，再对界面上的基础编号和形状进行一次识别匹配。

菜单位置：【识别】→【识别独基】

命令代号：sbdj

执行命令后，命令栏提示：

`请选择独基边线<退出>或 [标注线(J) 自动(Z) 点选(D) 框选(X) 平选(V) 补面(I) 隐藏(B) 显示(S) 编号(E)]:`

同时弹出"独基识别"对话框，如图 10-6 所示。

当导入的子图中有"J"子目的构件编号，在单击【识别独基】按钮或执行命令时，软件会自动将编号的图层提取到编号所在层的栏目内。

按钮：

【独基表】 用于对基础表格的识别。

基础是一个带子构件的构件，可单击【识

图 10-6 "独基识别"对话框

别设置】按钮，在弹出的对话框中进行土、垫层、砖模等子构件的相关定义，识别基础时就会将这些内容一同匹配。

操作说明：

参见柱识别。

独基表格的识别方式同"表格钢筋"的方法。

10.4 识别条基基础梁

功能说明：识别条基基础梁。

菜单位置：【识别】→【识别条基】

工具图标：无

命令代号：sbtj

操作说明：

执行命令，命令栏提示：

请选择条基线<退出>或|标注线(J)|自动(Z)|单选(O)|全选(X)|补面(I)|布置(Q)|编号(E)：

同时弹出"条基识别"对话框，如图 10-7 所示。

对话框选项和操作解释：

条基的识别与独基识别的说明基本一样，只是工具按钮有几个不同，分述如下：

图 10-7 "条基识别"对话框

【单选识别】 单选识别一条条基，单击一条条基的线条，就会将这条条基的多段线连起来一起识别，但是一次只能选择一条条基。

【全选识别】 框选识别一条条基，并且一次应将一条条基的线全部选取亮显，但是一次只能选择一条条基。

【手动布置】 用此按钮进行手工布置条基，因为经过图层的提取和对别的条基进行识别时已经将条基编号识别到"构件编号"内了，执行该命令会回到面上，从导航器中选择需要布置的条基编号进行布置即可。

其他按钮的说明均同独基，略。

操作说明：

参见独基识别。

10.5　识别桩基

功能说明：根据用户选择的实体转换为桩基。

菜单位置：【识别】→【识别桩基】

命令代号：zjsb

执行命令后出现如图 10-8 所示的"桩基识别"对话框。

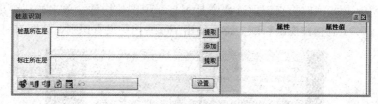

图 10-8　"桩基识别"对话框

对话框选项和操作解释：

(1)识别方法同柱识别。

(2)桩基编号可以在对话框中进行修改。

(3)只能对圆形进行识别，如果不是圆，可以使用【相同替换】命令进行图纸处理。

10.6　识别柱、暗柱

功能说明：识别柱、暗柱构件。

菜单位置：【识别】→【识别柱体】

命令代号：sbzt

执行命令后，命令栏提示：

> 请选择柱边线：<退出>或 标注线(J) 自动(Z) 点选(D) 框选(X) 手选(V) 补面(I) 隐藏(B) 显示(S) 编号(E)

同时弹出"柱和暗柱识别"对话框，如图 10-9 所示。

对话框选项和操作解释：

栏目：

【提取边线】　用于到界面中的 CAD 图纸上提取需要转化为当前构件的线条。

【添加边线】　用户可以在界面中的 CAD 图纸上继续添加未提取的底图线条到图层名称显示区。

【提取标注】　用于到界面中的 CAD 图纸上提取边线对应的标注信息。

【添加标注】　用于在界面中的图元上添加需要用到的轴线的轴号。

根据命令栏提示光标至界面上提取柱子相关图层后的效果如图 10-10 所示。

图 10-9　"柱和暗柱识别"对话框

图 10-10　提取柱图层后的效果

【点选识别】　点取封闭的区域内部进行识别。

【窗选识别】　在框选的范围内进行识别。

【选线识别】　选取要识别的柱边线轴线进行识别。

【自动识别】　自动识别出所有的柱子。

【补画图元】　当提取过来的柱线条中存在残缺，如柱边不封闭等，可以采用此方式，重新到图中补画一些线，让程序能够自动识别所有的柱。

【隐藏实体】　隐藏界面上当前不需编辑的实体对象，使界面清晰、方便操作。

【恢复隐藏】　将界面上隐藏的选中实体打开。

【检查】　用于用户实时检查识别过程中是否有漏识别的构件，单击按钮弹出"差异处理"对话框，对话框显示了有构件遗漏，图上也标注出了哪些构件没有识别，如图10-11所示。

图10-11　"差异处理"对话框

【识别设置】　说明同轴网识别。

操作说明：

可通过各种识别方式来识别柱子。这里采用点选识别举例，单击【点选识别】按钮，这时命令栏提示：

请选择柱内部点：

在封闭的柱轮廓区域内单击，如果识别成功，则在命令栏提示出识别的编号和截面数据。这里识别成功一个矩形柱，命令栏提示为：

编号Z2，矩形：b：500；h：500；

继续用这种方式识别下去，也可切换成其他识别方式再识别。选取组成柱图元，柱所在的层名会在图层列表中列出，且被选中的图层会隐藏。如选了错误的图层，可用撤销命令来撤销。选取完后，右击退出选取。

温馨提示：

柱子的编号图层不用提取，系统会自动找到。

柱子是通过封闭区域来识别，如果线条不封闭就不能识别，需对电子图进行调整，或用补画图元方式使之成为能够识别的区域。

10.7　识别混凝土墙

功能说明：识别混凝土墙构件。

菜单位置：【识别】→【识别混凝土墙】

命令代号：sbqt

操作说明：

执行命令后，命令栏提示：

请选择墙线<退出>或 | 标注线(J) | 自动(Z) | 全选(X) | 单选(O) | 补画(I) | 编号(E) |

同时弹出"混凝土墙识别"对话框，如图10-12所示。

图 10-12 "混凝土墙识别"对话框

对话框选项和操作解释：

按钮：按钮和设置内容同基础梁识别内容，略。

选项：这里采用全选识别，如果当前不想用这种识别方式，就在工具条上切换到单选识别选取要识别的墙，右击完成选取。如果识别成功就会在命令栏显示出识别成功墙的编号和截面信息，例如提示：Q1300×1200。

单选识别与全选识别的区别是：

单选识别：选取一侧或两侧的墙，软件自动识别墙线方向上所有满足条件的墙段，可同时选多条线。编号不用选择，识别时程序会自动在界面中查找。

全选识别：同时选择墙的两条边线识别墙，且只在选择范围内进行识别。可以选编号，但只能选一个编号，所有识别出来的墙都是这个编号。

10.8 识别梁体

功能说明：识别梁体。

菜单位置：【识别】→【识别梁体】

命令代号：sblt

操作说明：

执行命令后，命令栏提示：

请选择编号和梁线<退出>或 | 梁层(Y) | 标注线(J) | 自动(Z) | 全选(X) | 关联(N) | 补画(I) | 布置(Q) | 编号(E) |

同时弹出"梁识别"对话框，如图10-13所示。

对话框选项和操作解释：

梁的识别与条基识别的说明基本一样，略。

取边线和标注后的对话框如图10-14所示。

图 10-13 "梁识别"对话框

图 10-14 取边线和标注后的对话框

操作说明：

参见条基识别。

温馨提示：

（1）如果没有识别出梁，可对线条进行断开或缝合，使线条的段数与梁编号描述的跨数相同。

（2）如果编号描述的信息与梁跨符合，识别的梁变为红色。

10.9　识别砌体墙

识别构造柱

功能说明：识别砌体墙。

菜位置：【识别】→【识别砌体墙】

命令代号：sbqq

操作说明：

执行命令后，命令栏提示：

请选择墙线<退出>或|标注线(J)|门窗线(N)|自动(Z)|全选(X)|单选(O)|补画(I)|编号(E)|

同时弹出"砌体墙识别"对话框，如图 10-15 所示。

识别方法同"识别混凝土墙"。

增加了门窗线的选择：

当墙上有洞口时，会将墙体识别成两段。解决的方法是在识别墙的同时选择门窗线条，同时作为墙体线条图层，这样做还可以在识别墙的同时将门窗也识别出来。

单击【门窗线】按钮或执行命令，弹出"门窗识别"对话框，如图 10-16 所示。

图 10-15　"砌体墙识别"对话框

图 10-16　"门窗识别"对话框

按钮操作、识别方法同"识别混凝土墙"。

10.10　识别门窗表

功能说明：对门窗表进行识别。

菜单位置：【识别】→【识别门窗表】

命令代号：sbcb

操作说明：

执行命令后，命令栏提示：

请选择表格的相关直线

选择组成表格的所有直线，右击确定退出选择，此时弹出"识别门窗表"对话框，如图 10-17 所示。

匹配行	序号	编号	洞口尺寸	数量	类型	备注
	1	SM-2433	2400X3300	1	铝合金门白色玻璃	
	2	SM-1524	1500X2400	1	胶合板门	
	3	SM-1824	1800X2400	2	胶合板门	
	4	M5-0924	900X2400	19	胶合板门	图集DJ831.1
	5	M3-0920	900X2000	2	胶合板门	图集DJ831.1
	6	M3-0924	900X2400	4	胶合板门	图集DJ831.1
	7	M3-1524	1500X2400	2	胶合板门	图集DJ831.1
	8	M3-0720	700X2000	14	胶合板门	图集DJ831.1
	9	FM-1227	1200X2700	2	胶合板门	图集DJ831.1
	10	SM-1	1800X3300	1	铝合金门蓝色玻璃	
	11	SM-1833	1800X3300	1	铝合金门蓝色玻璃	
	12	SC-0915	900X1500	2	铝合金窗蓝色玻璃	
	13	SC-1215	1200X1500	8	铝合金窗蓝色玻璃	
	14	SC-1224	1200X2400	5	铝合金窗蓝色玻璃	
	15	SC-1512	1500X1200	2	铝合金窗蓝色玻璃	
	16	SC-1515	1500X1500	18	铝合金窗蓝色玻璃	

图 10-17 "识别门窗表"对话框

对话框选项和操作解释：

参见"表格钢筋"部分说明。

保存门窗表数据说明。

如果在栏目中增加了同编号的门窗，单击【确定】按钮，将弹出"编号冲突"对话框，如图 10-18 所示。

选【忽略】就不覆盖原编号，选【替换】就替换原来的编号。选择【应用到所有的编号】，对所有的编号冲突都按照这次的选择来处理，不再弹出提示对话框。门窗表识别后，数据将记录到定义编号中，可以到"定义编号"对话框中对门窗编号再进行编辑。

图 10-18 "编号冲突"对话框

注意事项：

软件是按照门窗编号的表头来区别门窗的，表格类别中有"门"的就认为是门编号，有"窗"的就认为是窗编号。如果类别为空就按照编号来区别门窗。编号中有"M"的认为是门，有"C"的认为是窗，否则就认为是门。

10.11 识别门窗

功能说明：识别门窗。

菜单位置：【识别】→【识别门窗】

命令代号：sbmc

操作说：

执行命令后，命令栏提示：

请选择门窗线和文字<退出>或 自动(Z) 手选(O)

同时弹出"门窗识别"对话框，如图 10-19 所示。

对话框选项和操作解释：

按钮：按钮和设置内容同前述识别内容，略。

根据命令栏提示，光标至界面上选择门窗标注和门窗线条回车，对话框内就会显示提取的门窗编号和门窗线条的层，如图 10-20 所示。

图 10-19 "门窗识别"对话框　　　　图 10-20 显示提取门窗编号和
　　　　　　　　　　　　　　　　　　　　　　门窗线条的图层

选择的内容进入对话框后，就可以按对话框中的识别
方式，选择对应的方式对门窗进行识别了，按钮的操作方
式同前述，略。

温馨提示：

识别门窗之前要识别出门窗表，或定义好要识别门窗
文字的编号，识别时按门窗编号生成门窗。

门窗识别后会找到附近的墙，将门窗布置到墙上。

识别建筑　　　　识别等高线

10.12　识别内外及截面

功能说明：用于快速确定那些需要分内外计算的构件，
识别内外不光只识别内外，也对角部构件进行识别区分，
如"柱"构件计算柱纵筋时就需要分角柱、边柱、中间柱，
以便于判定钢筋至顶后的收头。

识别内外　　　　识别截面

10.13　识别柱筋

功能说明：识别生成柱筋。

菜单位置：【柱体】→【识别柱体】→【识别柱筋】

命令代号：sbzj

执行命令后，软件会先进入"柱表钢筋"对话框，单击对话框中的【识别柱表】按钮，便可进
入识别表流程。其操作方法请参照表格钢筋中的柱表钢筋操作说明。

10.14　识别梁筋

功能说明：识别梁筋。

菜单位置：【识别】→【识别梁体】→【识别梁筋】

命令代号：sblj

识别梁筋命令与梁筋布置共用一个对话框，其操作过程和使用方法请参照梁筋布置操作说
明中的识别梁筋部分。

10.15　识别板筋

功能说明：识别生成板筋。

菜单位置：【板体】→【现浇板】→【识别板筋】

命令代：sbbj

识别板筋命令与板筋布置共用一个对话框，其操作过程和使用方法请参照板筋布置操作说明中的识别板筋部分。

10.16　识别大样

功能说明：识别柱、暗柱大样图中的钢筋。

菜单位置：【柱体】→【柱、暗柱】→【识别大样】

命令代：sbdy

执行命令后弹出"柱筋大样识别"对话框，如图10-21所示。

图 10-21　"柱筋大样识别"对话框

对话框选项和操作解释：

【使用说明】　大样识别的步骤以及注意事项。单击【使用说明】按钮弹出"使用说明"对话框，如图10-22所示。

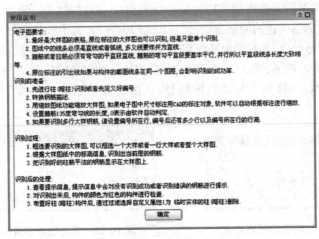

图 10-22　"使用说明"对话框

【缩放图纸】　对电子图进行缩放。

【描述转换】　把图中的文字转化成软件可以识别的文字。

【撤销】　撤销上步操作。

【确定】　确认操作。

【添加弯钩】　如果图纸中的箍筋没有设计135°弯的平直段，可以用此功能来添加弯平直段。

操作步骤：

(1)进到界面，先设置好右侧的参数。

(2)提取柱截面图层、钢筋图层、标注图层。

(3)框选柱大样信息，如果大样中有标高信息，则前楼层的标高必须在大样中的标高范围之内。如果标高不在大样图标高范围内，识别的时候，只要不选择大样标高，也能识别出来。

(4)可以单个大样逐个识别，此时只需要设置弯钩线长和误差值就行了。

(5)也可以一次性框选多个大样，但需要将右侧的参数全部设置好。

(6)识别好的柱筋会以柱筋平法的形式显示。

温馨提示：

识别大样前一定要确认其编号已经存在。

如果大样图的比例不对，识别前要缩放图纸。

10.17　描述转换

功能说明：钢筋描述转换，所谓转换就是将电子图上标注的钢筋描述文字、线条转为程序能够识别处理的图层。

菜单位置：【建模辅助】→【钢筋描述转换】

命令代号：mszh

执行命令后弹出"描述转换"对话框，如图10-23所示。

操作说明：

执行命令后，命令栏提示：

选择钢筋文字〈退出〉

图10-23　"描述转换"对话框

根据提示，光标在界面上选取钢筋描述如："φ8@100/200"或"8@100/200"文字，【待转换钢筋描述】栏内会显示钢筋描述的原始数据"％％108@10/20"，其中"φ"或"?"对应的原始数据为钢筋级别"％％130"，转换为"表示的钢筋级别"中的系统钢筋级别A级，表示一级钢。在这里提供有多种钢筋级别可选，如A、B、C、D等。钢筋"描述转换"对话框，如图10-24所示。

若选择集中标注线，则【集中标注线的层】输入框中显示出该标注线所在层，如图10-25所示。

图10-24　已转换的钢筋描述

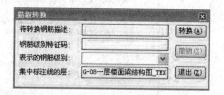

图10-25　标注线所在层的处理

单击【转换】按钮即可完成转换。

温馨提示：

只有在钢筋描述和集中标注线均转换到应有的图层时，才能将钢筋识别成功。

对有些特殊的钢筋描述，如"6]100"，特征码不能自动给出，用户需在特征码内填上"]"来进行转换。

复杂图纸处理技巧

11 报表

本章内容

图形检查、分析、统计、预览统计、报表、工程对比、漏项检查、数量检查、核对构件、查看工程量、核对钢筋、核对单筋。

本章介绍如何利用软件分析计算和输出构件模型的清单、定额、构件实物以及钢筋的工程量，可以通过核对功能来展示计算的结果，查看各种构件、钢筋的工程是否符合计算规则和钢筋规范要求软件对构件、钢筋的计算，是与工程设置、算量选项中的工程量输出、计算规则、钢筋选项等设置密切相关的，所以布置构件之前就要求用户对这些内容设置好，详见功能的说明。

11.1 图形检查

功能说明：对界面中的构件模型进行正确性检查。

菜单位置：【算量辅助】→【图形检查】

命令代号：txjc

执行命令后弹出"图形检查"对话框，如图 11-1 所示。

对话框选项和操作解释：

选项：

【检查方式】 用于选择执行哪些检查项，项目前打勾表示执行该项检查。

※ 位置重复构件：指相同类型构件在空间位置上有相互干涉情况。检查结果提供自动处理操作。重复构件，指在一个位置同时存在相同边线重合的构件。

※ 位置重叠构件：指不同类型构件在空间位置上有相互干涉情况。检查结果提示颜色供用户手动处理。重叠构件，指在一个位置两个构件相交重叠的构件，边线不一定重合。

图 11-1 "图形检查"对话框

※ 清除短小构件：找出长度小于检查值的所有构件。检查结果提供自动处理操作。

※ 尚需相接构件：构件端头没有与其他构件相互接触，仅限墙、梁构件。检查结果提供自动处理操作。检查值：指数值大于端头与相接构件的距离。

※ 跨号异常构件：找出跨号顺序混乱的梁，检查结果提供自动处理操作。同时程序默认梁跨方向从左至右、从下至上为正序，如果同一编号梁既有正序又有反序的，对钢筋计算会有一定的影响，检查结束后会将该编号梁的编号与跨号在屏幕上输出，用户可根据需要手动修改。

※ 对应所属关系：根据门窗洞口构件与墙的位置关系，将布置或识别时没有安置到邻近墙体的洞口构件就近安置，确保扣减准确度。检查结果提供自动处理操作。

※ 延长构件中线：根据柱和梁的位置关系，将梁的中线伸入到柱构件的中点去，达到延长梁构件的中线长度的目的。

※ 延长构件到轴线：根据构件和轴线的位置关系，将线性构件延伸到与轴线接触。

【检查构件】 确定哪些构件来参与检查，在前面打勾表示这个构件参与检查。

按钮：

【全选】【全清】【反选】 全选、全清除或反向选中栏目内的内容。

【检查执行】 执行检查后，单击该按钮查看检查结果。

【取消】 退出对话框，什么都不做。

操作说明：

以柱的位置重叠为例：

(1)在【检查方式】中选中位置重叠构件，其他清除。

(2)在【检查构件】中选中柱，其他清除。

(3)执行检查。

(4)单击【检查执行】按钮，弹出"处理重叠构件"对话框，如图 11-2 所示。

(5)按 F2 键，会展开检查结果对话框，如图 11-3 所示。

图 11-2 "处理重叠构件"对话框

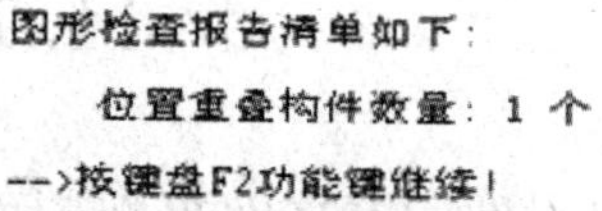

图形检查报告清单如下：

位置重叠构件数量：1 个

-->按键盘F2功能键继续！

图 11-3 执行对话框

选项：

【应用所有已检查构件】 勾选此项，单击【应用】按钮将按默认方式对所有错误的构件进行应用处理；单击【往下】按钮将所有错误的构件变为所设定颜色，供标识修改；单击【取消】按钮为不处理，否则逐个处理。

【动画显示】 勾选此项，当【应用所有已检查构件】不打勾时，所有错误的构件逐个处理时以动画方式显示，否则快速显示。

【总数】 当前错误构件的总数。

【处理第×个】 目前处理构件总数中序号。

【当前构件】 注明当前处理构件的类型。

按钮：

【应用】 处理有问题的所有构件，将有问题的构件进行修正；尚需相接方式连接显示为绿色的构件；尚需切断方式剪断显示为绿色的构件；清除短小构件显示为红色。对话框设定颜色的构件处理完后构件恢复为系统颜色。位置重复方式按 T 键回车可以变换删除构件。

【往下】 处理下一组序号构件，上一序号构件保留颜色标志(保留构件为红色，删除构件为绿色)。

【恢复】 取消上次的应用操作。

温馨提示：

在图形检查中，系统能够检查出相邻楼层的墙柱位置重复与重叠的错误并警报提示，检查出来之后请仔细核对图纸，然后再进行处理。

计算汇总	统计	预览统计

功能说明：本功能用于查看分析统计后的结果，并提供图形反查、筛选构件、导入/导出工程量数据、查看报表、将工程量数据导出到 Excel 等功能。

11.2 报表

功能说明：本功能用于最后结果的报表打印，也可以设计制作、修改编辑各类报表。功能有：报表设计、打印、导入 Excel 等。

菜单位置：【快捷菜单】→【报表】

工具图标：

命令代号：bb

执行命令后弹出"报表打印"对话框，如图 11-4 和图 11-5 所示。

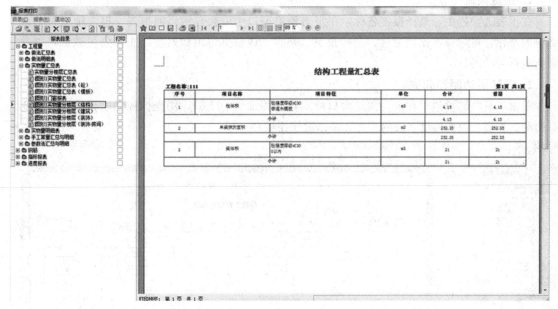

图 11-4 "报表打印"对话框

温馨提示：

系统提供清单、定额以及清单规则和定额规则下构件实物量汇总表，均能按设定的转换信息输出工程量表格。

对话框选项和操作解释：

【设计报表】 工具图标为，修改报表格式。

【存为 Excel】 工具图标为，将当前报表内容导入到 Excel 表中。

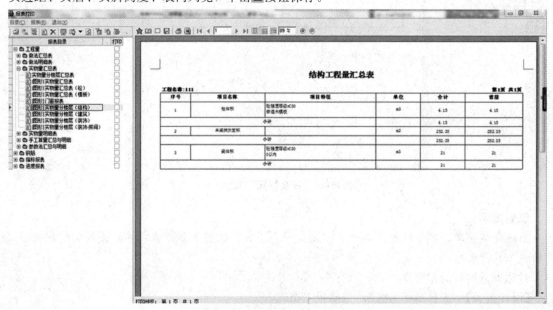

图 11-5　清单模式下的构件实物量的汇总表

【构件过滤】　工具图标为 ▣，将当前的报表数据按用户要求进行过滤，方便对量和进度管理。

操作说明：

1. 预览报表

在报表选项栏中，选择报表名称，在报表预览窗口中就会显示当前报表。报表预览时单击对应的按钮，可选择按比例缩放、全屏预览、翻页、调整页边距和列宽，插入公司徽标，以及刷新数据等功能。

2. 调整页边距和列宽

单击工具栏 ▫ 按钮，在报表预览窗口显示报表页面（图 11-6），用光标拖动表格线，可改变页边距、页眉、页脚高度、表内列宽，单击 ▣ 按钮保存。

图 11-6　调整页边距和列宽

3. 打印设置

单击工具栏 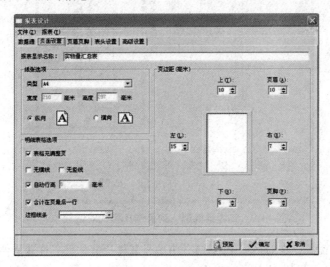按钮，弹出打印设置对话框(图 11-7)，在对话框中设置打印机、纸张、打印方向、页边距、页眉、页脚等信息。

图 11-7 打印设置

4. 构件过滤

单击工具栏 按钮，弹出"工程量筛选"对话框，如图 11-8 所示。

图 11-8 "工程量筛选"对话框

对话框选项和操作解释：

选项：

【分组编号】栏 在布置构件时，如果将构件进行了分组，在这里将显示分组的编号。

【构件】栏 显示工程中的楼层和楼层内所属的构件及编号。

【树形选择模式】 在该模式下显示的楼和构件的关系如"工程量筛选"对话框所示。

【列表选择模式】 在该模式下显示的楼层和构件的关系如图 11-9 所示。

图 11-9　工程量筛选—列表选择模式对话框

　　用户按照自己的需要，在对话框中选择【分组编号】【楼层】【构件名称】【构件编号】。

　　选择好后，单击【确定】按钮就可以将选中的内容过滤到当前对应的报表。

5. 打印

　　单击工具栏 按钮，弹出"打印"对话框(图 11-10)，可设置打印机、打印范围、份数，单击【确定】按钮，将当前报表输出到打印机。

6. 输出到 Excel 表

　　单击工具栏 按钮，弹出"输出选项"对话框，如图 11-11 所示。

图 11-10　"打印"对话框

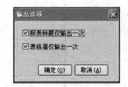

图 11-11　"输出选项"对话框

　　单击【确定】按钮，将当前表输出到 Excel 表。

报表设计　　　　　工程对比　　　　　自动挂做法　　　　漏项检查　　　　　数量检查

11.3 查量

功能说明：核查构件的工程量明细。

菜单位置：【快捷菜单】→【查量】

命令代号：hdgj

在三维算量里，构件的工程量一般都是由总量＋调整值来表示。这是因为工程构件本身具有复杂性，计算机算出来的结果还要符合手算习惯两方面原因造成的。每个工程在布置完部分或全部构件后，执行分析命令即可将工程的工程量计算出来。在工程分析的时候，既要看图形构件的几何尺寸及其与周边构件的关系，又要看当前计算规则的设置。图形构件的几何尺寸定义及其布置情形，与之关联的计算规则设置，都会影响构件工程量的分析计算结果。三维算量是图形算量软件，构件定义、布置方面的问题相对明显、容易发现，而计算规则设置方面的问题则比较隐晦、难于找到，为此提供核对构件功能，来查看图形与数据结果的一致性。

命令交互：

执行命令后，命令栏提示：

> 选择要分析的构件

根据提示，光标至界面上选择需要查看工程量的构件，选择完后，系统依据定义的工程量计算规则对选择的构件进行图形工程量分析，分析完后弹出对话框，如图 11-12 所示。

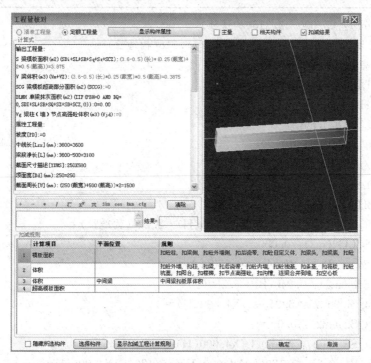

图 11-12 "工程量核对"对话框

对话框选项和操作解释：

选项：

【清单工程量】 切换到清单规则模式进行工程量核对，即按清单规则执行工程量分析，然后将结果显示出来。

【定额工程量】 切换到定额规则模式进行工程量核对，即按定额规则执行工程量分析，然后将结果显示出来。

【计算式】 列出所有的计算属性值及计算式。文字框上前一部分是工程量组合的计算结果。属性工程量以下则是单一构件工程量的分析计算式，其中按规则进行扣减计算的工程量伴有所见即所得的图形可供核对。

【主量】 选择即只查看构件的主量，不显示其他内容。

【相关构件】 选择可查看到与当前构件有关系的构件。

【扣减结果】 看到扣减的结果。

右方幻灯片：显示当前的核查图形，可以旋转、平移及缩放。

手工计算栏：位于【计算式】栏的下方，在栏目内可手工输入计算式，以核对【计算式】栏内的结果。

【结果＝】 手工输入计算式后，在结果栏内显示计算结果。若计算式输入不完整或输入的计算式无法计算时将显示错误位置。

按钮：

【显示构件属性】 显示构件的属性，将弹出"属性查询"对话框。

【清除】 清除输入的计算式及已经得到的计算结果。

操作说明：

一堵砌体墙，墙上布置了构造柱及圈梁。执行"hdgj"命令后，计算式栏的文字如下：

墙面积(m2)：25.000－2.316(构造柱)＝

砌体墙体积(3)：6.000－0.360(圈梁)－0.518(构造柱)＝

【图形核查】

底标高[DIBG](m)：－0.700＝

标准高[HQB](mm)：4500＝

超高高度[HQC](mm)：0＝

异墙顶高[HYQD](mm)：0＝

净长[L](mm)：6250＝

中线长[Lzx](mm)：6250＝

平厚[PBH](mm)：0＝

砌体面积[QM](m2)：6.250(L)X.000(H)－2.316(构造柱)＝

超面积[SCCG](m2)：0.000＝

顶面积[Sd](m2)：0.240(B)＊6.250(L)＝

底面积[Sdi](m2)：0.240(B)＊6.250(L)＝

左侧面积[SL](m2)：6.250(L)X4.000(H)＝

起端面积[Sq](m2)：0.00＝

右侧面积[SR](m2)：6.250(L)X4.000(H)＝

终端面积[Sz](m2)：0.120(L)X4.000(H)＋0.120(L)X4.00(H)＝

超高体积[VCG](m3)：0.000＝

体积[Vm](m3)：0.240(B)＊4.000(H)＊6.20(L)－0.360(圈梁)－0.518(构造柱)＝

板厚体积[VPBH](m3)：0.000＝

斜墙顶长[XDQXC](mm)：0＝

在对话框中单击【体面积】【顶面积】【底面积】【左侧面积】【起端面积】【右侧面积】【终端面积】【超高体积】【体积】【板厚体积】时，对话框右边的幻灯片里就会出现对应计算的图形（下称为检查图形）。单击到"砌体面积"一行后，核查图形如图 11-13 所示。

再单击到【体面积】一行后面的【构造柱】之后，核查图形如图 11-14 所示。

图 11-13　某核查图形(1)

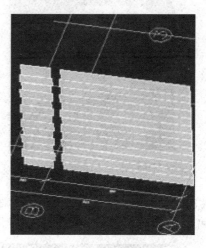

图 11-14　某核查图形(2)

这时可以清楚地看到被构造柱扣减后的砌体面积还剩多少。

这时单击【主量】，核查图形如图 11-15 所示。

单击【相关构件】，显示参与扣减的构造柱，如图 11-16 所示。

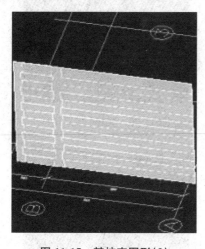

图 11-15　某核查图形(3)

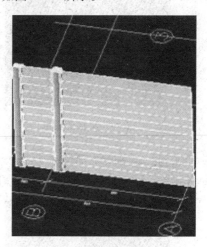

图 11-16　某核查图形(4)

【扣减结果】　当关闭显示扣减结果时，核查图形中将不显示扣减结果，如图 11-17 所示。

再如侧壁分析扣减的例子：层高 3.3 m，3.6＊3.6 的单开间单进深的正方形轴网在轴网角点上布置 500 mm×500 mm 的柱，柱子高度为同层高 3.3 m，沿轴线置 400 mm(截)、500 mm(截)的四条梁，顶高为同层高，沿轴线布置厚度为 250 mm，高度为同层高的四条墙，再布置内侧，定义其他面的装饰起点高度为 0，装饰面高为同层高。核查该侧壁，这时对话框上计算式文字栏中有这样一行：

混凝土面其他面面积［SQT］(m2)：0.000＋31.360(墙)＋3.300(柱)＋5.600(有墙梁侧)＋0.840(有墙梁底)－0.300(梁头)＝

当光标单击到"＋31.360（墙）"内时，核查图形如图 11-18 所示。

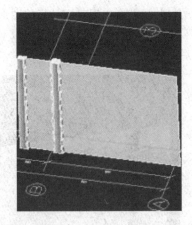

图 11-17 某核查图形(5)

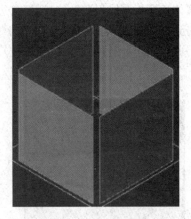

图 11-18 某核查图形(6)

当光标单击到"＋3.300（柱）"内时，核查图形如图 11-19 所示。

当光标单击到"＋5.600（有墙梁侧）"内时，核查图形如图 11-20 所示。

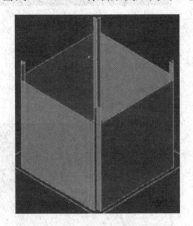

图 11-19 某核查图形(7)

图 11-20 某核查图形(8)

当光标单击到"＋0.840（有墙梁底）"内时，核查图形如图 11-21 所示。

当光标单击到"－0.300（梁头）"内及以后时，核查图形如图 11-22 所示。

图 11-21 某核查图形(9)

图 11-22 某核查图形(10)

命令交互：

当觉得在右方的幻灯片上查看核查图形并不是太方便，或想更深入地检查核查是否正确时，可以将核查图形放置到界面上。图形放到界面后，就可以用任何命令去查看了，如 DIST 或 ID 等命令。

在核查图形时，命令栏提示：

下一步操作方式［放置核查图形到屏幕空间（P）/退出（C）］＜P＞：

单击 P 则可将对话框暂时隐藏，输入 C 退出对话框，命令栏提示：

选择一个位置放下核查图形［（O）默认为原地］：

这时拾取一个点，则核查图形就放置到界面中，若不拾取点输入 O 或回车，则将核查图形放置在原位。然后命令栏提示：

下一步操作方式［返回对话框（R）/退出（C）］＜R＞：R

这时输入 R 则返回对话框，输入 C 则退出。

温馨提示：

核查计算式中的精度比系统精度高一位，如系统设置面积 m² 的单位为"0.00"，则计算式当中的单位为 m² 的工程量保留 3 位小数。

11.4　查看工程量

功能说明：批量查看构件的工程量和钢筋量。

菜单位置：【快捷菜单】→【快速核量】

命令代号：kgcl

单击【查看工程量】按钮或输入 kgcl 命令后，提示选择实体构件。可以选择多种构件类型。选择后弹出对话框，在左侧列出的是所有选择的构件类型，中间部分为当前选取的查看的类型构件的工程量汇总值，右侧为工程量部分选中汇总值的明细，可以双击返查构件。可以切换页面查看做法量和钢筋量，钢筋工程量页面如图 11-23 所示，如果当前构件没有挂做法的话，做法量页面是空的，如果有挂做法，则实物量页面的数据是空的。需要重新选择构件时不必退出对话框，可以直接在图形中选择构件，如图 11-23 所示。

图 11-23　"查看工程量"对话框

【分类设置】　在实物量页面中有此功能，设置构件的归并属性和查看的工程量。对话框如图 11-24 所示。

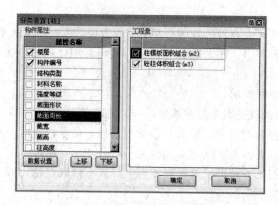

图 11-24 "分类设置"对话框

左侧为当前构件的属性，勾选项为指定用来归并换算工程量的属性，右侧为当前构件的输出设置，可以在工程量输出中增加、维护。

【上移】【下移】 调整左侧属性值的上下位置，排在前面的属性会优先作为工程量归并条件。

【数据设置】 数字类型的属性，以设置数值的归并范围。如图 11-25 所示，右击可以增加，删除。输入的属性值以 mm 为单位，如图 11-25 所示。

【导出 Excel】 将当前工程量界面中的数据导出到 Excel。

【叠选构件】 隐藏对话框，提示选择构件，选择的构件将与之前已有的构件合并，重复选择的构件会自动过滤掉，不会重复计算。

【剔除构件】 隐藏对话框，提示选择构件，选择的构件将从之前已有的构件中删掉，不在之前构件中的自动过滤掉。

【构件变色】 用户已经核对过的构件可以变色功能区分，颜色为灰色，挂做法的颜色相同。没有撤销功能，如果选项恢复可以通过【构件变色】功能恢复颜色。

图 11-25 "数据设置"对话框

【查看明细】 在右侧将展开当前选择汇总值的明细部分，可以返查。再次单击将关闭明细。钢筋页面无此按钮。

11.5 核对钢筋

功能说明：用图形核对钢筋，本功能主要用于墙钢筋的图形核对。

菜单位置：【墙体】→【混凝土墙】→【核对钢筋】

命令代号：hdgj

执行命令后弹出"墙筋核查"对话框，如图 11-26 所示。

对话框选项和操作解释：

上部栏目中是用图形显示的钢筋；左下表格中显示的是构件上布置的钢筋描述和计算表达式。

按钮：

【选择构件】 选择要核对钢筋的构件。

【输出图形】 把钢筋图形输出到界面中。

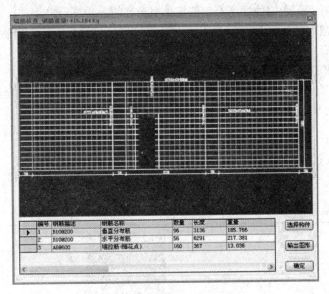

图 11-26 "墙筋核查"对话框

操作说明：

执行命令，命令栏提示：

选择要核对钢筋的构件(柱,暗柱,构造柱,梁,墙)(<Enter>结束)

根据提示，光标至界面中选择要核对钢筋的构件，就将钢筋在对话框中以图形显示出来了，可以在图形中查看钢筋的计算数量结果。如果图形很大可以单击【输出图形】按钮，将图形放到界面中进行查看。

11.6 核对单筋

功能说明：对构件钢筋提供每单根钢筋计算核对，本功能用于图形构件钢筋的单根计算式的核对。

菜单位置：【快捷菜单】→【查筋】

命令代号：hddj

执行命令后弹出"钢筋简图核查"对话框，如图 11-27 所示。

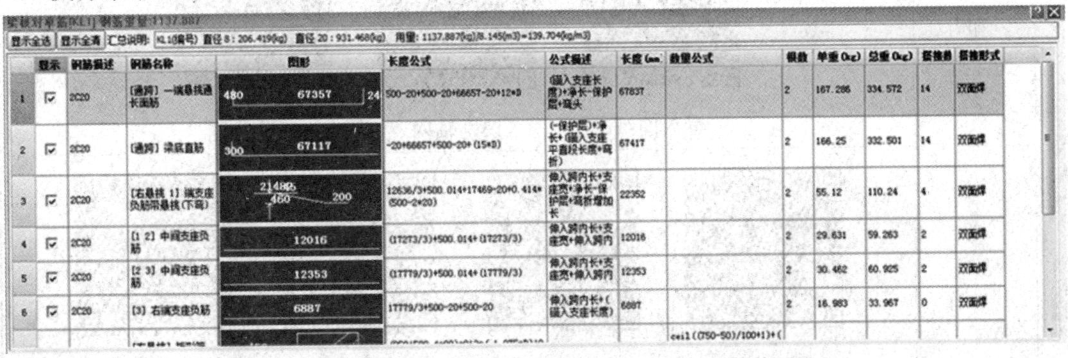

图 11-27 "钢筋简图核查"对话框

在对话框中可看到一个构件的所有钢筋按单根计算的表达显示出来。

【显示全选】 把行的显示列都勾选上，对独基、坑基、筏板、柱、暗柱、梁、墙、板进行核对时，可以全部看到核对构件上的三维钢筋。

【显示全清】 把每行的显示列的勾选去掉，会把所有的钢筋都隐藏掉。

【汇总说明】 对这个构件上每个直径的钢筋总量进行汇总，并且提供重量与体积的指标数据。

【数据表格】【显示】 列用户控制显示/隐藏这行的钢筋。

拓展阅读

一、斯维尔三维算量 2014 教程

1	软件介绍	界面介绍			
2	CAD 基本命令	基本操作	写块命令		
3	创建工程	新建工程	识别楼层表		
4	轴网	导入图纸	识别轴网	新建轴网	
5	基础	识别柱基	独基布置	基础钢筋	独基编辑

6	柱				
		识别柱体	柱体布置	柱筋布置	柱体编辑
7	梁				
		识别梁体	梁体布置	梁筋布置	梁体编辑
8	板				
		板体布置	识别板体	板筋布置	板体编辑
9	建筑	墙体布置	门窗布置	构造柱过梁	楼梯布置	零星构件
10	装饰	墙面布置	天棚地面	房间装饰		
11	挂接做法	挂接做法	自动挂做法			
12	统计报表	分析统计	报表			

二、斯维尔三维算量 2016 For CAD 教程(新功能)

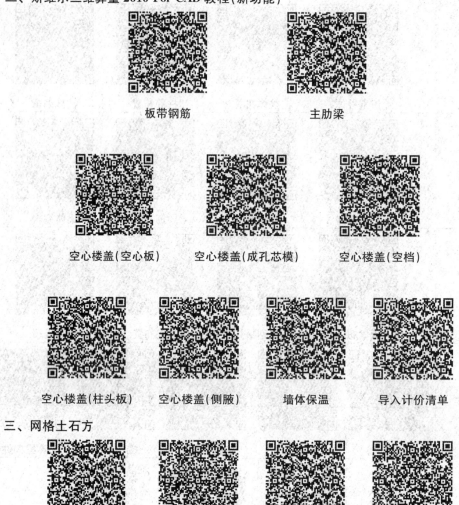

板带钢筋 主肋梁

空心楼盖(空心板) 空心楼盖(成孔芯模) 空心楼盖(空档)

空心楼盖(柱头板) 空心楼盖(侧腋) 墙体保温 导入计价清单

三、网格土石方

场区布置 等高线布置 网格土方布置 网点设高

12　帮助

文字帮助、视频演示、反馈问题、更新信息、公司在线、关于本软件信息。

　　本章介绍软件提供的各类帮助方法，方便了解软件相关内容和信息，让用户可以快速上手使用软件。

帮助

第2篇　安装三维算量软件应用

13　安装三维算量软件概述

本章内容

入门知识、用户界面、图档组织、定义编号。

本章详尽阐述安装算量软件 TH－3DM(简称 3DM)的相关理念和软件约定，这些知识对于用户学习和掌握 3DM 是不可缺少的，请仔细阅读。

13.1　入门知识

尽管本书试图尽量使用浅显的语言来叙述软件功能，并且软件本身也采用了许多方法来增强易用性，但在这里还是要指出，本书不是一本计算机应用拓荒的书籍，用户需要一定的计算机常识，并且对机器配置也不能太马虎。

13.2　用户界面

入门知识

3DM 是以 AutoCAD 为操作平台的一款专业软件，然而简单利用 AutoCAD 界面中的工具命令是不能满足 3DM 软件操作的，所以，3DM 对 AutoCAD 界面工具和命令进行了必要的扩充，这些工具和命令的使用在此作综合介绍(图 13-1)。

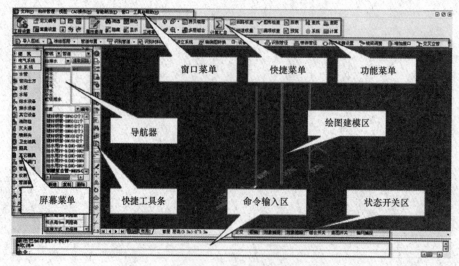

图 13-1　3DM 全屏界面

1. 菜单

3DM 菜单分为窗口菜单和屏幕菜单。窗口菜单居于屏幕顶部，标题栏的下方；屏幕菜单居于界面的左侧，为"折叠式"三级结构(图 13-2)。

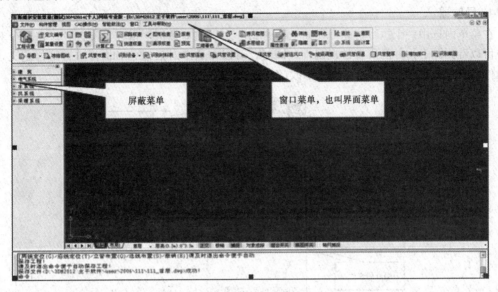

图 13-2　菜单介绍

单击屏幕菜单上的条目可以展开菜单下的功能选项(图 13-3)。

执行另外一条菜单功能时，前期展开的菜单会自动合拢。菜单展开下的内容是真正可以执行任务的功能选项，大部分功能项前都有工具图标，以方便用户对功能的理解。

折叠式菜单效率高，但可能由于屏幕的空间有限，有些二级菜单无法完全展开，可以用鼠标滚轮滚动快速到位，也可以右击父级菜单完全弹出。对于特定的工作，有些一级菜单难得一用或根本不用，可以右击屏幕菜单上部的空白位置来自定义配置屏幕菜单，设置一级菜单项的可见性。另外，系统还提供了若干个个性化的菜单配置，对 3DM 的菜单系统进行"减肥"。

2. 右键菜单

右键菜单是将光标置于界面中右击弹出来的功能选项菜单。右键菜单有三类，即光标置于界面空位置的右键菜单，列出的是绘图工作最常用的功能；模型空间空位置的右键菜单，列出布图任务常用功能；选中特定对象(构件)的右键菜单，菜单中一一列出该对象有关的操作(图 13-4)。

图 13-3　屏幕菜单展开

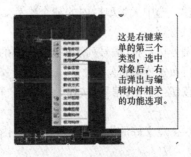

图 13-4　右键菜单

3. 命令栏按钮

在命令栏的交互提示中，有分支选择的提示，都变成局部按钮，可以单击该按钮或按键盘上对应的快捷字母键，即进入分支选择。

4. 导航器

在菜单内选中一个执行功能，界面上会弹出一个导航对话框，俗称"导航器"。在这个对话框中可以看到同类构件的所有常规属性，同时，可以在这个对话框中对构件进行编号定义，以及构件在布置时进行一些内容的指定修改（图 13-5）。

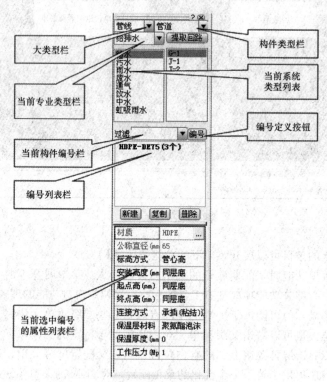

图 13-5　导航器

导航器默认是紧靠在屏幕菜单的边缘，用户可以将其拖拽到屏幕中的任意位置，一旦拖出原来位置，导航器的框边将变为蓝色，也可以单击右上角的 ✕ 将其关闭。

导航器内各栏目功能如下：

大类型栏：该栏中显示的是软件默认的几个大类型，包括建筑、管线、设备、附件和其他五大类，在每个大类下有分别的构件类型对应。

构件类型栏：选中大类型栏内的某个类后，在本栏内选择对应的构件类型，如管线大类内的电线配管、风管等。

当前构件编号栏：在【编号列表栏】内选中的构件编号，显示在本栏内，表示当前对本编号的构件正在进行布置或编辑。

编号定义按钮：单击【编号】按钮，会弹出"构件编号"定义对话框，在对话框中进行构件编号定义。

编号列表栏：定义好的构件编号在本栏目内罗列，需要布置什么编号的构件时，在本栏内选择即可布置。

当前选中编号的属性列表栏：选中一个构件编号后，选中编号可独立修改的属性在本栏内显示。修改栏目中的属性值，可对正在布置和选中的构件编号进行单独修改。这种修改不影响整个编号的构件。

当前专业类型栏：构件属于什么专业，在本栏内进行选择定义，如管道，有给水排水、消防、暖通等专业。

当前系统类型列表：系统专业下级内容列表栏，如给水排水专业的给水、排水等内容。

导航器中三个按钮说明：

【新建】 新建一个构件编号；为了快速进行构件布置，用户可以不必进入【构件编号】定义对话框中对构件编号按部就班地进行定义，这里直接单击【新建】按钮，系统会自动在编号列表栏内创建一个新的构件编号，将这个编号的构件布置好之后再进行修改。

【复制】 在编号列表栏内，选择一个需要复制的构件编号，单击【复制】按钮，就会在列表栏内生成一个新的构件编号。这个新生成的编号全部的属性值都是原构件编号的属性值，只是编号有变化，用户应该再次考察一下是否应该调整相关属性值。

【删除】 将构件编号列表栏内的某个不需要的编号【删除】。如果界面上已经布置了该编号的构件，对该编号将不能执行删除。

导航器的内容在建筑构件布置内若有不同，将在后面章节内叙述。

布置选择及修改快捷按钮，简称"快捷按钮"，如图 13-6 所示。

图 13-6　布置选择及修改快捷按钮

当选择不同构件时，布置及修改方式可能有所不同，该行所显示的按钮是当前构件相关的所有命令的快捷方式。用户可直接单击相关命令按钮进行操作，非常快捷。

5. 模型视口

3DM 最大的视觉效果就是可将算量模型显示为三维图形，用户可以将屏幕界面拖拽出多个视口来分别显示不同的视图。通过简单的鼠标拖放操作，就可以轻松地操纵界面中的视口分割（图 13-7）。

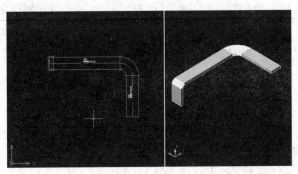

图 13-7　多视口界面

6. 新建视口

将光标置于当前视口的边界，光标的形状变为 ↔，此时开始拖放，就可以新建视口。注意光标稍微位于图形区一侧，否则可能会改变其他用户界面，如屏幕菜单和图形区的分隔条和文档窗口的边界。

7. 改视口大小

当光标移到视口边界或角点时，光标的形状会发生变化，此时，按住鼠标左键进行拖放，可以更改视口的尺寸。通常与边界延长线重合的视口也随着改变，如不需改变延长线重合的视口，可在拖动时按住 Ctrl 键或 Shift 键。

8. 删除视口

更改视口的大小，使它某个方向的边发生重合(或接近重合)，视口自动被删除。

9. 放弃操作

在拖动过程中如果想放弃操作，可按 Esc 键取消操作。如果操作已经生效，则可以用 Auto-CAD 的放弃（UNDO）命令进行处理。

10. 工程设置

功能说明：将整个工程的纲领性设置在工程设置中进行。

菜单位置：【快捷菜单】→【工程设置】

命令代号：gcsz

11. 计量模式

执行命令后弹出"工程设置：计量模式"界面，如图 13-8 所示。

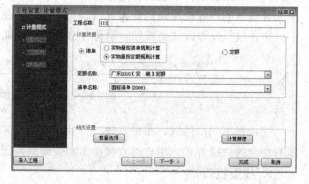

各个栏目和按钮的作用：

【工程名称】 设置本工程的名称。

【计算依据】 工程量输出分为"清单"和"定额"两种模式，在"清单"模式下实物量的输出又分为根据"清单规则"和"定额规则"两种方式输出；在"定额"模式下实物量的输出是根据定额规则输出的。

图 13-8 "工程设置：计量模式"界面

【定额名称】 选取要挂接做法的定额。

【清单名称】 选取要挂接做法的清单。

【算量选项】 单击后，弹出"算量选项"对话框。

【计算精度】 单击后，弹出"精度设置"对话框(图 13-9)。在此对话框中设置长度、面积、体积、质量为单位的小数精度。

【导入工程】 单击后，弹出"导入工程设置"对话框(图 13-10)。

图 13-9 "精度设置"对话框　　图 13-10 "导入工程设置"对话框

单击【选择工程】后面的按钮，选择要导入的工程名称；在【导入设置】栏中选择要导入的内容，单击【确定】按钮后返回计量模式界面。

12. 楼层设置

单击"计量模式"界面中的【下一步】进入"楼层设置"界面中(图 13-11)。

通过【添加】【插入】和【删除】按钮可以对楼层信息进行修改。修改的内容在【楼层信息显示栏】中显示。

【识别】 单击此按钮后,鼠标变为口形状,选取软件界面中的楼层信息表格线,就能将所需的楼层信息读取到本界面中。

【导入】 单击此按钮后,选取一个工程文件,就能将工程中的楼层信息导入到本界面中。

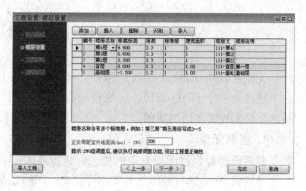

图 13-11 楼层设置

13. 项目特征

单击"楼层设置"界面中的【下一步】进入"工程特征"界面中(图 13-12)。

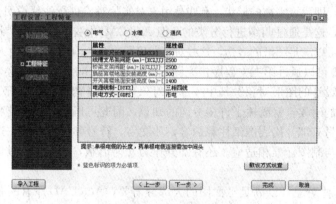

图 13-12 "工程特征"界面

在此界面中对【电气】【水暖】及【通风】专业进行某些数据的设定。

【敷设方式设置】 单击此按钮后弹出"敷设方式设置"对话框(图 13-13),在此界面中,可以修改敷设代号、敷设描述及敷设高度的联系。

图 13-13 "敷设方式设置"对话框

13.3 图档组织

无论是应用 3DM 来绘制工程图，还是用它来三维建模，都涉及 DWG 文档，在 3DM 中，一个楼层为一个 DWG 文档，一栋楼房有多少楼层就有多少个 DWG 文档，因此，一个工程项目是由多个 DWG 文档组成的。

1. 图形元素

前面曾经提到过图形对象的概念，这里还需进一步说明。

早期的 AutoCAD 的图元类型不可扩充，图档完全由 AutoCAD 规定的若干类对象(线、弧、文字和尺寸标注等)组成。也许 AutoCAD 的初衷只是作为电子图板使用，由用户根据出图比例的要求，自己把模型换算成图纸的度量单位，然后把它画在电子图板上。然而大家发现，用实物的实际尺寸绘制这些图纸更加方便，因为这样可以测量和计算。这一思路被 AutoCAD 平台上的众多应用软件所采纳，这样就可用"注释说明"通过出图比例来换算文字的大小。也就是说，这些图元有些是用来表示模型，即代表实物的形状，有些是用来对实物对象进行注释说明。即前面提到的模型对象和图纸对象，这是通过归纳进行分类的，但 AutoCAD 本身并没有这个特性。AutoCAD 给出这些对象，只是可以满足图纸的表达，这些对象背后所蕴含的内涵，只能由人来理解。

后来 AutoCAD 可以通过第三方程序扩充图元的类型，3DM 就是利用这个特性，定义了数十种专门针对设备设计的图形对象。其中一部分对象代表设备构件，如风管、水管和阀门。这些对象在程序实现的时候，就灌输了许多专门的知识，因此可以表现出智能特征，如管线与连接件的智能联动。另有部分代表图纸注释内容，如文字、符号和尺寸标注，这些注释符号采用图纸的度量单位，与制图标准相适应。还有部分作为几何形状，如矩形，具体用来做什么，由使用者决定。

3DM 定义的这些对象可以满足平面图的大部分需要，AutoCAD 原有的基本对象可以作为补充。对于剖面和详图，还是以 AutoCAD 对象为主，3DM 定义的图纸对象可用来注释说明。

2. 图形编辑

这里介绍的是 TH 对象的编辑。AutoCAD 基本对象的编辑，不是本书的任务，不过要强调一点，AutoCAD 的基本编辑命令，如复制(Copy)、移动(Move)和删除(Erase)等都可以用来编辑 TH 对象，除非后续章节另有说明。专用的编辑工具不在本节讲述，请参考后续的各个章节。这里对通用的编辑方法作一介绍，用户应当熟练掌握这些方法。

3. 在位编辑

3DM 支持"在位编辑"，"在位编辑"请参看书中相关章节。

4. 构件查询

大部分 TH 对象都支持"构件查询"，对于不支持的对象类型，软件不支持"构件查询"。"构件查询"支持同编号、同构件类型，多类型构件的查询与编辑，视用户光标选择的方式进行查询变化。多类型构件查询只显示构件的相同属性，并支持修改这些相同的内容。

5. 特性匹配

"特性匹配"就是格式刷，位于 AutoCAD 标准工具栏上。可以在对象之间复制特性。

6. 夹点编辑

TH 对象都提供有夹点，这些夹点大部分都有提示(为提高速度，标注区间很小的尺寸标注对象关闭了夹点提示)。夹点编辑可以简化编辑的步骤，并可以直观地预先看到结果。

7. 视图表现

TH 对象根据视图观察角度，确定视图的生成类型。许多对象都有两个视图，即用于工程图的二维视图和用于三维模型的三维视图。俯视图（即二维观察）下显示其二维视图，其他观察角度（即三维观察）显示其三维视图。注释符号类的对象没有三维视图，在三维观察下看不到它们。

13.4　定义编号

功能说明：构件编号的定义、删除、修改以及挂接做法。构件编号定义在 3DM 内各构件内都有操作，这里一次性进行介绍。

菜单位置：【构件管理】→【定义编号】，或在"导航器"上单击【编号】按钮。

命令代号：dybh

执行命令后弹出定义构件编号界面（图 13-14）。

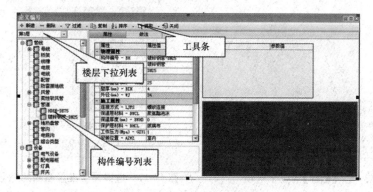

图 13-14　定义构件编号界面

对话框选项和操作解释：

【工具条】　界面最上是新建、删除、过滤、复制、排序与布置工具条，灰色的表示当前不可用，按键是否可用根据左边构件编号列表中节单击选择状态决定。

在构件编号列表内选中某一构件类型节点，即表中第二级（如管道），或者为某一构件编号时，工具条上的按键就变为可用的了（图 13-15）。

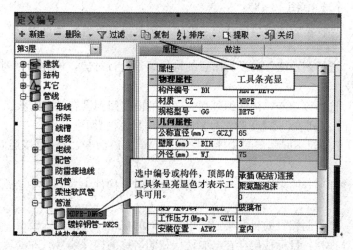

图 13-15　定义构件编号界面－构件编号列表树

各个栏目和按钮的作用：

楼层下拉列表：位于构件编号列表的上方，通过对楼层的选择，可以对不同的楼层的构件编号进行操作。

构件编号列表：列出了楼层中存在的所有构件编号，表的第一级为构件分类，第二级为构件类型，第三级为编号。

界面的主要部分由属性与做法页面组成，下面分别进行说明。

【新建】 选中一个构件名称的节点，单击【新建】按钮，就新建了该构件的一个编号；也可以直接选取一个已存在的构件编号节点进行新建，系统将以该构件编号为模板生成一个新的构件编号。

【删除】 删除已定义的编号。【删除】键有三个选项(图 13-16)：

※ 单个删除：选择该功能，删除选中的单个构件编号。

※ 批量删除：选择该功能，会弹出图 13-17 所示的选项对话框，对话框中显示的是当前楼层内定义的所有构件编号，在这个对话框中勾选需要删除的编号，一次性批量进行删除。

图 13-16 【删除】的三个选项

图 13-17 选择需要批量删除的编号

※ 清理编号：选择该功能，对构件编号进行清理，也就是定义了编号但没有用到的编号用该功能进行清理删除。

如果定义的编号全部没有进行布置，可选中一个构件类型节点，单击【删除】按钮，该名称的所有构件编号会被全部删除；选中一个构件编号的节点进行删除，只删除该构件编号。一旦在界面上布置了该编号的构件，则该条构件编号不可删除。

【过滤】 对构件编号进行过滤，包括对已挂做法的和界面中还没有布置的构件编号进行过滤。【过滤】键有三个选项(图 13-18)：

※ 存在做法：选择该功能，对已挂做法的构件编号进行过滤，构件编号列表框内只显示已挂做法的构件编号。

※ 没有布置：选择该功能，对没有布置的构件编号进行过滤，构件编号列表框内只显示没有布置的构件编号。

※ 取消过滤：选择该功能，构件编号列表框内的内容回到没有过滤的状态。

【复制】 复制下拉列表中有【复制编号】和【复制编号属性】两个选项。

【复制编号】 用于对不同楼层间构件编号复制，单击该命令，弹出"楼层间编号复制"对话框(图 13-19)。

※ 源楼层：构件编号的来源层，当进行楼层选择时，构件编号列表中会列出该楼层已有的构件编号。

※ 目标楼层：要复制编号的目标楼层，单击后面的按钮，可以多选楼层。

※ 编号冲突处理栏：目标楼层存在与源楼层相同名称的构件编号时的处理方式。

图 13-18　过滤键的三个选项　　　　图 13-19　"楼层间编号复制"对话框

※ 覆盖目标编号：有相同名称的构件编号时，用源楼层的构件编号覆盖目标楼层的同名构件编号。

※ 沿用目标编号：有相同名称的构件编号时，沿用目标楼层的构件编号。

【复制编号属性】　用于对同一个构件类型下某编号中的某一个属性值复制到其他各层的本构件类型下的构件编号对应的属性中。单击该命令，弹出"楼层间属性复制"对话框（图 13-20）。

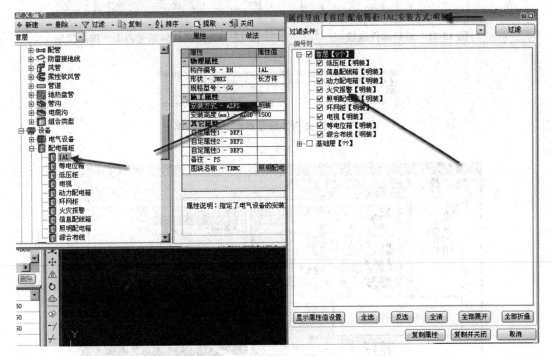

图 13-20　"楼层间属性复制"对话框

※ 显示属性值设置：勾选显示在"属性导出"对话框中要显示的属性。单击后弹出图 13-21所示的对话框。

※ 排序：对某一类型的构件编号节点在表中的位置进行编排，【排序】的右方有一个下拉按钮，单击该下拉按钮，会弹出一个排序菜单（图 13-22），列出了两种排序方式。

※ 提取：提取某一构件类型属性或参数的底图文字。单击该下拉按钮，会弹出一个提取菜单（图 13-23），列出了两种排序方式。

属性页面如图 13-24 所示。

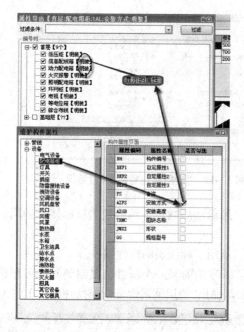

图 13-21　维护构件属性

图 13-22　定义构件编号界面—排序菜单

图 13-23　定义构件编号界面—提取菜单

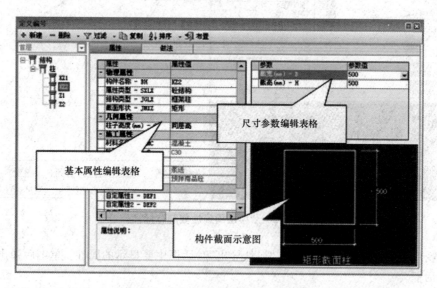

图 13-24　定义构件编号界面—属性页面

对话框选项和操作解释：

属性页面由三个部分组成，即左边为基本属性编辑表格，右上角为尺寸参数编辑表格，右下角为构件截面示意图。这三部分的内容与构件编号列表中当前选中的节点是相关的。

基本属性编辑表格：当构件编号列表中选的节点是构件分类，即第一级的节点时，基本属性编辑栏中列出的是当前构件的一些公共属性；所有第一节点的基本属性都一样，都是当前构件基本属性(图 13-25)。

当选中的节点是构件类型第二级节点时，可以看到栏目中这些公共属性的属性值显示为蓝色，这表示这些属性值是从其上一级设置沿用下来的，即和上一级设置的属性值相同(图 13-26)。

图 13-25 定义构件编号界面一
属性页面一楼层公共属性

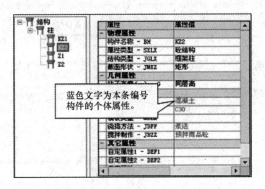

图 13-26 蓝色文字为编号个体属性

选中的节点为某一构件编号时，基本属性编辑栏上显示的是该编号构件的属性，可以在属性值一列对这些值作相应的修改，同样可以看到有一些属性值以蓝色标识，表示其值是从上一级设置沿用下来的。所有蓝色标识的属性只要上一级发生改变，其也自动改变，针对楼层属性变更修改非常简洁。

尺寸参数编辑表格：在此栏目内定义构件截面几何尺寸的相关参数。有些构件的截面几何属性可能在截面属性编辑栏内没有，是这些构件的几何属性不在此栏目内定义的缘故。

截面示意图：显示当前编号截面形状的示意图。

基本属性编辑栏与截面示意图两个部分都与构件编号上"截面形状"属性相关，并且截面示意图上的尺寸标识与参数栏上的变量是对应的，可在截面示意图内对截面尺寸进行定义。

操作说明：

例子：定义一根管道。

执行【水系统】→【管道】→【管道布置】命令，在弹出的导航器中单击【编号定义】按钮，在弹出的"定义编号"对话框中单击【新建】按钮，在弹出管道材质选择对话框中选择和双击需要的管道材质和规格，回到"定义编号"对话框界面，这时编号栏中可以看到新建一个管道编号。在【定义编号】属性栏中进一步设置管道的相关内容，如保温、安装位置等。单击【布置】按钮，回到导航器界面。在导航器的属性栏内设置好管道的系统和回路编号，在布置的过程中还可实时地在属性栏内对管道的安装高度、保护材料进行指定，如可以将安装高度设置为"同层高"的基础上"±"一个值，如"同层高＋500"，那么这根管道布置到界面中的高度将高于层高500mm；反之亦然。光标在界面中绘制管道线，右击，管道就生成了。

做法页面如图 13-27 所示。

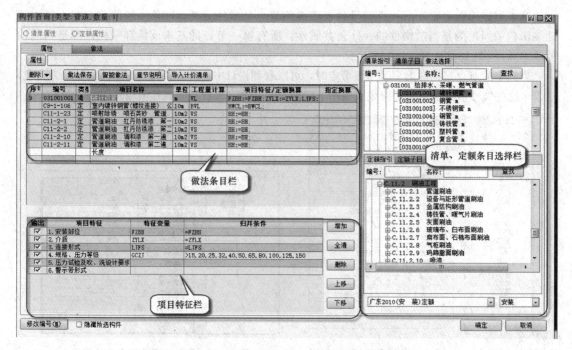

图 13-27 定义构件编号界面—做法页面—清单模式

对话框选项和操作解释：

图 13-27 所示为清单模式下的做法页面。

【删除】 包含【删除当前做法】和【删除所有做法】两项。【删除当前做法】：删除当前选中的清单或定额条目；【删除所有做法】：删除此构件下所有的清单或定额条目。

【做法保存】 将当前定义的做法保存起来以备再次使用(图 13-28)。

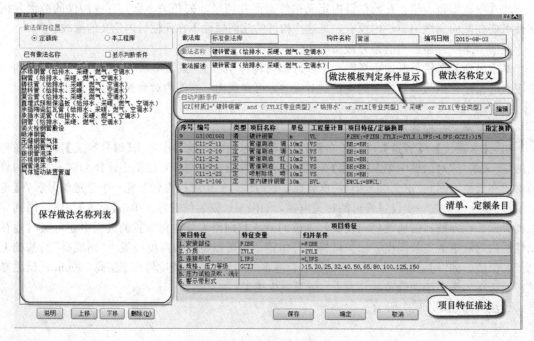

图 13-28 "做法保存"对话框

操作说明：

在【做法模板判定条件显示】栏内单击后面的【编辑】按钮，弹出"判断条件"对话框（图13-29）。在对话框内编辑构件挂接做法的判定条件具体详见21.8描述。

在做法名称定义栏内编辑一个名称，再在做法描述栏内填写该做法的一些步骤（也可不填写），单击【确定】按钮就可以保存当前编号上的做法了。

在做法保存的左上角有将做法保存到"定额库"或"本工程库"的选项。两选项有区别，保存到"本工程库"只对本工程有用；保存到"定额库"对今后的工程有用。

【智能做法】 将软件内置的清单模板自动挂接到此构件上。

【章节说明】 清单或定额章节内计算规则、工作内容界限划分等相关使用说明。

【导入计价清单】 能将投标单价挂接到相应的构件模型上。单击按钮后弹出"导入计价清单"对话框（图13-30），单击【是】按钮后，将清除本工程中所有构件做法，同时弹出选择要导入的计价文件路径对话框（图13-31）。

图13-29 "判断条件"对话框

图13-30 "导入计价清单"对话框

图13-31 选择计价文件对话框

导入计价文件后，界面切换成图 13-32 所示的对话框。

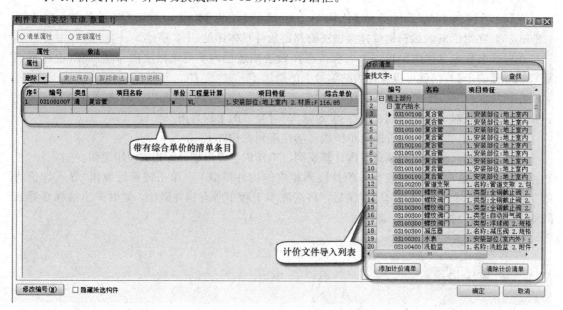

图 13-32　导入计价文件做法界面

操作说明：

【添加计价清单】　在原有计价条目基础上添加新的计价条目。

【清除计价清单】　清除已经挂接的所有计价清单条目，返回到构件挂接做法界面，右击导入计价文件列表弹出选择项，删除选中行和删除所有行。

清单、定额条目选择栏：用于显示和选择的清单、定额库中的条目，本栏目显示的内容会根据用户选择的计量模式而有不同，清单模式的界面如图 13-33 所示。

图 13-33　清单条目选择页面

清单条目选择页面上部是清单章节栏，分为三个页面：

【清单指引】　本页面中显示的是由当地主管部门发布的清单指引，就是当前构件能够挂接的默认清单条目，如果没有，用户可以进入【清单子目】页面进行选择。

【清单子目】　本页面显示的是清单部分的所有条目。

【做法选择】　本页面显示的是软件内置清单模板部分的名称(图 13-34)。

图 13-34　清单模板名称选择

在【编号】【名称】中可以输入需要查找的内容。查找是一个模糊功能，输入的内容越具体，栏内显示的内容就对应得越准确。【双击】需要选取的条目，就挂接到构件编号上了。

图 13-33 的下部是清单模式下的定额条目选择部分，栏目内容和操作方法同上部栏目一样。

【项目特征】　本页面显示的计量模式为"清单模式"时，做法界面如图 13-35 所示。

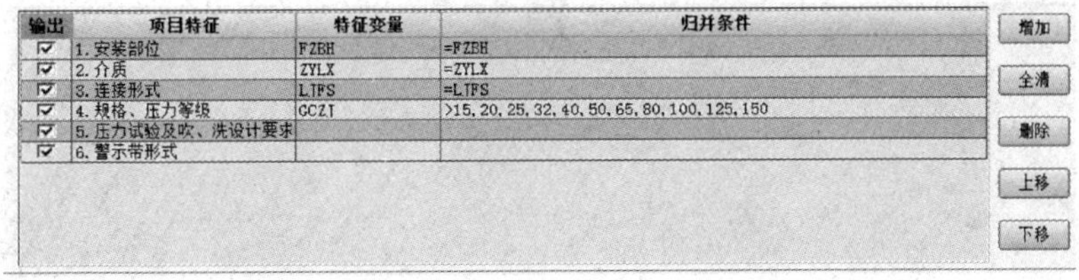

图 13-35　做法页面－项目特征

界面中有项目特征的栏目，其中【特征变量】与【归并条件】都可以修改。

14 电子图纸

本章内容

图片导入、管理图纸、分解图纸、缩放图纸、清空图纸、图层控制、图层管理、全开图层、冻结图层、恢复图层、底图褪色、恢复褪色、过滤选择、查找替换、相同替换、文字合并、文字炸开。

电子图纸

15　电气系统

电线创建和识别、配管创建和编辑、电缆创建和编辑、管线编号创建和编辑、系统编号创建和编辑、CAD系统图、线槽创建和编辑、桥架创建和编辑、母线创建和编辑、防雷线创建和编辑、多管绘制、跨层桥架、电缆沟土方、灯带、剔槽、设备、线槽支吊架、桥架支吊架、接线盒、穿刺线夹。

15.1　电线创建和识别

1. 创建电线

功能说明：利用本功能在界面中创建电线。

菜单位置：【电气系统】→【电线】→【电线布置】

命令代号：dxbz

编号定义方式同管道。

下面对布置和定位方式按钮过行说明：

电线的布置和定位方式快捷按钮如图 15-1 所示。

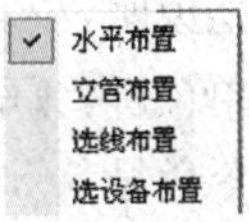

按钮说明如下：

【水平布置】　同管道内的水平布置。

【立管布置】　同管道内的立管布置。

【选线布置】　同管道内的选线布置。

**图 15-1　电线布置方式
选择快捷按钮**

【选设备布置】　在界面中选择两个设备，自动在两个设备之间生成水平直电线，如果两设备不等高，则在指定了电线高度的情况下，在高于或低于电线的一端自动生成垂直方向的电线。

操作说明：

前三种布置方式说明请参看管道布置，这里讲解选设备布置的操作。

选择布置方式为选设备布置，此时命令栏提示：

选设备布置＜退出＞或［水平布置(D)/立管布置(Q)/选线布置(S)]指定对角点：

在界面上选择一个电气设备之后右击确认，命令栏又提示：

请选择下一个相连的设备＜退出＞或［水平布置(D)/立管布置(Q)/选线布置(S)]：

在界面上选择一个需要和刚才选择的电气设备相连接的电气设备之后右击确认，命令栏又提示：

请选择下一个相连的设备＜退出＞或［水平布置(D)/立管布置(Q)/选线布置(S)/撤销(H)]

如果此时只需要建立这两个设备之间的连接，则右击确认直接退出，如果还需要再连下一个设备，再选择下一个设备右击确认即可。

2. 编辑电线

编辑电线同管道编辑。

3. 识别电线

功能说明：识别电线，当有电子图文档时，用此功能识别创建电线。

菜单位置：【电线】→【识别电线】

命令代号：sbdx

执行命令后导航器中出现识别设置选项表，如图 15-2 所示。

其操作同管道识别。

图 15-2　识别设置选项表

配管创建和编辑　　　电缆创建和编辑　　　管线编号创建和编辑

15.2　系统编号创建和编辑

1. 创建系统编号

功能说明：利用本功能在界面中同时创建具有回路编号的电线和配管。

菜单位置：【电气系统】→【箱柜系统图】→【系统编号】

命令代号：xtbh

执行命令后在弹出的导航器中单击【编号】按钮进入"系统编号管理"对话框（图 15-3），在对话框中单击【新建】按钮，在对话框中单击【添加回路】按钮。

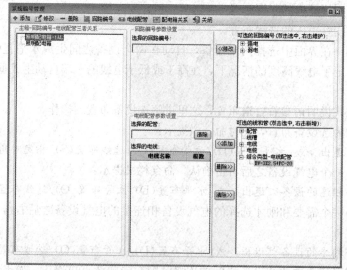

图 15-3　"系统编号管理"对话框

注意：执行该命令前必须有"配电箱柜"的编号，如果没有会弹出图 15-4 所示的对话框。其他操作同电线配管部分。

2. 编辑系统编号

同电线配管和编辑。

3. 识别系统编号

在进行一个系统编号识别时，需要分两步来进行。第一步是将系统图上的回路编号以及配管配线

图 15-4　需要有配电柜提示

信息进行识别，之后将识别的信息指定给识别过后的构件。那么整个过程也分为两步，第一步读取系统图信息，第二步识别系统。

功能说明：识别电线，当有电子图文档时，用此功能通过识别创建具有回路编号信息的电线及配管。

菜单位置：【箱柜系统图】→【读系统图】

【箱柜系统图】→【识别系统】

命令代号：sbxh sbxt

读系统图，首先导入一张电气系统图（具体操作见导入设计），执行命令后弹出系统图类型选择对话框，如图 15-5 所示类型的系统图。

(1)软件默认的为"主箱文字"，读取的是如图 15-6 所示。

图 15-5　系统图
类型选择对话框

图 15-6　系统图

15.3　CAD 系统图

命令栏提示：

请选择主箱文字：

单击图上表示配电箱编号的文字后右击确认，在对话框的【主箱编号】列下就会显示选择到的主箱编号，如图 15-7 所示。如果要选取多个主箱文字，可以将鼠标放在第一个主箱文字后面，双击，再到底图上选取其他主箱文字，其他单元格内的数据也可以这样多选，如图 15-7 所示。

其中：

【提取全部文字】　用于选取表示对应全部列表内容的文字。

【提取单列文字】　用于选取表示对应的列表内容的文字。

【提取单格文字】　用于选取表示某单元格内容的文字。

【提取主箱文字】　用于选取主箱编号文字。

【添加文字】　用于当已经选取系统图回路后，再增加其他系统回路，生成的回路信息并列

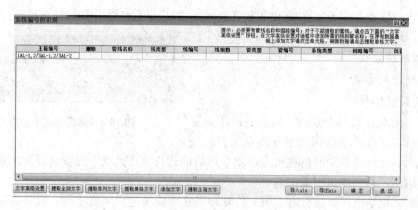

图 15-7 "系统编号的识别"对话框

出现。

【文字高级设置】 用于设置识别配管配线、回路编号关键字的文字样式，单击该按钮后，弹出"读系统图设置"对话框，如图 15-8 所示。

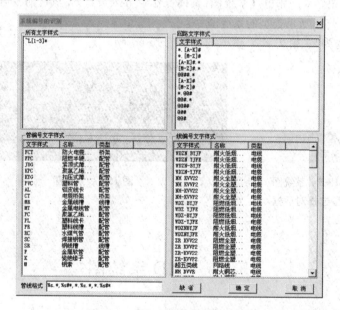

图 15-8 "读系统图设置"对话框

读系统图功能解释：在读取系统图之前，样式设置分为所有文字样式、回路文字样式、管编号文字样式、线编号文字样式四类。管、线编号文字样式设置就是设置读系统图时的关键字，当读系统图中遇到与设置中出现的文字样式相同，就归为当前表示的管线类型。对于回路文字样式和所有文字样式里面的符号做以下解释：

"~L[1-3]*"表示当出现 L1、L2、L3 字样时，此字符不读取，原因是 L1、L2、L3 为三相线制中三相火线的代号，除此以外其他都读取。

"#"代表数字。

"@"代表字母。

"."代表除数字和字母以外的其他字符。

[A-K]表示按照字母表从 A 到 K 的所有字母。

表中每一类文字样式都可以进行新增设置，新增时在需要新增的类别下面的框中右击，选择增加，在新的一行中输入关键字符即可。

接下来进行下面的操作，单击【提取全部文字】按钮，命令栏提示：

请选择两列或三列文字：

到图形上框选表示该主箱下的回路编号的所有文字，框选系统图完毕之后右击退出，此时出现"系统编号的识别"对话框，如图 15-9 所示。

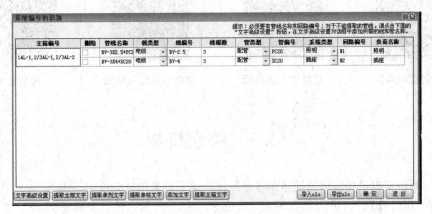

图 15-9　"系统编号的识别"对话框

单击【确定】按钮后，对话框内管线编号将读取到软件系统编号中。接下来执行识别系统命令，其操作同电线识别。

(2)单击"表格文字"，软件读取图 15-10 所示类型的系统图。

图 15-10　系统图

15.4　线槽创建和编辑

1. 创建线槽

功能说明：利用本功能在界面中创建线槽。

菜单位置：【电气系统】→【线槽】→【线槽布置】

命令代号：xcbz

线槽编号定义方式同电线编号定义。

线槽布置方式同风管布置。

2. 编辑线槽

操作方式同风管。

3. 识别线槽

功能说明：识别线槽，当有电子图文档时，用此功能识别创建线槽。

菜单位置：【线槽】→【识别线槽】

命令代号：sbxc

桥架创建和编辑　　　　　母线创建和编辑　　　　　防雷线创建和编辑　　　　　多管绘制

15.5　跨层桥架

根据前面桥架创建和编辑的描述在各楼层建立水平桥架和竖向桥架，如图 15-11 所示。

单击【多层组合】进入组合楼层界面中，如图 15-12 所示。然后描述进行跨层桥架的桥架配线。

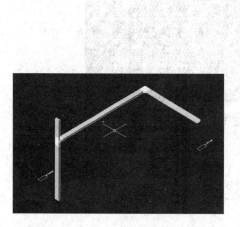

图 15-11　单个楼层内桥架三维模型

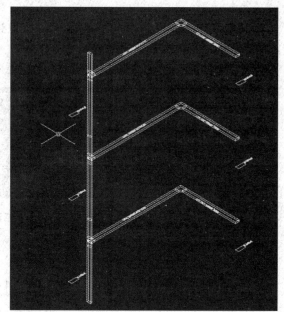

图 15-12　组合楼层内桥架三维模型

15.6　电缆沟土方

1. 创建电缆沟

功能说明：利用本功能在界面中创建母线。

菜单位置：【电气系统】→【电缆沟】→【水平布置】

命令代号：dlgbz

电缆沟编号定义方式同管沟编号定义。

电缆沟布置方式同风管布置。

灯带创建　　　　剔槽创建

2. 编辑电缆沟

操作方式同风管。

15.7　设　备

功能：识别材料表。

功能说明：识别图例。

菜单位置：【电气系统】→【灯具】→【识别材料表】

命令代号：sbbg

操作说明：

第一步：执行【识别材料表】命令后，弹出"设备识别"对话框（图15-13）。

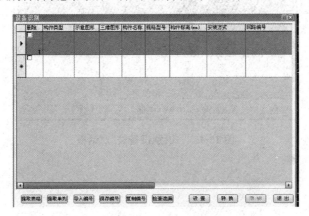

图15-13　"设备识别"对话框

【提取表格】　提取界面上设备材料表格。

【提取单列】　提取界面上设备材料表格中单列信息。

【导入编号】　导入上次保存的设备编号。

【保存编号】　保存识别表格后生成的设备编号。

【复制编号】　将本楼层的设备编号复制到其他楼层。

【检查遗漏】　将材料表中没有或与工程图纸中存在差异的图例，提取到对话框中。

【设置】　设置提取的图例与要识别工程中图例的匹配条件等。

第二步：【提取表格】后，光标变为"□"选择状态，选取底图中的设备材料表，弹出"识别设备规格表"对话框（图15-14）。

在此对话框中编辑相应的信息后单击【确定】按钮，"识别设备表"对话框（图15-15）。

第三步：单击【转换】按钮后，光标变为"□"选择状态，同时命令栏提示："请选择需要识别的范围"。

框选范围后，相应的设备将识别出来。

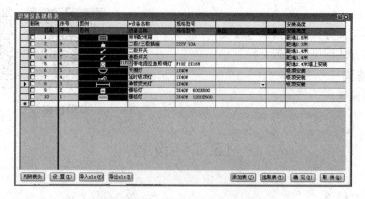

图 15-14 "识别设备规格表"对话框

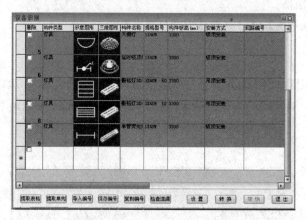

图 15-15 "识别设备表"对话框

15.8 线槽支吊架

1. 线槽支吊架创建

功能说明：利用本功能在界面中创建线槽支吊架。

菜单位置：【电气系统】→【线槽支架】→【附件布置】

命令代号：xczj

线槽支吊架创建同 16.1 中水泵的创建。

线槽支吊架的布置方式有【管上布置】和【选管布置】两种，具体操作过程请参见管道支架的布置方式。

2. 线槽支吊架的编辑

线槽支吊架编辑同 16.1 中水泵的编辑。

3. 识别线槽支吊架

菜单位置：【线槽支架】→【识别附件】

命令代号：sbfj

识别线槽支吊架其余步骤同 16.1 中识别水泵。

15.9　桥架支吊架

1. 桥架支吊架创建

功能说明：利用本功能在界面中创建桥架支吊架。

菜单位置：【电气系统】→【桥架支架】→【附件布置】

命令代号：qjzj

桥架支吊架创建同 16.1 中水泵的创建。

桥架支吊架的布置方式有【管上布置】和【选管布置】两种，具体操作过程请参见管道支架的布置方式。

2. 桥架支吊架的编辑

桥架支吊架编辑同 16.1 中水泵的编辑。

3. 识别桥架支吊架

菜单位置：【桥架支架】→【识别附件】

命令代号：sbfj

识别桥架支吊架步骤同 16.1 中识别水泵。

15.10　接线盒

1. 接线盒创建

功能说明：利用本功能在界面中创建接线盒。

菜单位置：【电气系统】→【接线盒】→【附件布置】

命令代号：jxh

接线盒创建同 16.1 中水泵的创建。

操作说明：

接线盒的布置方式有【管上布置】【选管布置】【自动布置】【点布置】四种。

【管上布置】【选管布置】【点布置】参照管道支架布置方式。

【自动布置】　单击【自动布置】按钮弹出"接线盒的自动生成"对话框，如图 15-16 所示。

设备选择：

※ 灯具接头处生成：在下拉列表中选择灯具接头处自动生成的灯头盒类型。

※ 开关接头处生成：在下拉列表中选择开关接头处自动生成的开关盒类型。

※ 插座接头处生成：在下拉列表中选择插座接头处自动生成的开关盒类型。

图 15-16　"接线盒的自动生成"对话框

※ 其他构件选择：在下拉列表中选择设备自动生成的接线盒类型。

其他接头处设置：

※ 接头处自动生成：勾选接头处自动生成，在下拉列表中选择中间接头处自动生成的接线盒类型，下面就是要生成的条件：【直段长超过 N m 时，自动生成接线盒】指的是配管的直管段

每隔几米自动生成一个接线盒。

楼层设置：

※ 楼层选择：默认为当前楼层，下拉可选择楼层，单击 ⋯ 可多选楼层。

3. 接线盒的编辑

接线盒编辑同 16.1 中水泵的编辑。

3. 识别接线盒

菜单位置：【接线盒】→【识别附件】

命令代号：sbfj

识别接线盒步骤同 16.1 中识别水泵。

穿刺线夹创建

16　水系统

本章内容

管道的创建和编辑、识别立管系统图、水泵、喷淋头、管道阀门、管道法兰、管道仪表、套管、管道支架、其他附件、设备连管道、绕梁调整、交叉立管、交线断开、喷淋管径、轻换上下喷、管坡修改、散连立管、立连干管、图库管理、增加接口、沟槽卡箍设置、消连立管、消连管道、放坡系数设置、管沟宽度设置。

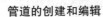

管道的创建和编辑

识别立管系统图

16.1　水泵

1. 创建水泵

功能说明：利用本功能在界面中创建水泵模型。

菜单位置：【水泵】→【设备布置】

命令代号：sbbz

操作说明：

执行命令后弹出导航器，导航器内各栏目和按键的功能及使用方法基本同前面章节讲解，下面对与前面不一样的内容进行叙述。

在导航器中单击【新建】按钮，弹出"图库管理"对话框（图 16-1）。

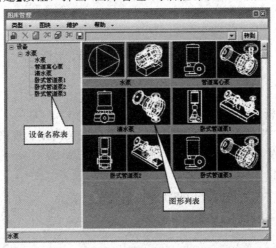

图 16-1　"图库管理"对话框

在图库管理界面中选择所需要的水泵类型并双击名称或者图形，重新回到"导航器"界面（图16-2）。

在构件属性栏内，设置水泵的安装高度、规格型号、重量。

在系统类型设置栏，设置水泵的系统类型（图16-3）。

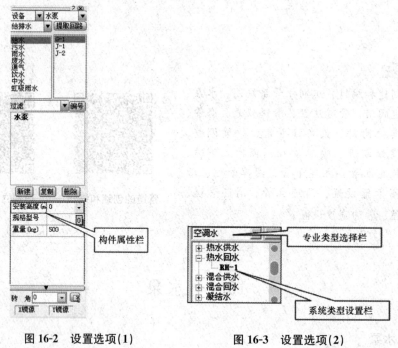

图16-2　设置选项(1)　　　　　　图16-3　设置选项(2)

设置好后，回到主界面上在所需布置位置单击，即可将水泵布置到界面上。

2. 编辑水泵

布置好的水泵，由于设计变更等原因需要重新指定标高、规格，此时就需要对水泵进行编辑修改。

功能说明：利用本功能实现水泵编辑。

菜单位置：【构件】→【构件查询】

命令代号：gjcx

操作说明：

第一步：执行命令 gjcx 或在右键菜单选择【构件查询】。

命令栏提示：

选择要查询的构件。

第二步：选取要编辑的设备，右击。

第三步：在弹出的"构件查询"对话框中修改水泵的安装高度、规格型号等，单击【确定】按钮后退出，水泵就修改完成了。

3. 识别水泵

功能说明：当有电子图文档时，用此功能识别创建水泵。

菜单位置：【水泵】→【识别设备】

命令代号：sbsb

操作说明：

执行命令后弹出【导航器】，导航器内各栏目和按键的功能及使用方法基本同前面章节讲解，下面对与前面不一样的内容进行叙述。

单击导航器中的【3D图】按钮，弹出"图库管理"对话框(图 16-1)，在图库管理中双击所需要的水泵名称和图形，重新回到"导航器"界面，单击【提取】按钮。

命令栏提示：

选择单个图例：

请输入块插入点<回车默认>：

请输入块的方向：

选择需要转化的所有图形<退出>：

光标到界面上选择表示水泵的线条，选中后，右击，选择插入点，从左到右框选整个图面，右击确认，整张图上的水泵就识别出来了。

对于在图上标注有字符的水泵图纸，单击【识别标注】栏【关键字符】后的按钮，到界面上选择表示水泵的文字，选中后，文字就会显示在【关键字符】框中。

【最大距离】参见识别管道说明。

当几个水泵大小、角度差别较大，用识别命令无法一次成功识别时，单击【设置】按钮，弹出"匹配设置"对话框(图 16-4)。

【图层匹配】 图块形状相同的前提下，只要这些图块在同一个图层上，均可识别。

【颜色匹配】 图块形状相同的前提下，只要颜色相同，均可识别。

图 16-4 "匹配设置"对话框

【文字位置匹配】 勾选该选项，当带文字的图块文字位置不同时，无法识别，只有文字位置与参考对象的位置完全相同才能识别。

【块形状匹配】 图块形状相同的才能识别。

【属性块文字匹配】 块文字相同的才能识别。

【长度误差】 表示同一设备的图块，长度误差值位于设置值之间时，可识别。

喷淋头创建

16.2 管道阀门

1. 管道阀门的创建

功能说明：利用本功能在界面中创建管道阀门。

菜单位置：【水系统】→【管道阀门】→【附件布置】

命令代号：gdfm

管道阀门创建过程同水泵的创建。管道阀门的布置方式只有【管上布置】。

2. 管道阀门的编辑

管道阀门编辑过程同水泵的编辑。

3. 识别管道阀门

菜单位置：【管道阀门】→【识别附件】

命令代号：sbfj

管道阀门识别其余步骤同识别水泵。

16.3 管道法兰

1. 管道法兰的创建

功能说明：利用本功能在界面中创建管道法兰。

菜单位置：【水系统】→【管道法兰】→【附件布置】

命令代号：gdfl

管道法兰的布置方式有【管上布置】和【自动布置】。

【管上布置】 同水泵的创建。

【自动布置】 单击【自动布置】后，弹出"管道法兰的自动布置"对话框(图16-5)。

自动布置处理的范围是连接方式为法兰连接的所有管道。

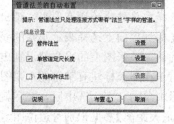

图16-5 "管道法兰的自动布置"对话框

信息设置：

【管件法兰】 处理的是管道和管件连接处的法兰；单击后面的【设置】按钮弹出"管件布置范围设置"对话框(图16-6)。

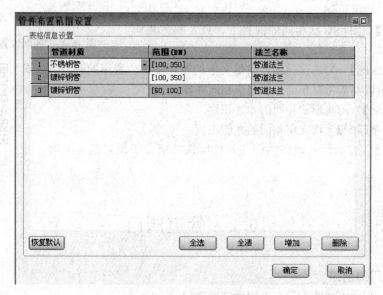

图16-6 "管件布置范围设置"对话框

在以上界面中设置条件：管道材质、范围和要布置的法兰构件编号，其中法兰名称只能从下拉菜单中选取。

【单管道定尺长度】 管道与管道连接处的法兰布置。单击后面的【设置】按钮，弹出"管道定尺长度设置"对话框(图16-7)。

在以上对话框中设置不同材质管道在某个范围内的定尺长度，同时选择管道与管道连接的法兰名称。

【其他构件法兰】 水泵、管道阀门、管道堵头与管道连接处的法兰布置。单击后面的【设置】按钮，弹出"其他法兰设置"对话框(图16-8)。

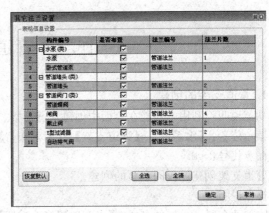

图 16-7 "管道定尺长度设置"对话框　　　　图 16-8 "其他法兰设置"对话框

设置好相应的条件后，单击界面上的【布置】按钮，就能实现本楼层所有管道的法兰自动布置。

2. 管道法兰的编辑

管道法兰编辑过程同水泵的编辑。

3. 识别管道法兰

菜单位置：【管道法兰】→【识别附件】

命令代号：sbfj

管道法兰识别其余步骤同识别水泵。

管道仪表创建

16.4　套管

功能：套管的创建。

功能说明：利用本功能在界面中创建套管。

菜单位置：【水系统】→【管道套管】→【附件布置】

命令代号：gdtg

套管创建过程同水泵的创建。

操作说明：

套管的布置：套管的布置有点布置、管上布置、自动布置三种方式。

【点布置】　在图面上任意单击一点进行布置。

【管上布置】　在管道上任选一点进行布置。

【自动布置】　软件默认的套管有三种，即【穿墙套管】【穿楼板套管】【防水套管】。

当定义的套管为【穿墙套管】或【防水套管】时，单击快捷按钮上的【自动布置】按钮，弹出"自动设置"对话框（图 16-9）。

在对话框中可对套管伸出墙面左边和右边以及板上边和下边的长度进行设置，设置完毕单击【确定】按钮。软件自动搜索与墙相交的管道，并在交点处自动生成"穿墙、板套管"。

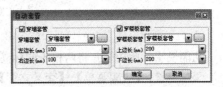

图 16-9 "自动设置"对话框

16.5　管道支架

1. 管道支架的创建

功能说明：利用本功能在界面中创建管道支架。

菜单位置：【水系统】→【管道支架】→【附件布置】

命令代号：gdzj

管道支架创建过程同水泵的创建。

操作说明：

支架的布置：支架的布置有【点布置】【管上布置】【自动布置】【选管布置】四种方式。

【点布置】和【选管布置】同套管的布置。

【自动布置】　单击【自动布置】按钮，弹出"自动布置"对话框（图 16-10）。

※ 按照规范：根据规范要求的支吊架间距进行自动布置。规范的说明文档请参见自动布置功能中的说明文档。

图 16-10　"自动布置"对话框

※ 指定条件：自定义自动布置支吊架的水平间距和垂直间距。

※ 端点处布置：指定管道的端点处是否布置支吊架。

【选管布置】　功能同【自动布置】一致，不同之处为自动布置是对整个楼层，而选管布置仅对所选管道。

2. 管道支架的编辑

管道支架编辑过程同水泵的编辑。

3. 识别管道支架

菜单位置：【管道支架】→【识别附件】

命令代号：sbfj

识别管道支架其余步骤同识别水泵。

其他附件创建

设备连管道

绕梁调整

16.6　交叉立管

功能说明：此功能是将两根不同标高的空间交叉管道生成一根立管。

菜单位置：【功能菜单】→【交叉立管】

命令代号：jclg

操作说明：

执行命令后，命令栏提示：

选择需要竖管连接的管线(管道，风管，桥架，线槽)<确定>：

在图面上选择需要生成交叉立管的管道，命令栏提示：

选择需要竖管连接的管线(管道，风管，桥架，线槽)<确定>：

在图面上选择需要生成交叉立管的另一根管道，右击确定。

16.7　交线断开

功能说明：此命令的功能是将两根或多根相交的电线在交叉点处断开。

菜单位置：【功能菜单】→【交线断开】

命令代号：jxdk

操作说明：

执行命令后，命令栏提示：

选择电线：

在图面上选择需要断开的电线，命令栏提示：

选择电线：

在图面上选择需要断开的下一根电线，右击确定。

此功能可断开电线、电缆、配管以及其组合类型。也可同时框选多根管线，则在电线的交叉点处都会断开。

16.8　喷淋管径

功能说明：此功能用来自动生成喷淋管管径。

菜单位置：【功能菜单】→【喷淋管径】

命令代号：plgj

操作说明：

第一步：执行命令后，弹出"喷淋管径设置"对话框(图 16-11)。

图 16-11　"喷淋管径设置"对话框

第二步：在对话框中设置不同管径的水管连接的最大喷头数量。

在【材质设置】栏中选择是否同水平管的材质。当不勾选【使用管道原有材质】复选框时，可对将自动生成的管道指定材质。单击【喷淋管名称】列的任一管径后面的按钮，可进入"材质库"对话框。这里单击DN25进入图16-12所示的对话框。

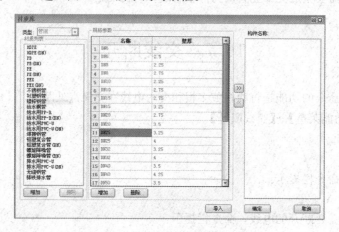

图 16-12　根据喷头数自动确定管径

选择不同材质后单击【确定】按钮返回"喷淋管径设置"对话框。执行完【喷淋管径】命令后该管径的材质更改为新材质和新管径。

第三步：单击【确定】按钮，命令栏提示：

选择喷淋干管＜退出＞：

选择一条喷淋干管，命令栏提示：

当前实体是喷淋主干管道｜是(Y)｜下一个(N)｜指定喷淋主干管道(C)｜＜是＞：

若当前亮显的管道是喷淋主管，直接右击确定，或在弹出的浮动对话框单击【下一个】按钮，直至选择到正确的主管为止，再单击【确定】按钮。

温馨提示：

(1)此命令不能单独使用，它使用的前提条件是首先布置或识别喷淋头；

(2)接着布置或识别了喷淋水管；

(3)如果喷淋头与喷淋水管不在同一标高，还必须要用设备连管将竖直方向的水管相连；

(4)最后才能用喷淋管径命令根据每段水管上连接的喷头数量自动判定水管管径。

也就是使用此命令的前提条件是喷淋头及喷淋水管一定要存在，且喷淋头与喷淋水管相连接，否则软件无法自动判定。

16.9　转换上下喷头

功能说明：此功能用来自动生成上下喷头，并在上喷头和下喷头之间生成立管。

菜单位置：【功能菜单】→【转换上下喷】

命令代号：zhsxp

操作说明：

第一步：执行命令后，弹出"转换上下喷参数设置"对话框(图16-13)。

第二步：参数设置。

上喷喷淋头栏：

【喷头名称】 指自动生成的上喷头的构件名称。

【安装高度】 指自动生成的上喷头的安装高度。

下喷喷淋头栏：

【喷头名称】 指自动生成的下喷头的构件名称。

【安装高度】 指自动生成的下喷头的安装高度。

生成立管管道栏：

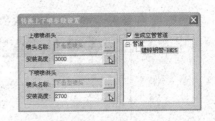

图 16-13 "转换上下喷参数设置"对话框

在对话框中右击"管道"可自动生成立管的编号。

第三步：框选需要进行转化的喷头，右击确认即可。

管坡修改　　　　　　散连立管　　　　　　立连干管　　　　　　图库管理

16.10　增加接口

功能说明：此功能是指在设备上增加一个接口，以便于和管线连接。

菜单位置：【功能菜单】→【增加接口】

命令代号：zjjk

操作说明：

第一步：执行命令后命令栏提示：

选择设备。

第二步：在界面中选设备，弹出"设备增加接口"对话框（图 16-14）。

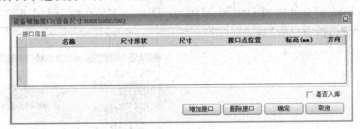

图 16-14 "设备增加接口"对话框

第三步：单击【增加接口】按钮，命令栏提示：

选择入口点。

在界面设备图上点选增加接口的位置，回到"设备增加接口"对话框（图 16-15）。

单击【名称】列单元格内的按钮，弹出"系统类型管理"对话框，根据需要选择系统类型及类型名称。

单击【尺寸形状】列单元格内的按钮，选择尺寸（截面）的形状。

单击【尺寸】列单元格内的按钮，出现下拉列表，输入接口的高度、宽度，单击"设备增加接

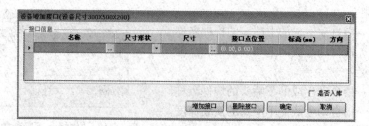

图 16-15 "设备增加接口"对话框

口"对话框的任意位置。

在【标高】列单元格内输入接口的标高。

在【方向】列内设置＋X 接口方向是朝 X 轴正轴方向，－X 接口方向是朝 X 轴负轴方向。

第四步：单击【确定】按钮，接口增加完成。

16.11　沟槽卡箍设置

功能说明：此功能用来自动生成卡箍连接件。

菜单位置：【功能菜单】→【沟槽卡箍设置】

命令代号：gckg

此功能是用来设置自动生成的管件是否拆分和沟槽卡箍生成的规则，有如下几种情况：

操作说明：

执行命令后，弹出"沟槽连接件设置"对话框（图 16-16）。

（1）在【常规连接】栏内，勾选【拆分水管配件】，表示在【设置】中没有的管道规格，将按照拆分规则拆分成成品管件，【设置】里有的或者没有成功拆分的管件会根据端头管径直接生成管件；不勾选，表示根据端头管径直接生成管件。拆分规则描述：如 150、40 的大小头，从 DN150 开始搜索其对应的最小管径，此处搜到 DN150、DN80，再从 DN80 开始搜索其对应最小管径，此处搜到 DN80、DN40，那么就拆成 DN150、DN80，DN80、DN40 两个大小头。单击后面的【设置】按钮后，弹出"管道拆分设置"对话框（图 16-17）。

图 16-16 "沟槽连接件设置"对话框

图 16-17 "管道拆分设置"对话框

在此对话框中调整管件规格可以得到想要的管件。调整管件规格后，需要重新分析后才能实现拆分。

(2)在【沟槽、机械连接】栏内勾选【按规则拆分管件】，表示根据后面设置的条件生成沟槽、机械管件。单击后面的【设置】按钮后，弹出"管道范围设置"对话框(图16-18)。

默认条件镀锌钢管≥100，沟槽卡箍连接方式，例如，DN150的镀锌钢管与DN80的镀锌钢管垂直相交会生成一个沟槽式管道四通150×80，两个DN150的沟槽连接件。

在此对话框中设置要修改管道连接方式的条件，同时将生成的管件分析统计到"连接件分析调整"界面，常规连接拆分的管件不会出现在此界面。

(3)【单管道长度】设置。在此添加管道的定尺长度，软件根据此值计算管道的管箍的工程量。例如有些无缝钢管的单根长度为6 m，有些为4 m。每两根单管的连接处生成一个沟槽卡箍。

(4)连接件角度误差：在此设置90°和45°角度的误差值，例如：设置误差为1°，表示89～91内的角度取90°显示，44～46内的角度取45°显示。

(5)单击界面中的【分析】按钮后，弹出"选择楼层"对话框(图16-19)。

图16-18 "管道范围设置"对话框　　　图16-19 "选择楼层"对话框

在此对话框中选择要分析调整的楼层，单击【确定】按钮后，直接转入"连接件分析调整"界面。

(6)单击界面中的【调整】按钮后，弹出"连接件分析调整"对话框(图16-20)。

图16-20 "连接件分析调整"对话框

在"连接件分析调整"界面中，软件默认会将本工程分析到的沟槽管件显示出来，对于拆分不正确的管件，可以自行修改；修改设置条件或修改工程模型，再次分析调整，将会在上次确认后的结果上进行修改，进入"连接件分析调整"界面，默认打开的是上一次确认后的结果。

16.12　消连管道

消连立管

功能说明：利用本功能实现水平管与消火栓的自动连接生成支管。

菜单位置：【水系统】→【功能菜单】→【消连管道】

命令代号：xlgd

操作说明：

执行命令后，弹出"消防栓连接水平管道"对话框（图 16-21）。

【消防栓与水平管道最大距离】　设置设备离水平管的最大水平距离。

【设置】　单击此按钮后，弹出"消防栓连接水平管道设置"对话框，如图 16-22 所示。

图 16-21　"消防栓连接
水平管道"对话框

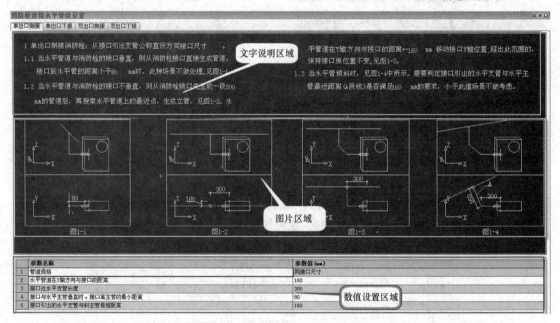

图 16-22　"消防栓连接水平管道设置"对话框

本界面根据消火栓类型分为单出口侧接、单出口下接、双出口侧接、双出口下接四种界面。举例详细说明单出口下接类型的界面，其他的类似。

如图 16-22 所示，本界面分为三个区域：文字说明区域、图片区域、数值设置区域。

文字说明区域：说明单出口侧接消火栓与水平管连接的场景有哪些。单击绿色显示的文字，其在【图片区域】和【数值设置区域】一致的数值也将变成红色并且闪烁显示，这样可以很清楚地知道修改的数值表示什么意思（图 16-23）。

图片区域：列举消火栓和水平管各种位置的场景图片。

数值设置区域：设置相关的数据。

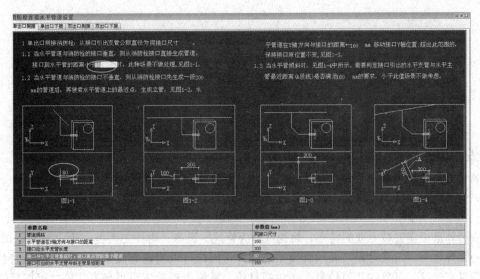

图 16-23　【单出口侧接】类消火栓界面

在以上三个区域中任何一个区域都能设置数值。

操作步骤：

第一步：单击【消连管道】按钮，进入图 16-21 所示的对话框；

第二步：进入"设置"对话框进行规范确认和修改；

第三步：根据命令栏提示选择消火栓和水平管后，弹出"消防栓连接水平管检应用"对话框（图 16-24）。

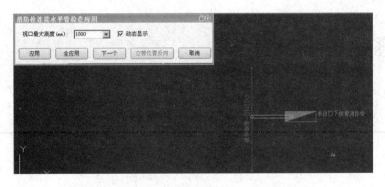

图 16-24　"消防栓连接水平管检查应用"对话框

单击【应用】或【全应用】按钮后，模型生成，可以单选也可以多选消火栓和立管进行连管（图 16-25）。

图 16-25　模型生成

放坡系数设置

管沟宽度设置

17　风系统

本章内容

风管的创建和编辑、柔性软风管创建和编辑、风管法兰、风管支吊架、设备连风管、风管连接、管连风口、散连管线、立连干管。

安装算量根据安装专业的特点，将构件分为管线、设备、附件三大类。管线系统是 3DM 三大核心部分之一，定义对象来表示管线系统构件，因此可以实现管线系统的许多智能特性，构件不但具有长度等可见的几何信息，还包括材质、系统类型等不可见信息，使之可以反映复杂的工程实际。

风系统

18 采暖系统

本章内容

地热盘管的创建和编辑、散热器、散热器阀门。

18.1 地热盘管的创建和编辑

1. 创建地热盘管

功能说明：利用本功能在界面中创建地热盘管。

菜单位置：【采暖】→【地热盘管】→【地热盘管布置】

命令代号：drpg

编号定义过程同风管定义。

下面对布置方式作说明：

地热盘管只有矩形布置一种方式，在界面上通过光标框选一个区域即可将盘管布置上。

操作说明：

执行命令后，命令栏提示：

盘管布置＜退出＞或［两线定位(G)/沿线定位(Y)/水平布置(D)/盘管布置(H)］

指定另一个角点＜退出＞［旋转角度(A)］：

在界面上单击了矩形区域的第一点后，命令栏又提示：

请输入一个点［输入旋转角度(A)］＜退出＞：

如果地热盘管布置区域是上北下南的，在界面上单击矩形区域的第一个点的对角点即可，如果需要旋转一定的角度，单击第一点后接着在命令栏内输入(A)字母。

单击 A 之后命令栏提示：

请输入一个角度＜0＞：

按提示在输入旋转角度之后右击确认。命令栏又提示：

请输入一个点：

按提示在选择矩形区域的另外一个角点即可。

2. 编辑地热盘管

同管道章节构件查询部分。

18.2 散热器

1. 创建散热器

功能说明：利用本功能在界面中创建散热器。

菜单位置：【采暖系统】→【散热器】→【设备】

命令代号：srq

散热器创建过程同 16.1 中水泵的创建。

操作说明：

散热器布置方式：

【点布置】　同喷淋头操作。

【沿窗布置】　沿窗布置方式，单击快捷栏上的【沿窗布置】按钮。

命令栏提示：

选择窗体(可选多个)<退出>或｜设备布置(D)｜

在图面上选择窗体后右击确定，命令栏提示：

请选择散热器布置方向<退出>：

在图面上指定方向后，散热器自动布置在窗子底部，右击确定后可继续选择其他窗子。

2. 编辑散热器

散热器编辑过程同 16.1 中水泵的编辑。

3. 识别散热器

散热器识别过程同 16.1 中识别水泵。

18.3　散热器阀门

散热器进出口水平支管上将增加阀门(图 18-1)。

菜单位置：【采暖系统】→【管道阀门】→【散热器阀门】

命令代号：srqfm

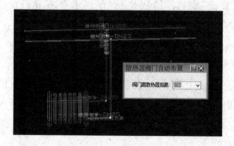

图 18-1　散热器阀门

操作说明：使用前需要先布置散热器、供水和回水管道。

执行命令后，选择散热器，弹出"散热器阀门自动布置"对话框，如图 18-1 所示。

【阀门离散热器距离】　阀门的具体位置默认从支管末端计算 200 mm。

19 构件管理

本章内容

定义编号、构件管理、楼层复制、构件查询、构件筛选、编号修改、复制做法、删除做法。

本章介绍关于构件管理方面的内容，其中包括构件编号的定义、管理、复制楼层构件以及构件的查询、筛选、修改，同时，还介绍斜体构件的生成、编辑，构件做法的复制和删除等。

构件管理

温馨提示：

属性浮示显示的内容可以在【算量选项】中的【属性显示】页面进行设置。

若在构件选项里设置【属性浮示时显示基本图元属性】为"否"，则不会显示构件的基本图元信息（如构件图层、颜色等）。

20 系统设置

本章内容

系统选项、算量选项。

系统设置

21 报表

图形检查、回路核查、快速核量、漏项检查、三箱设置、分析、统计、预览统计、报表、自动套做法、手工算量。

21.1 图形检查

布置到界面中的管线、构件可能有重复、重叠、短小，电线管可能有未穿管的线存在，利用【图形检查】的功能，能够方便地将这些有错误的构件查出来，从而将其修改成正确的图形。

功能说明：利用本功能检查界面中的构件图形是否正确。

菜单位置：【快捷菜单】→【图形检查】

命令代号：txjc

执行命令后弹出"图形检查"对话框(图 21-1)。

对话框选项和操作解释：

【检查方式】 是执行哪些检查项，在前面打勾表示执行本项检查。

检查内容说明：

※ 位置重复构件：指在一个空间位置同时存在相同边线重合的两个相同构件。检查结果提供自动处理操作。

※ 位置重叠构件：指不同类型构件在空间位置上有相互干涉情况。检查结果提示颜色供用户手动处理。重叠构件，指在一个位置两个构件相交重叠的构件，边线不一定重合。

图 21-1 "图形检查"对话框

※ 清除短小构件：找出长度小于检查值的所有构件，检查结果提供自动处理操作。

※ 尚需相接构件：构件端头没有与其他构件相互接触。检查值：指输入大于端头与相接构件的距离，凡不满足范围值的距离就会被认为"尚需相接构件"。

※ 对应所属关系：有些附件构件与主要管线、设备的对应关系，布置的过程中可能没有对应准确，张冠李戴了，用此选项检查是否对应正确。检查结果提供自动处理操作。

※ 延长构件中线：有时管线与设备的连接是按管线的中线长度计算的，而布置在界面中的管线只到设备的边缘，利用此功能检查出那些没有将中线延伸的管线。检查结果提供自动处理操作。

※ 有线无管：当布置到界面中的电线是应该有保护管的情况时，利用此功能检查出那些没有管的空电线。检查结果提供自动处理操作。

【检查构件】 在此栏中选择哪些构件来参与检查，在前面打勾表示这个构件参与检查。

按钮说明：

【全选】【全清】【反选】 全选、全清或反向选择【检查方式】的选项。

【检查执行】 按照检查方式中选择的内容对界面中的构件执行检查。修复检查出来有错误的构件。

【取消】 退出对话框，什么都不做。

【逐个执行】 勾选此项，检查执行过程中弹出"有线无管"对话框（图 21-2），每个构件一个一个地动画显示出来。

操作说明：

以管线的有线无管为例：

(1)在检查方式中选中有线无管，其他都清除。

(2)在检查构件中选中管线，其他都清除。

(3)勾选【逐个执行】，单击【检查执行】功能，弹出"有线无管"对话框。

(4)命令栏显示：

处理重复构件数量：0 个；

处理重叠构件数量：0 个；

有线无管数量：2 个。

(5)"有线无管"对话框，如图 21-2 所示。

图 21-2 "有线无管"对话框

【应用所有已检查构件】 如果打勾，单击【应用】将按默认方式检查所有结果构件；单击【往下】将所有检查结果构件变为所设定颜色，供标识修改；单击【取消】为不处理，否则逐个处理。

【动画显示】 如果打勾，当【应用所有已检查构件】不打勾时，所有检查结果构件逐个处理时以动画方式显示，否则快速显示。

【总数】 当前处理的检查方式中所有检查结果构件总数。

【处理第×个】 目前处理构件总数中的序号。

【当前构件】 注明当前处理构件的类型。

【应用】 位置重复方式删除显示为绿色的所有构件；尚需相接方式连接显示为绿色的构件；尚需切断方式剪断显示为绿色的构件；清除短小方式删除显示为对话框设定颜色的构件；处理完后构件变为系统颜色。位置重复方式按 T 键回车可以变换删除构件。

【往下】 处理下一组序号构件，上一组序号构件保留颜色标志（保留构件为红色，删除构件为绿色）。

【恢复】 取消上次的应用操作。

21.2 回路核查

界面中的管线是将构件连接起来的，特别是电气线路。在 3DM 内将一条主管、线（既有编号的）称为一个回路。回路核查就是将在这个回路编号上的所有管线以及构件用颜色将其区分出来，并且亮显，让用户一目了然地看到回路的走向以及这条回路中的构件数量、管线长度等内容。

功能说明：利用本功能核查界面中的构件是否布置正确。

菜单位置：【快捷菜单】→【回路核查】

命令代号：hlhc

执行命令后弹出"回路核查"对话框（图 21-3）。

图 21-3 "回路核查"对话框

对话框选项和操作解释：

栏目说明：

【专业类型】 对应菜单内的专业类型，如果某个专业类型在界面上布置有构件，在栏目内的专业类型文字前面会有一个"＋"号出现，单击这个"＋"号会展开类型下一级的分项。将光标定位在下级某分项上，【回路数据】栏内就显示这个分项的所有回路编号的数据。

【回路数据】 在回路数据栏内，罗列的是一个分项（如强电专业内的"动力系统"）的所有回路编号和对应的构件名称，以及这个构件下的实物数量。双击任何一个"主箱"名称，在本主箱下面的所有管线将会在屏幕中亮显；双击其中的某条回路，本主箱下的本回路管线在屏幕中亮显（图 21-4）。

其中【主箱】列来源于管线【指定主箱】属性值，当指定主箱属性值为空时，采用【所属主箱】属性值，当这两个属性值都为空时，显示"无主箱"。用户可以通过反查无主箱管线增加其【指定主箱】属性值，再执行回路核查时，就会显示有主箱了。

【构件明细】 在【回路数据】栏内选中某个回路编号的某个构件名称，本栏内就会显示该构件下计算明细。

按钮说明：

【刷新】 刷新图面的图形信息，当用户更改了构件信息，执行本命令刷新数据。

【导出 Excel】 将栏目内的数据导入到 Excel 内。

【提取图形回路】 在界面中点取或框选回路的图形。

【构件检查】 即检查出哪些构件没有回路编号属性。

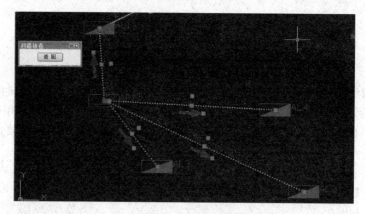

图 21-4 反查界面

【回路检查】 检查回路是否正常，如布置的回路构件在界面中是否形成闭合的管线了等。

【分析设备回路】 该功能会将所连接的管线的回路编号赋予所连接的设备。

操作说明：

(1)单击【快捷菜单】→【回路核查】或在命令栏内输入"hlhc"回车，打开"回路核查"对话框。

(2)在对话框中选择【专业类型】→【构件类型】。

(3)在"回路数据"栏内选择回路编号和编号内的某个构件名称，这时构件明细栏内就会显示出这个构件的明细数据。

(4)如果切换构件名称后，明细栏内的数据没有产生变化，单击【刷新】按钮，刷新数据。

(5)单击【导出 Excel】按钮，数据将被导入 Excel 表中(图 21-5)。

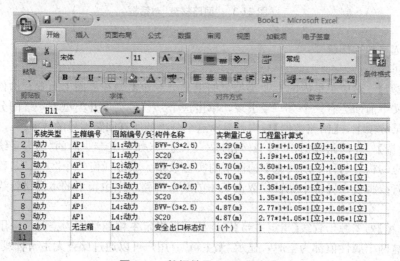

图 21-5 数据被导入 Excel 表内

(6)单击【提取图形回路】按钮，这时光标变为"口"字形，命令栏提示：

选择构件：

在界面中单选或框选需要查看的回路构件，这时所选择的构件数据就显示在栏目内。

【构件检查】【回路检查】按钮的功能参见相关章节说明。

21.3 快速核量

功能说明：利用本功能可以快速地查看所选构件的模型是否正确。

菜单位置：【快捷菜单】→【快速核量】

命令代号：kgcl

执行命令后弹出"查看工程量"对话框（图 21-6）。通过切换【构件类型栏】中的构件类型，可以很清楚地在【详细信息列表】中看到构件模型实物量和做法量的详细信息。

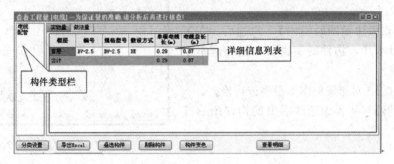

图 21-6 "查看工程量"对话框

【分类设置】 单击后可以在弹出的对话框中，选择构件属性作为信息列表的表头。

【导出 Excel】 将表格信息导到 Excel 文件中。

【叠选构件】 再选择一种构件查看工程量，原先表格中的构件工程量保留，不被覆盖。

【剔除构件】 在工程中选取构件不再查看工程量。

【构件变色】 在工程中选取已经查看工程量的构件进行颜色变化。

【查看明细】 单击此按钮后，打开工程量的详细信息。

21.4 漏项检查

功能说明：检查构件类型是否有遗漏。

菜单位置：【快捷菜单】→【漏项检查】

命令代号：lxjc

本命令用于对工程中所有构件模型进行检查，与对话框中的构件类型作比较，看是否有遗漏，并将检查结果显示出来。

21.5 分析、统计

根据软件默认或用户自定义好的计算规则，分析布置到界面上的构件工程量。

功能说明：对界面中的构件模型依据工程量计算规则进行工程量计算分析。

菜单位置：【快捷菜单】→【计算汇总】

命令代号：fx

本命令用于对所做构件模型进行工程量分析。统计可以在分析后另外进行，也可以紧接分析一起完成。

执行命令后弹出"工程量分析"对话框（图 21-7）。

对话框选项和操作解释：

【分析后执行统计】 分析后是否紧接着执行统计，选择打"√"系统分析完后会直接进行工程量统计。

【清除历史数据】 是否清空以前分析统计过的数据。

【实物量和做法量同时输出】 勾选后，在工程量分析统计表中，构件的实物工程量和清单工程量同时呈现。

【图形检查】 对布置的图形模型进行检查。

【选取图形】 从界面选取需要的构件图形进行分析。

图 21-7 "工程量分析"对话框

操作说明：

在左边的楼层选择栏内选取楼层，在右边的构件名称栏内选择相应的构件名称。

【全选】 一次全部选中栏目中的所有内容。

【全清】 将栏目中已选择的内容全部放弃。

【反选】 将栏目内未选的内容和已选中的内容反置。

选好楼层和构件单击【确定】按钮就可以进行分析了。

如果勾选了【分析后执行统计】，则分析统计完成后会看到预览统计界面，如果没有勾选，则分析完成后还应执行统计，才能看到计算结果。

统计的对话框内容和操作方式同上述分析内容。

21.6　预览统计

1. 预览统计

统计完成后，得到的结果在此界面中进行预览。预览结果分为实物量模式结果、定额模式结果、清单模式结果三种类型。3DM 支持在清单、定额模式不挂做法的出量模式，对挂了做法的构件出定额或清单工程量，剩余没有挂做法的构件以实物量的形式输出工程量。用户可以在实物量页面继续对工程量进行做法挂接。

功能说明：对分析统计的工程计算结果进行预览。

菜单位置：【快捷菜单】→【预览】

命令代号：yltj

本功能用于查看分析统计后的结果，并提供图形反查、筛选构件、导入、导出工程量数据、查看报表、将工程量数据导出到 Excel 等功能。

执行命令后弹出定额"工程量分析统计"对话框（图 21-8）。

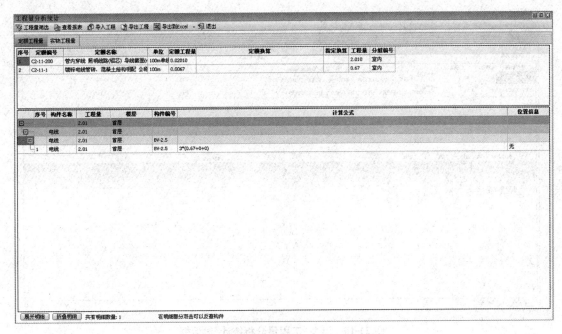

图 21-8 "工程量分析统计"对话框

实物"工程量分析统计"对话框如图 21-9 所示。

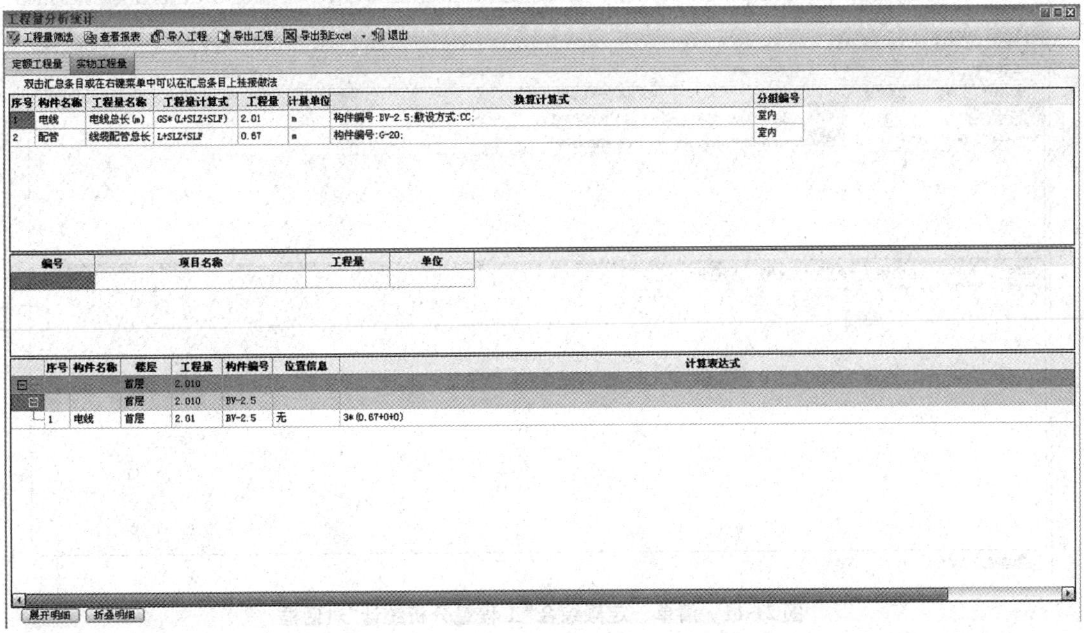

图 21-9 实物"工程量分析统计"对话框

清单"工程量分析统计"对话框如图 21-10 所示。

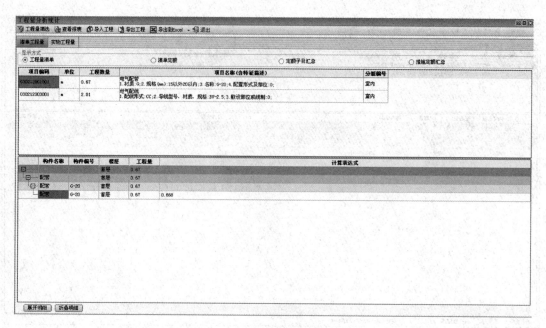

图 21-10　清单"工程量分析统计"对话框

清单、定额综合"工程量分析统计"对话框如图 21-11 所示。

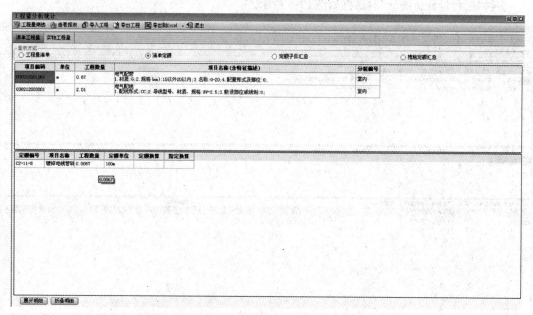

图 21-11　清单、定额综合"工程量分析统计"对话框

清单出量模式内定额"工程量分析统计"对话框如图 21-12 所示。

对话框选项和操作解释：

【工程量筛选】　选择要筛选的分组编号、专业类型、楼层，构件名称以及构件编号。

【查看报表】　进入报表界面。

【导出工程】　导出当前工程，可以保存当前数据。

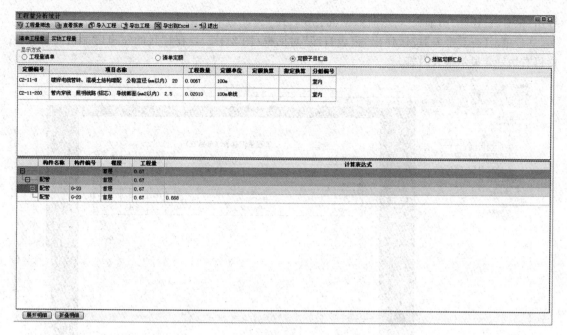

图 21-12 清单出量模式内定额"工程量分析统计"对话框

【导入工程】 导入别的工程的数据到当前工程中。

【导出到 Excel】 选取统计数据记录后导到 Excel 中。

操作说明：

(1)单击【工程量筛选】按钮，弹出"工程量筛选"对话框(图 21-13)。在对话框内对分组编号、专业类型、楼层、构件名称以及构件编号进行选择，之后单击【确定】按钮，在预览统计界面上就会根据选择的范围显示结果。

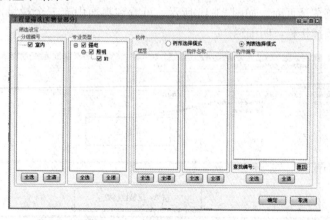

图 21-13 "工程量筛选"对话框

(2)单击【导入工程】按钮，弹出"Windows 文件选择"对话框。需要选择后缀为"jgk"的文件。单击【导出工程】按钮后会弹出 Windows 另存为对话框。同样需要选择后缀为"jdk"的文件。

(3)如果要将工程数据导入到 Excel 表内，单击"导出到 Excel"对话框(图 21-14)后面的下拉按钮，在弹出的选项中选择需要导出的内容。选择是

图 21-14 "导出到 Excel"对话框

导出"汇总表"还是"明细表"，这时数据就会导入到 Excel 表中。

(4)单击【查看报表】按钮弹出"报表打印"对话框(图 21-15)，在栏目的左边选择相应的表，栏目右边就会显示报表内容。

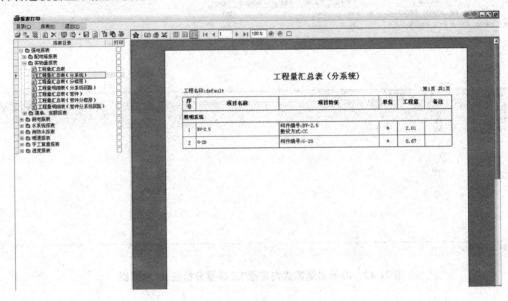

图 21-15 "报表打印"对话框

2. 浏览统计内挂做法

3DM 支持在实物量浏览统计的页面内挂接做法，用户在布置构件时可以不考虑挂接定额，待分析统计完了之后，再在实物量浏览统计的页面内挂接清单或定额。

操作说明：

打开实物量浏览统计页面，如图 21-16 所示。可看到界面中有三个栏目，从上至下分别是汇总栏，清单、定额挂接栏，明细栏。

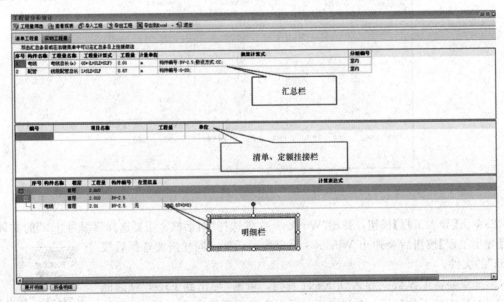

图 21-16 "工程量分析统计"对话框

在汇总栏内选择一条需要挂接定额的条目，双击这条内容，也可以右击，在弹出的右键菜单内选择"添加做法"（图21-17）。

这时栏目的下部会弹出清单、定额选择栏（图21-18）。

在清单和定额栏选中需要挂接的子目，双击就会将其挂接到选中的工程量条目上（图21-19）。

图 21-17　挂接做法右键菜单

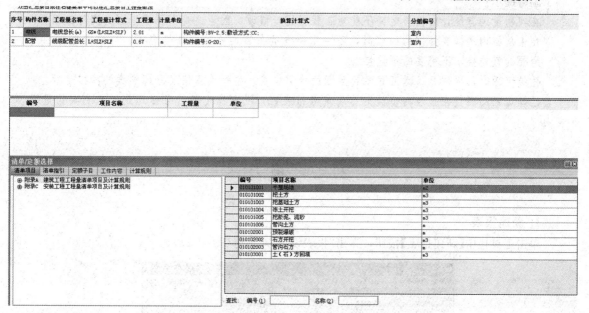

图 21-18　清单、定额选择栏

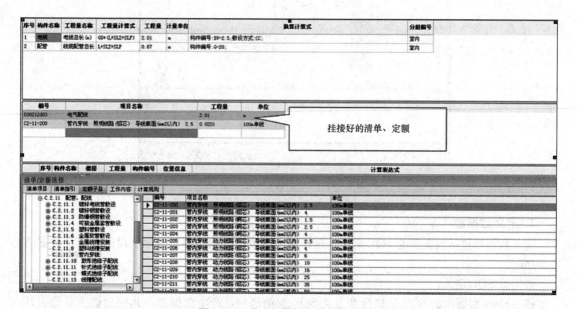

图 21-19　"工程量挂接做法"对话框

对于挂接好的做法，可以进行删除、复制、粘贴操作。当一个条目挂完，切换条目后，已挂接定额的条目栏颜色会变为灰色（图21-20）。

序号	构件名称	工程量名称	工程量计算式	工程量	计量单位	换算计算式	分组编号
1	电线	电线总长(m)	GS*(L+SLZ+SLF)	2.01	m	构件编号:BV-2.5;敷设方式:CC;	室内
2	配管	线缆配管总长	L+SLZ+SLF	0.67	m	构件编号:G-20;	室内

图 21-20　已挂接做法的条目颜色会变为灰色

温馨提示：

在实物量浏览统计内挂接定额不能对工程量进行修改，因为这是工程模型内的实际工程量。

在汇总栏内选择要挂接的内容时，不一定所有的条目内容都要挂接定额，应该有选择的进行，需要的就挂接，不需要的不挂接。

挂接定额时，要注意参看汇总条目后面的换算信息，根据换算信息分门别类的挂接定额。

已挂定额的条目在报表内将被汇总到定额报表内，没有挂定额的条目还是汇总到实物量报表内。

21.7　报表

1. 新建报表

单击工具栏中【新建报表】按钮，弹出"报表设计"对话框(图 21-21)。

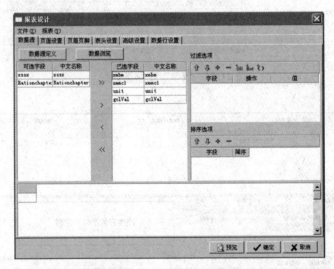

图 21-21　"报表设计"对话框

2. 定义数据源

定义数据源包括数据源的 SQL 定义、选择输出字段、过滤条件、排序字段的设置及数据浏览等功能。

数据源 SQL 定义：

按 Access 数据库的 SQL 语法标准定义 SQL 查询语句，产生数据源，此项功能主要是为开发人员和专业支持人员提供的，在此不详细说明。

为简化数据源 SQL 定义，可导入 SQL 文本，或从系统数据源列表中选择系统数据源(系统数据源包括：数据源 SQL 定义、过滤条件、排序字段的设置)，另外，在报表设计过程中，可将当前报表数据源保存为系统数据源。

3. 页面设置

页面设置包括：报表显示名称、纸张选项、明细表格选项、页边距等设置(图 21-22)。

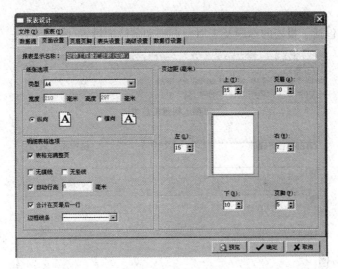

图 21-22　页面设置

操作说明：

【报表显示名称】　即报表名称。

【纸张选项】　可定义纸张类型和打印方向。

【自定义纸张】　自定义纸张需要操作系统和打印机同时提供对自定义纸张的支持，Windows 98 系统默认提供对自定义纸张的支持。但 Windows 2000/XP 默认是不支持自定义纸张的，需要手工配置操作系统的打印机选项。操作如下：

在上图操作界面中，选择纸张类型为："Customer"，定义纸张宽度和高度(对于针式打印机其纸张宽度要扣除带孔部分的宽度)。

进入到打印机设置界面。

在不选定任何打印机的情况下右击，选择服务器属性。

在弹出的对话框中勾选创建新格式，输入格式描述(可任意)，输入纸张宽度和高度；注意宽度和高度要输入一个尽量大的数值，否则在自定义纸张超出这里定义的宽度或高度时会以这里定义的为准。

【明细表格选项】　包括对报表的表格线、行高、合计行位置以及表格充满页的设置。建议采用默认设置。

【自动行高】　打勾时：报表行的高度按每行文本高度自动设置，否则报表最小行高根据您输入的高度设置，当文本需要换行，最小行高显示不全时，当前记录行高按自动行高设置。

【表格充满整页】　打勾时：当报表内容不够一页时在页尾添加空表格。

【合计在页最后一行】　打勾时合计输出在报表最后一行，否则输出在报表明细数据的下一行。

【无横线】　打勾时，报表仅有横向边框线和纵向线条。

【无竖线】　打勾时，报表仅有纵向边框线和横向线条。

如果需要输出无表格线的报表，可以同时对【无横线】和【无竖线】打勾，并且选择边框线为空白即可。

【页边距】　页边距定义了纸张的正文不可打印区域，单位为毫米。上边距不能少于"页眉"，下边距不能少于"页脚"。否则将出现"页眉页脚"和报表正文内容重复。同时，如果在后面的"页脚"定义中输出了较多的行以至出现页脚和报表正文内容重叠的情况，可以通过加大设置下边距和页脚的差值来消除重叠。

4. 页眉页脚

页眉页脚设置包括了报表的标题及表眉、页脚和备注的设置（图 21-23）。

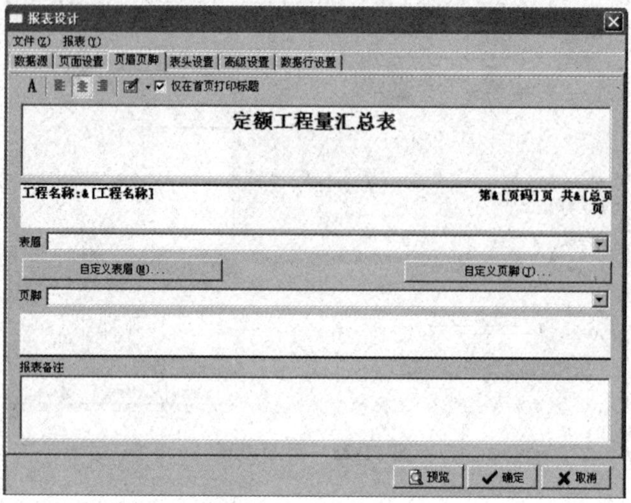

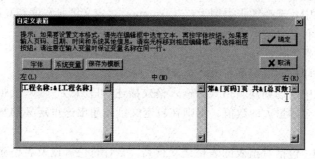

图 21-23　页眉、页脚设置

操作说明：

【报表标题和备注】　设置报表标题和备注的操作方法是一致的，可直接编辑文本和插入系统变量（单击"☑ ·"的下拉按钮选择一个系统变量），并且可设置其输出字体和对齐方式，如图 21-24 所示。

图 21-24　自定义表眉、页脚

【报表标题】　即报表名称标题，每页打印。

【报表备注】　仅在报表最后一页末尾输出。

【表眉和页脚】　设置表眉和页脚的操作方法是一致的，可从表眉或页脚的下拉列表中选择一个预设的页眉或页脚，也可以自定义表眉和页脚。

【表眉】　输出在报表标题的上面，每页都输出。

【页脚】　输出在报表的最后，每页都输出。

【自定义表眉/页脚】　单击【自定义表眉】或【自定义页脚】按钮，弹出"自定义页眉"或"自定义页脚"对话框（图 21-24）。在文本输入框内直接输入文件或插入系统变量，设置字体后，单击【确定】按钮即可。

小技巧：

可以将设置好的表眉或页脚保存为模板，在以后的报表设计中以供选择。

5. 表头设置

表头设置包括：定义报表明细列的属性，本页小计、报表总计等功能(图21-25)。

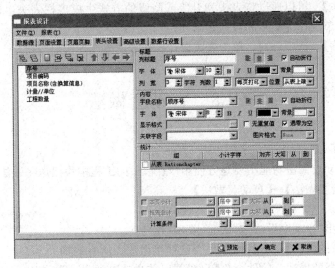

图 21-25　表头设置

对话框选项和操作解释：

【列标题】　报表的列表头名称，列标题中"//"表示换行符(如"计量//单位"，显示结果为计量单位)。在自动折行前的选择框内打"√"，过长的列标题将自动折行显示。

标题【字体】　设置列标题显示的字体。

标题【列宽】　设置输出列的宽度，以字符为单位。

【字段名称】　当前列对应在数据源的输出字段名。

【显示格式】　用于设置数字、日期类型字段的显示格式，可单击■在弹出的列表中选择一种显示格式。

【无重复值】　打"√"时，如果相邻记录该字段值相等，则合并相邻记录的该列。

【关联字段】　如果相邻记录的关联字段值相等，则合并相邻记录的该列，该列输出值为第一列值。

【图片格式】　设置图片格式字段的格式：Gif、Jpeg 或者 Bmp 和 script 非图片。

【数据字体】　该列实际数据显示的字体。

【对齐方式】　列内容在该列中的对齐方式，字符串默认为左对齐，数字为右对齐。

【本页小计】　在报表每页最后添加小计行，选择需要统计列，在本页小计后面的文本列表中可选择或输入"本页小计"字样的输出名称，选择对齐方式，选择输出列的范围，如果勾选【大写】，则在本页小计后显示该列的大写。

【报表总计】　在报表的最后添加总计行。

【计算条件】　可以为合计字段制定计算的条件。如果没有指定，则统计全部记录。计算条件的第一项为字段，第二项为操作符，第三项为条件值。例如：第一项选择费用分类，第二项选择 not in，第三项输入 200，300，400，则表示不统计节小计、章小计、合计记录的值。

操作说明：

【列的基本操作】　报表列可来自数据源的定义，也可在此界面对报表列进行修改。

【新增列】 单击表头设计操作界面 ▯ 快捷按钮，在最后新增一列。

【插入列】 选中一列，单击表头设计操作界面 ▯ 快捷按钮，在当前列前面插入一个新列。

【添加子节点】 选中一列，单击表头设计操作界面 ▯ 快捷按钮，在当前列下面新增一个子列。

【删除列】 选中一列，单击表头设计操作界面 ▯ 快捷按钮，删除当前列。

【生成多栏表头】 可以通过将表头列升级或降级的方式生成多栏表头，也可以通过拖拉的方式升降级。其他节点作为实际的数据输出列。

【改变输出顺序】 选中一列，单击表头设计操作界面 ⬆ 或 ⬇ 快捷按钮，上下移动。

21.8 自动套做法

1. 自动套做法

功能说明：自动套做法功能主要是方便用户在以后的工程中快捷地将做法挂到构件上。

菜单位置：【智能做法】→【自动套做法】

命令代号：zdzf

执行命令后弹出"自动套做法"对话框（图 21-26）。

【覆盖以前所有的做法】 不管构件是否已挂接做法，所有的构件都会套上本次选择的做法。软件会将【只覆盖以前自动套的做法】设置成未选中状态，同时设置成不允许选择。

【只覆盖以前自动套的做法】 对于不存在做法或者做法是前面软件自动套上的构件，都会套上本次自动选择的做法。但是前面客户自己套上的做法，本次操作不覆盖。

两个都不选：软件仅仅对未挂做法的构件自动套上本次自动选择的做法。

图 21-26 "自动套做法"对话框

3. 做法模板编制

自动套做法前，首先要在做法页面编制做法，详见 13.4 描述，并设置判定条件保存做法，如图 21-27 所示。

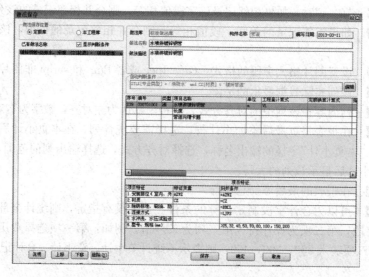

图 21-27 "做法保存"对话框

【做法保存位置】 分为定额库和本工程库两种。

【定额库】 做法保存在【工程设置】中选取的定额数据库中。当做其他工程时，只要选取上次保存的定额库，本工程中就会存在前面保存的做法。

【本工程库】 做法保存在本工程库中。

【显示判断条件】 是否在已有做法列表中显示判断条件。

【做法名称】 详见 13.4。

【做法描述】 详见 13.4。

【自动判断条件】 自动判断条件不能直接输入，需要单击【编辑】按钮进入"判断条件"对话框中设置。

【上移】和【下移】 单击【上移】和【下移】来调整做法的顺序。

【说明】 功能使用说明信息。

【删除】 删除已保存的做法。

【保存】 保存做法在左边的名称列表中。

【确定】 保存做法在左边的名称列表中，同时退出此界面。

3. 编辑自动判断条件

在做法保存界面中【自动判断条件】栏单击【编辑】按钮进入"判断条件"对话框中（图 21-28），该对话框的功能是编辑挂接做法的判断条件，也就是说满足判断条件的构件才能挂接这条做法。

【属性名称】 是软件中相应构件的属性分类，单击【属性名称】栏的内容，相应内容就会显示在上面的条件编辑框中；如果选择的属性名称存在属性值，该属性值也会显示在最右边的属性值栏中。

如果双击某一栏的值，视为对原来值的替换【条件运算符中的"（"和"）"除外】，条件编辑完成后单击【确定】按钮，此判定条件就显示在"做法保存"对话框中。

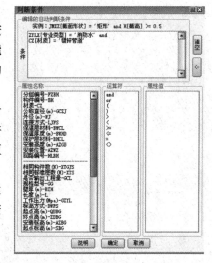

图 21-28 "判断条件"对话框

【运算符】

and：并且，连接的两个需要同时满足，例如：GCZJ［公称直径］＝0.1 and GCZJ［公称直径］＝0.05。

or：或者，连接的两个其中之一满足，例如：GCZJ［公称直径］＝0.1 or GCZJ［公称直径］＝0.05。

＜＞：不等于，连接的两个不相等，例如：GCZJ［公称直径］＜＞0.1。

举例说明条件的使用（以构件管道为例）：

条件：ZYLX［专业类型］＝'消防水'and CZ［材质］＝'镀锌管道'，说明：只有管道的属性专业类型是消防水专业，材质是镀锌管道的才满足该条清单的条件，该条清单才能挂到满足条件的构件管道上。

条件：CZ［材质］＝'镀锌管道'and（ZYLX［专业类型］＝'给排水'or ZYLX［专业类型］＝'采暖'or ZYLX［专业类型］＝'空调水'），说明：只有材质是镀锌管道，专业类型是给水排水专业或采暖专业或空调水专业的管道才能满足该条清单。

条件规范格式说明：

(1)单条件格式——代码［属性名称］运算符属性值。

例如，对风管可将截面形状作为判断条件，表达为：JMXZ［截面形状］＝'矩形'。

(2)多条件格式——条件 1 运算符条件 2 运算符条件 3……

例如，对风管可将截面形状或壁厚作为判断条件，表达为：JMXZ[截面形状]='矩形'or BIH(壁厚)='0.002'or……

(3)多重条件格式——(条件1 运算符条件2 运算符条件3……) 运算符条件 n。

例如，管道专业类型给排水或采暖，和管道的材质作为判断条件，表达为：(ZYLX[专业类型]='给排水'or ZYLX[专业类型]='采暖'or ……) and CZ[材质]='镀锌管道'。

手工算量

22　图量对比

　　图纸对比、工程对比。

图量对比

23 碰撞检查

本章内容

碰撞检查。

本章主要介绍软件如何检查各专业模型碰撞情况、碰撞位置并能出碰撞结果报告。

功能说明：碰撞检查主要是检查各专业模型碰撞情况、碰撞位置并能出碰撞结果报告。

菜单位置：【快捷菜单】→【碰撞检查】

命令代号：pzjc

执行命令后弹出"碰撞检查"对话框(图 23-1)。

图 23-1 "碰撞检查"对话框

【导入工程】 单击按钮后，可以选择要导入的 .dwg 工程文件。

【检查】 单击按钮后开始检查工程模型的碰撞情况。

【选择检查构件】 选择要检查碰撞的区域模型。

【查看结果】 如图 23-2 所示。

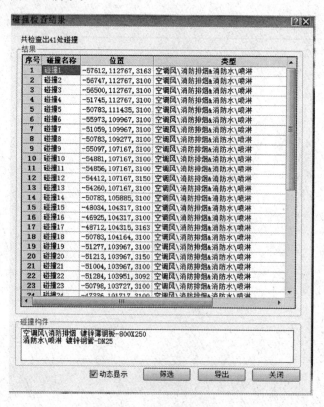

图 23-2 碰撞检查结果

碰撞检查结果包含工程中所有的碰撞点详细信息，同时双击任何一行可以反查到模型位置，如图 23-3 所示。

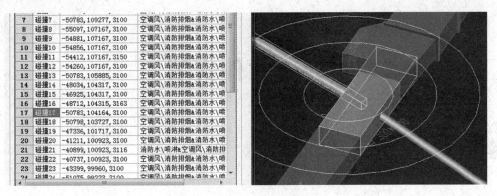

图 23-3　反查碰撞点位置图片

【导出】　导出检查结果为 Word 文件。

拓展阅读

斯维尔安装算量 2016 For CAD 教程(新功能)

穿刺线夹	**灯带**	**剔槽**

第3篇 清单计价软件应用

24 软件安装

本章内容

软件初装、卸载安装。

软件安装

25 操作界面介绍

工程窗口、工程项目子窗口、单项工程子窗口、单位工程子窗口、文档中心子窗口。

"清单计价专家"软件可通过直接双击桌面快捷图标启动，也可通过菜单启动，其菜单路径为【开始】➔【程序】➔【清单计价专家2015(程序文件夹)】➔【清单计价专家2015】。

本软件采用多文档窗口界面，主窗口包括主菜单、快捷按钮及子窗口区；子窗口分工程项目、单项工程、单位工程及文档中心四种类型。

25.1 工程窗口

程序实现了多工程与多窗体的功能(图25-1)。只启动一次软件能打开多个工程而且打开的工程均可编辑，工程之间可进行数据的复制，也可同时显示多个子项工程窗口。

图25-1 工程窗口

25.2 工程项目子窗口

本软件从工程项目级别上开始建立工程。工程项目子窗口正是从这一级别上对工程进行设置和管理(图 25-2),工程项目子窗口包括【工程项目设置】【编制/清单说明】【计费设置】【单项工程报价总表】【招(投)标清单】【价表设置】六个常用功能页。

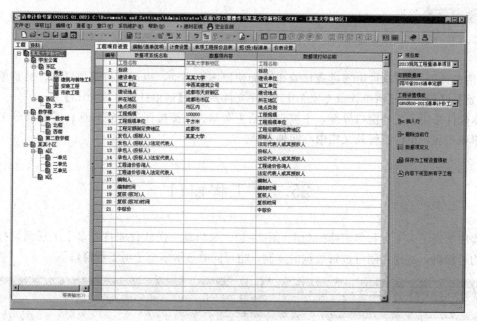

图 25-2　工程项目子窗口

第一步:在【工程项目设置】功能项相应的数据项内容行输入或通过下拉菜单选择该工程项目的描述信息、取费设置信息等,修改后可将内容下传至所有子工程,此功能可选择需要下传的内容(图 25-3)。

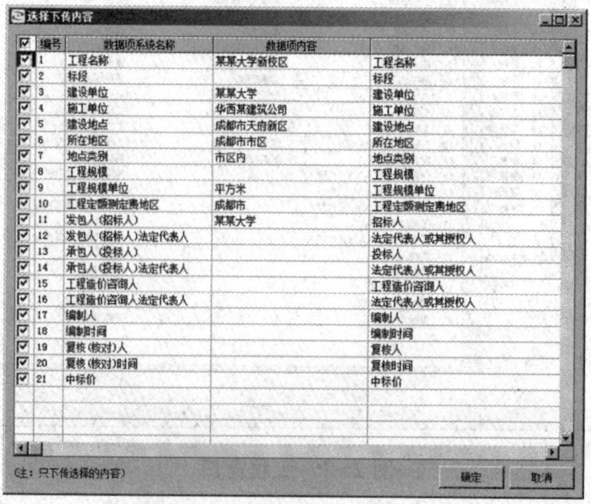

图 25-3　选项下传内容窗口

第二步：编辑【编制/清单说明】内容：编制/清单说明的格式同样通过系统模板进行选择调用，也可进行修改并保存为说明模板。

第三步：编辑【计费设置】内容：如图 25-4 所示，计费设置里面主要包含了【为定额批量套用综合单价模板】【批量修改措施费率】【批量修改费用汇总表】三部分内容。能实现对整个工程"综合单价模板""措施费率""费用汇总"的统一设置、调整。

图 25-4 【计费设置】功能页

第四步：编辑【单项工程报价总表】内容：可以查看整个工程项目总造价的构成。

第五步：编辑【招（投）标清单】内容：主要用于招标方对整个工程项目提取工程量清单及投标方对整个工程项目部分清单的计价表，由几个子标签功能页组成：其他项目清单及计价表，招标人材料购置费清单，零星工作项目清单及计价表，规费清单，需随机抽取评审的材料清单及价格表五个内容。

第六步：编辑【价表设置】内容：可以对整个工程的材料价格统一调整。

25.3 单项工程子窗口

单项工程属工程项目下一级别，一个工程项目可能包括一个或多个单项工程。单项工程同样包括有【单项工程设置】【编制/清单说明】【单位工程汇总】三个功能页(图 25-5)。

程序实现了在工程项目层级无限极添加不同层级关系的单项工程(图 25-5)。单项工程建立后，用户可直接输入单项工程数据，也可通过工具栏按钮读取工程项目相应内容或上传内容至工程项目。

图 25-5　单项工程

25.4　单位工程子窗口

单位工程子窗口是本软件最主要的工作窗口(图 25-6),它由 11 个功能页构成。这些功能页用户可以根据工程情况选择使用,还可以按自己的使用习惯调整排列顺序、更改名称。

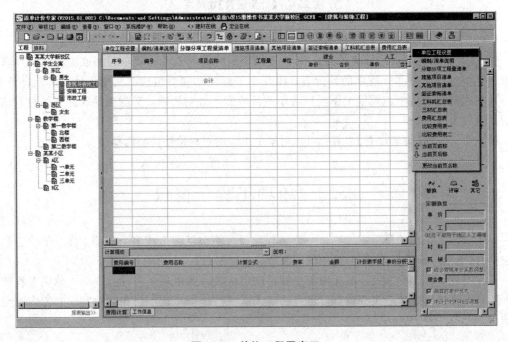

图 25-6　单位工程子窗口

单位工程的【单位工程设置】和【编制/清单说明】与工程项目及单项工程子窗口对应功能相同,其初始内容可从工程项目或单项工程子窗口继承,也可从工程项目或单项工程相应界面读取,还可上传内容至工程项目或单项工程,如有区别则可进行任意修改。

在综合单价计算模板选择框内,用户可通过其下拉菜单选择需要的综合单价计算模板(可多个选择)。模板主要用于清单方式地区人工费系数的调整、综合单价包括数据内容的计算。

工具栏可根据右键菜单显示专用工具栏设置显示,或直接关闭其窗口;单击快捷按钮区 按钮,可对其中的工程列表窗口、四个辅助窗口以及右边的工具栏按钮进行显示/隐藏设置。

单击 按钮时,显示/隐藏工程列表窗口,在此可通过右键菜单功能对该项目中的单项工程、单位工程进行新建、重命名、复制、粘贴、删除及导出工程到文件或从文件归并工程等操作。

单击 按钮时,显示/隐藏计价表辅助窗口区,辅助窗口包括【费用计算】【工作信息】【数据检索】【单位分析】四个部分内容。

单击 按钮时,显示/隐藏工具栏按钮区,该按钮区包括【计价表编辑】和【定额换算】两个部分,基本包括计价表所有右键菜单功能。

【定额换算】 如图 25-7 所示,界面右边区域,可对当前对象的单价、人工、材料、机械、综合费进行四则运算。当前对象的定额换算设置:若当前对象为定额时,输入换算系数后直接单击 √执行换算 或按回车键即可。

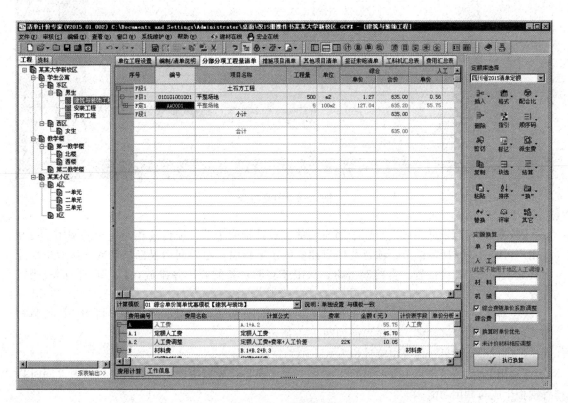

图 25-7　定额换算

单击【计】时，将在主窗口的下部显示【费用计算】辅助窗口。

【费用计算】窗口作用如下：

(1)选择计价表当前对象综合单价费用计算模板；

(2)显示已选用模板计算综合单价对象的综合单价计算明细。

单击【息】时，将在主窗口的下部显示【工作信息】辅助窗口。

【工作信息】窗口内显示为当前对象的项目名称、工程内容、项目特征、计算规则、附注及计算式。

单击【单】时，将在主窗口的下部显示【单价分析】辅助窗口。

【单位分析】窗口主要用于显示所选清单或定额的人工费、材料费、机械费及综合费。

单击【检】时，将在主窗口的下部显示【数据检索】辅助窗口(图 25-8)。

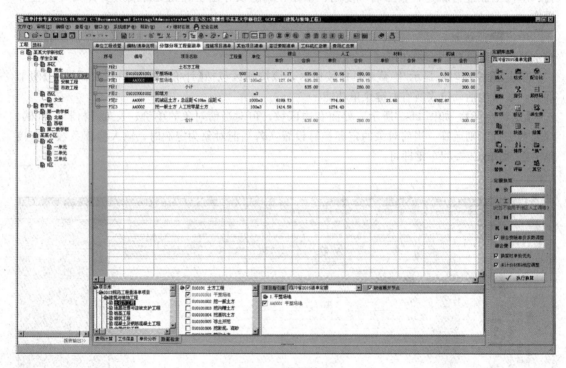

图 25-8　数据检查

【数据检索器】辅助窗口主要用于用户快捷完成计价表中节、项目及相应定额的调用。展开后用户可通过勾选所需的节、项目及项目相应的定额指引，然后利用鼠标拖动或直接双击功能将其放入计价表相应位置。直接双击时，只限于当前对象的调用并排放在【清单/计价表】当前位置。

"工料机汇总表"不仅是该单位工程的工料机累计分析表，同时，也具备材料调价、材料打印、材料比重设置等功能，操作界面如图 25-9 所示。

【三材汇总表】只在传统定额计价方式下汇总三材数据。

【费用汇总表】是单位工程的造价汇总表。费用条目、计算逻辑用户均可自行修改，同时具有模板生成与调用功能。

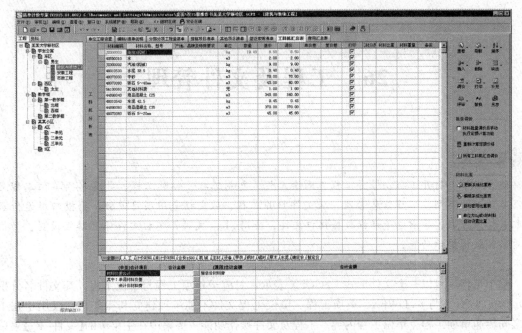

图 25-9　工料机汇总表

25.5　文档中心子窗口

本软件将之前发布的相关文件收集完整制作成电子文档，如图 25-10 所示，挂接在【系统维护】菜单下供用户随时查看。

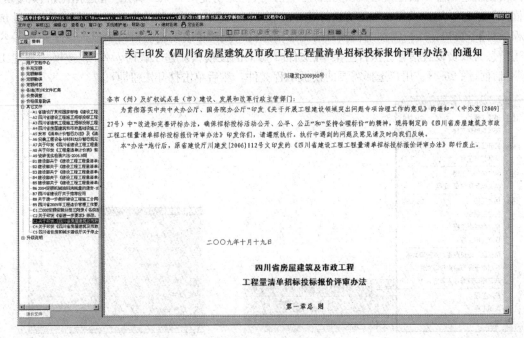

图 25-10　电子文档

26　工程及文件管理

本章内容

建立工程、打开工程、保存工程、删除工程、复制工程、粘贴工程、更改单项单位工程名称及单位工程类型、工程信息管理、从文件归并工程、从文档套用项目定额、填报四川造价数据积累接口数据、导出电子评标数据接口文件、使用.bak文件、工程文件保存路径设置、计价表对象字段值提示功能。

整个工程项目以一个文件形式＊.GCFX表示，对应于单项工程与单位工程，其文件名分别表示为＊.GXFX与＊.DWFX。单项工程、单位工程文件不能单独建立和操作，它仅用于在工程之间传递单项工程、单位工程内容。工程及文件操作功能主要集中在主菜单的【文件[F]】菜单栏下，其中一些常用功能在快捷按钮栏建有对应快捷按钮。

26.1　建立工程

（1）工程项目的建立：其菜单位置及快捷按钮如图26-1所示。菜单中可直接新建工程，也可按模板新建工程。快捷按钮默认为新建工程，执行此功能后，系统弹出"请选择计价模式"对话框（图26-2），用户根据工程需要选择建立工程，然后进入到【清单计价工程项目】或【定额计价工程项目】子窗口，用户需在工程项目的工程信息窗口及清单编制说明窗口中输入该工程的一些描述信息与取费设置信息。执行主菜单【文件[F]】下的按模板新建工程时，弹出"按模板新建工程"对话框（图26-3），用户选择需要的模板工程文件，然后单击打开按钮即可。

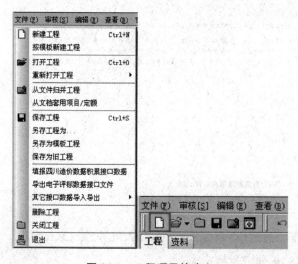

图26-1　工程项目的建立

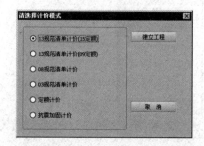

图26-2　"请选择计价模式"对话框

（2）单项工程的建立：工程项目包括一个或多个单项工程，执行工程列表窗口右键菜单中建立单项工程功能。单项工程建立后，系统进入到单项工程子窗口，单项工程的工程设置窗口及清单编制说明窗口继承工程项目相应内容；若数据内容为空，可直接编辑输入单项工程相应数据内容，也可从工程项目中读取相应数据信息。程序实现了在工程项目层级无限极添加不同层级关系的单项工程。

（3）单位工程的建立：执行工程列表窗口该单项工程右键菜单中新建单位工程功能，用户一次可添加若干单位工程。

单项工程及单位工程建立的具体操作方法将在后面的"28. 如何做工程"章节详细介绍。

图 26-3 "按模板新建工程"对话框

打开工程　　　　　　保存工程　　　　　　删除工程　　　　　　复制工程

26.2　粘贴工程

单项/单位工程的粘贴位置、方法与其复制功能相同，请参照上面所述执行。

26.3　更改单项/单位工程名称及单位工程类型

单项工程名称可直接在工程列表窗口或【单项工程设置】界面内修改，在需要修改的单项工程名称上右击执行其【重命名】菜单功能即可。单位工程名称可直接在工程列表窗口或【单位工程设计】界面内进行修改，也可在相应工程设置页的单位工程名称框中完成。单位工程类型是在建立时由用户选择的，但如果原来选择错误，也可进行再次修改。切换到单位工程的工程设置页，在该页的右部分的单位工程类型的下拉框中选择需要的工程类型。

26.4 工程信息管理

工程信息管理包括工程项目、单项工程及单位工程三类信息的管理，这些信息的描述可在工程项目、单项工程或单位工程相对应的工程设置和清单编制说明窗口中完成，其具体的操作方法将在后面的"28. 如何做工程"相应章节详细介绍。

工程汇总信息包括整个工程项目的造价汇总信息及单项工程汇总信息。工程项目汇总主要为已建单项工程数据汇总；单项工程数据汇总包括当前单项工程所有单位工程造价的汇总、三材汇总及工程造价审查对比汇总(图 26-4)。

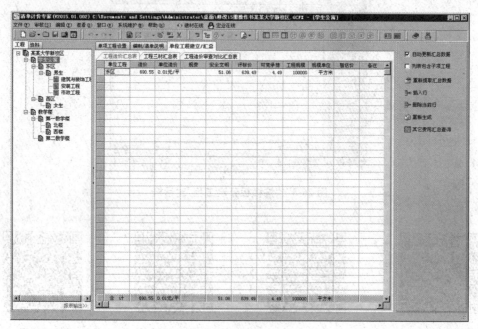

图 26-4　工程信息管理

26.5 从文件归并工程

应用于将其他工程项目文件中的单项工程或单位工程归并于当前工程项目中，也可将整个工程项目文件一起归并。执行主菜单【文件(F)】下【从文件归并工程】菜单功能，进入到"打开工程"对话框，选中需要归并的工程对象打开即可。

26.6 从文档套用项目/定额

软件可从文本文档、DB/DBF 表、Excel 文档及清华斯维尔三维算量软件定额套用表中调用所需项目/定额相应数据。如果用户可以拿到以上文档，则可减少项目/定额的输入以及【项目名称】【工作内容】及【备注】等列内容编辑操作。

用户只需要通过主菜单【文件(F)】中"从文档套用项目/定额"进入【从文档套用项目/定额】窗口，如图 26-5 所示。

需要注意的是：应首先建立一个工程项目及单项工程文件，才能执行"从文档套用项目/定额"功能。

Excel 文档导入：这是目前应用最普遍的一种方式。

选择【Excel 文档】类型，并从打开文件窗口选择打开所需的 Excel 文件。弹出【从文档套用项目/定额】窗口(图 26-5)，系统将自动根据其名称及其他属性选择计价表字段对应图中列表相应列，用户需对 Excel 文件中的数据进行识别，单击 辅助识别无效数据 按钮，检查后再对无效数据进行处理，最后单击【确定】按钮即可(图 26-6)。

图 26-5 【从文档套用项目/定额】窗口

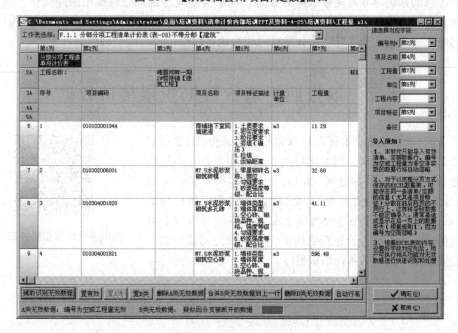

图 26-6 识别无效数据

确定后进入项目/定额调用窗口。编辑完后导入计价表，导入过程中，对已导入项目/定额的【导入结果】列显示√正常字样。导入成功后，根据编号从相应项目/定额库中调用其相应的数据值。选用设置的字段则直接填入计价表相应列内，如图 26-7 所示。

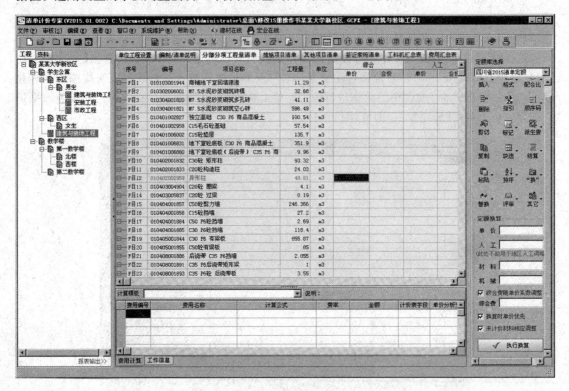

图 26-7　调用数据值

需要注意的是：当导入定额数据对象时，定额编号应与选择定额库中编号完全一致；导入项目数据对象时，项目编号前九位应与选择项目库一致。如因定额换算编号后带有"换"字或换算说明的应予以处理，删除"换"字和换算说明再执行【导入工程计价表】功能。

26.7　填报四川造价数据积累接口数据

为了适应《四川省建设工程造价数据积累实施办法》建设工程造价数据的上报的需求，同时更好地服务每年 7 月，由造价咨询企业登陆"四川造价信息网"（http://www.sceci.net），进入"工程造价数据积累信息系统"，将《建设工程造价指标分析表》和原始工程造价文件按造价咨询企业工商登记所属地上报省或相应的市、州工程造价管理机构的工作，我公司及时地开发出了能满足用户需要的指标填报程序。

四川造价数据积累接口数据

26.8 导出电子评标数据接口文件

将当前工程文件或其他已做工程文件导出为
与评审管理系统接口的工程文件。需要生成
＊.TBF文件才能打开。执行此菜单功能弹出"导
出平标文件"对话框(图26-8)。

首先导出工程选择,导出当前工程时,需要
打开此工程文件,导出其他工程时,单击【浏览】
按钮,在"打开"对话框中找到工程文件即可;然
后选择导出方式,最后导出数据保存即为需要的
＊.TBF文件。

图26-8 "导出评标文件"对话框

26.9 使用.bak文件

＊.bak文件是工程文件的备份文件,每次保存工程文件时,系统将工程文件修改前的内容
保存到同名.bak文件中。当系统错误引起工程文件损坏,在打开时报告"非工程文件"错误时,
可以使用＊.bak文件最大程度地恢复工程内容。

使用＊.bak文件的方法是:通过菜单或快捷按钮执行工程文件打开功能,在弹出的文件选
择对话框(图26.9)中首先选择文件路径,然后直接在文件名输入框中输入"＊.bak"再回车,文
件列表区将列出该目录下所有工程文件的.bak文件,选择需要的文件再单击"打开"按钮即可。

使用.bak文件打开的工程作为一个新工程存在,保存时系统会提示用户输入文件名,默认
名为同名.GCF,用户可以选择是否覆盖原工程文件。

图26-9 选择文件

26.10 工程文件保存路径设置

设置工程文件默认保存路径，可以有效提高工作效率。该功能在主菜单【系统维护】→【选项】模块中的【其他二】页面完成（图 26-10）。

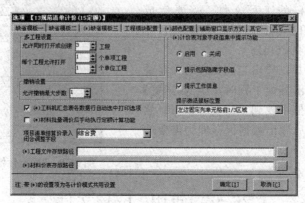

图 26-10 【其他二】页面

26.11 计价表对象字段值提示功能

计价表对象字段值提示功能为查看计价表数据对象的完整信息提供了方便，用户只需将鼠标移动到对应行左端固定列单元格，系统即可以提示方式显示该行数据对象的完整信息，如图 26-11 所示。

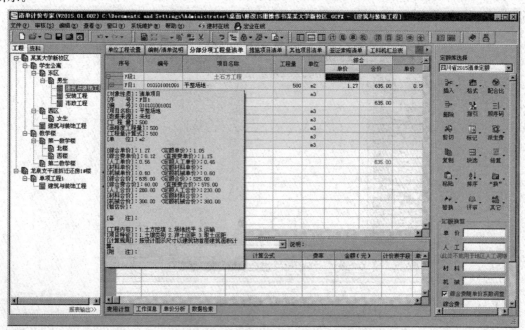

图 26-11 计价表对象字段值提示功能

26.12 保存为旧工程

为了解决部分使用低版本清单计价的用户不能打开高版本这一问题，现在新版 2015 宏业清单计价专家中增加【保存为旧工程】这一功能。其功能作用即是将 GCFX 格式的工程转化为 GCF 格式的工程，从而达到高低版本互相转化的目的，如图 26-12 所示。

使用此功能需要注意的是，由于 15 版本新增了很多功能，如果在 15 版本中使用了影响工程结构的新功能操作，工程可能出现不能转换的情况。具体情况如图 26-13 所示。

图 26-12 保存为旧工程

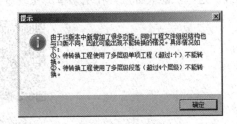

图 26-13 报错提示

(1)待转换工程使用了多层级单项工程(超过 1 个)不能转换。

(2)待转换工程使用了多层级段落(超过 4 个层级)不能转换。

确定后弹出"另存为"对话框进行保存(图 26-14)。

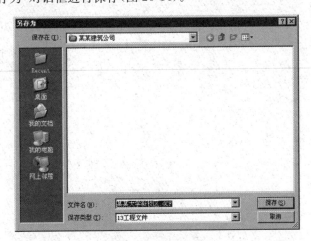

图 26-14 "另存为"对话框

27　系统维护

本章内容

　　项目清单库维护、定额库维护、材料库维护、材料价格表维护、定额指引维护、关联定额输入定义、费用项目及其费率定义、派生费定义、网络版客户端设置、用户补充数据备份、用户补充数据恢复、选项。

　　本软件系统数据库及一些运行参数可能会因为地区差异、政策调整等原因需要用户自行设置或修改。这些功能大都放置在主菜单的系统维护子菜单下。

系统维护

28 如何做工程

本章内容

　　建立工程、计价表结构、计价表数据规划、分部分项清单套用项目及定额、项目及定额运算、材料换算、计价表标记功能、清单组价内容复用、措施费用计算、措施项目清单、其他项目清单零星人工工程单价清单、签证及索赔项目清单、综合单价计算模板定义和综合单价计算、工料机汇总表、费用汇总表、需评审清单设置、清单综合单价横向对比、工程结算、预拌砂浆换算、投标报价汇总表的自定义计算功能、招标人材料购置费清单、需随机抽取评审的材料清单及价格表、对比生成招标材料序号、报表输出、操作撤销与重复。

　　本章将按软件操作流程指导用户完成一个工程计价的完整制作过程。介绍的重点放在单位工程具体内容的编辑处理上。对于前面各章已经专门介绍过的相关操作步骤，本章不再作详细说明。

28.1　建立工程

28.1.1　工程项目建立

　　工程项目建立为进入软件的第一步操作。其菜单位置及快捷按钮如图 28-1 所示，新建工程时根据需要选择计价模式，如图 28-2 所示。

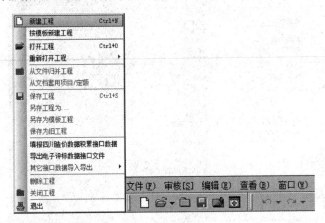

图 28-1　新建工程

图 28-2　选择计价模式

　　选择按清单模式建立工程，则为清单计价工程项目，如图 28-3 所示，在此新建的单项工程内容及单位工程的工程设置模板、清单编制说明、综合单价计算模板、分部分项清单计价表格式、措施项目清单计价表格式、其他项目清单计价表格式、费用汇总表模板、报表组名称等均按清单计价模式配置；相反，按定额计价模式建立工程，则为定额计价工程项目，如图 28-4 所示，新建的单项工程及单位工程所有内容均按定额计价模式配置。为简便用户操作过程，可将相似工程采用按模板工程新建，详细操作请参看"26. 工程及文件管理"章节。在此主要以清单计价模式进行介绍，其定额计价方式操作方法类似。

图 28-3　清单计价工程项目

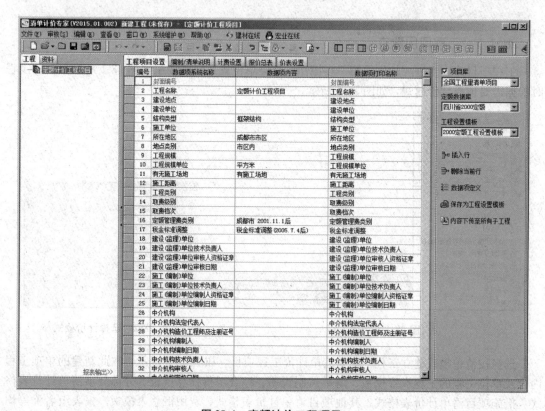

图 28-4　定额计价工程项目

28.1.2　工程项目配置内容说明

工程项目配置包含了：工程项目设置、编制/清单说明、计费设置、单项工程报价总表、招(投)标清单、价表设置(图28-3)。定额计价模式配置如图28-4所示。

1. 工程项目设计

【工程项目设计】为工程项目的第一个页面内容。其输入数据项内容为报表总封面及取费费率提取的数据来源。操作界面如图28-3所示。

用户根据工程实际情况选择项目划分库、定额数据库及工程设置模板。如果采用传统定额方式计价，则可以选择不使用项目划分库。系统预置有多个常用工程设置模板，默认为2013清单定额工程设置模板。用户可以根据工程项目的性质进行重新选择。对选用的模板也可进行修改或补充，然后在数据项内容列内下拉选择或直接输入工程的一些描述信息与取费设置信息。对模板进行修改或补充时，在【数据项系统名称】下拉菜单中选择数据名称，如果需要的数据项在下拉菜单中不存在，可以在数据项定义窗口中进行定义。定义方法为：在工程项目设置窗口任意处右击弹出如图28-5所示右键菜单或者直接单击右边菜单栏进行选择。执行菜单中的【数据项定义】命令即可进入"数据项目定义"对话框，如图28-6所示。

图28-5　"工程项目设置"右键菜单

在"数据项目定义"对话框中，用户可通过增加项目任意添加需要的数据项名称及其数据类型，再在其相应的内容选项区内输入数据项目内容。

若工程采用定额计价方式计算工程造价或利用传统预算取费模板计算项目综合单价时，【工程类别】【取费级别】等与取费费率有关的数据项内容需要用户准确设置，以便在后面模板中自动提取对应费率。修改或补充后的工程设置模板可通过图28-5中【保存为工程设置模板】命令保存为一个新的工程设置模板，以便以后直接调用；另在工程项目设置模板新增加【内容下传至所有子工程】功能，如图28-7所示。

图 28-6 "数据项目定义"对话框

图 28-7 选择下传内容

【数据项目内容】输入：在数据项目定义窗口定义有数据项目内容的，可通过下拉菜单选择调用；不能定义数据项目内容的，只能由用户根据工程实际情况直接输入，例如：建设单位、招标人、投标人名称等。

2. 编制/清单说明

【编制/清单说明】操作界面如图 28-8 所示，主要用于对工程本身工程概况、工程量清单编制依据、工程量及材料的计取、要求等的说明。最后得到工程项目的总说明报表内容。

编制/清单说明也包含多个预置模板，主要分定额计价编制说明模板与清单计价格式模板，当然用户也可修改模板内容或新建说明模板。系统默认模板为 2013 清单定额说明模板，做工程时在【模板选项】下拉列表框中选择使用。

清单计价方式模板内容的上部是说明目录列表区及编辑区，用户可以利用插入行输入目录信息、删除行等操作对当前的模板进行修改编辑，利用鼠标拖拉调整其排列顺序，并将修改后的保存为新模板；也可直接新建模板。每个模板下部是当前目录正文区，用户可对当前条目进行多段落文本编辑；在目录区选择一条目录后，正文区随即更新为当前条目内容。

定额计价格式模板上部主要说明工程使用定额、材料价格及其他内容，可根据工程实际需要通过工具栏快捷按钮或右键环境菜单功能进行修改，修改后保存为新模板以便以后直接调用，

图 28-8 【编制/清单说明】操作界面

也可直接新建说明模板；然后直接在其后空白框内输入相应文字内容即可；下部为工程其他概况内容说明，直接文字编辑即可。

注意：对一个工程的编制/清单说明进行内容编辑后，不要轻易切换为其他模板格式，因为模板切换将导致原来输入的说明内容丢失。

3. 计费设置

【计费设置】里面主要包含了"综合单价计算模板定义""单位工程费用定义""措施清单费用费率"三部分内容。把原来在"单位工程"里面设置的这三个模块现在前置在"工程项目"层级，来达到统一设置、运用模板和调整单位工程费用的目的。【计费设置】操作界面如图 28-9 所示。

图 28-9 【计费设置】操作界面

【为定额批量套用综合单价模板】主要是用来统一设置和修改计算模板。该模块中包含了【模板名称】【费率类别】【为定额批量套用综合单价模板】三个内容。单击【模板名称】的选择菜单，选择需要的模板类型(图 28-10)，并设置好模板里面相应的内容。单击【费率类别】选择当前设置好的模板所对应的单位工程费率类别(图 28-11)。定义好的模板可以直接选择【为定额批量套用综合单价模板】来统一应用和修改费率相同的单位工程。当然用户也可以直接到具体的单位工程上面选择相应的段落进行应用，即可实现综合单价模板的调整。

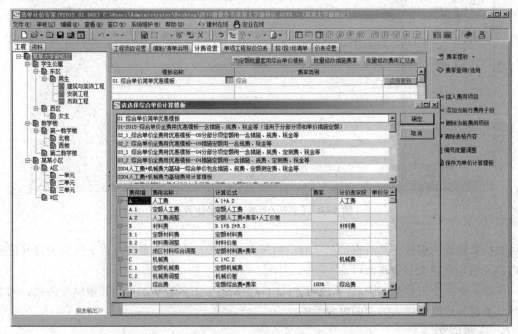

图 28-10　选择模板类型

图 28-11　选择单位工程费率类别

单击【为定额批量套用综合单价模板】按钮弹出"为定额批量套用综合单价模板"对话框（图 28-12），勾选需要统一调整或者修改的单个或多个单位工程，单击【配置模板】按钮弹出"选择模板"对话框（图 28-13），勾选当前选择工程对应的费率，同时确定应用范围（定额公式计算费用、直接输入费用、派生费），单击【确定】按钮软件会自动应用或者修改（图 28-14）。

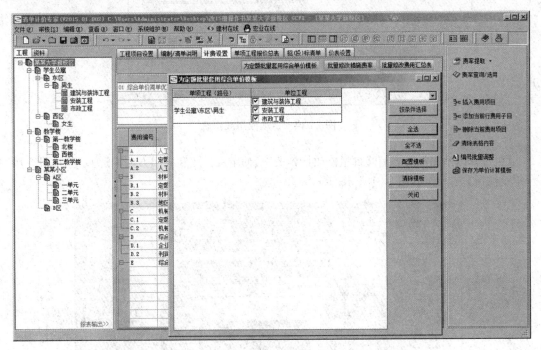

图 28-12　"为定额批量套用综合单价模板"对话框

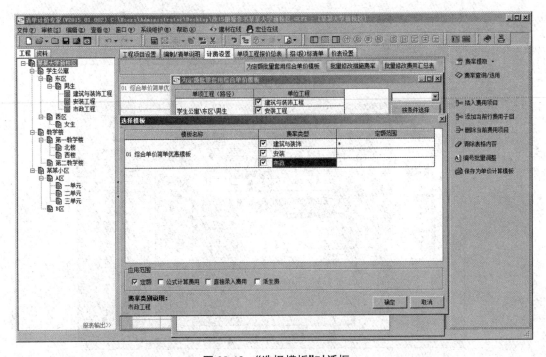

图 28-13　"选择模板"对话框

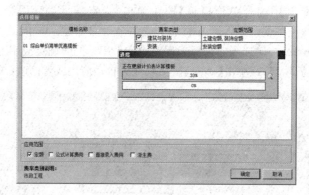

图 28-14　自动应用或修改

　　【批量修改费用汇总表】和【批量修改措施费率】的定义方式和应用方法和【为定额批量套用综合单价模板】是一致的(图 28-15、图 28-16)。

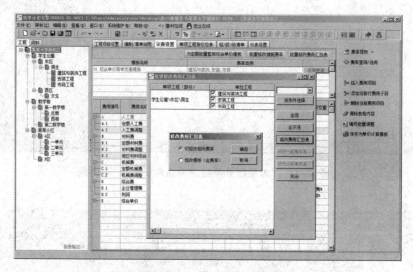

图 28-15　修改费用汇总表

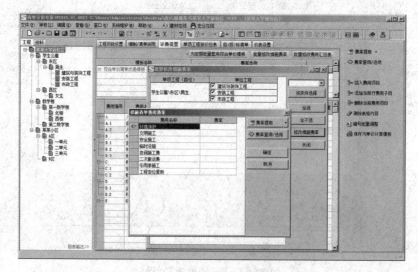

图 28-16　修改措施费率

4. 价表设置

价表设置可以对整个工程的材料价格统一应用材料信息价表进行调整。界面如图 28-17 所示。

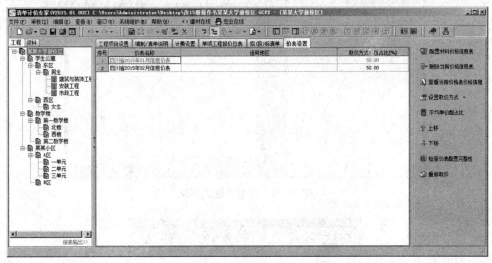

图 28-17 【价表设置】操作界面

操作步骤如下：

(1)配置材料价格信息表。配置材料价格信息表主要是对材料信息的时间和对应地点的选择匹配。在价表名称下方的空白处右击，弹出右键菜单(图 28-18)。

选择【配置材料价格信息表】弹出"价表选择"对话框(图 28-19)。

在选择窗口中找到用户需要的材料信息价表后单击价表选择中的【加入已选】添加按钮进行添加，左边被选中的信息价表将会变成红色。当误选了信息价表可以通过价表选择中的【删除已选】按钮进行删除。信息价选择完了之后要进行使用地区的匹配(图 28-20)。

图 28-18 配置材料价格信息右键菜单

双击对应信息价表使用地区的空白表格，弹出"地区选择"对话框(图 28-21)，用户可以根据需求选择对应的地区，如果有多个信息价表地区选择方法一致。然后单击【确定】按钮，完成操作(图 28-22)。

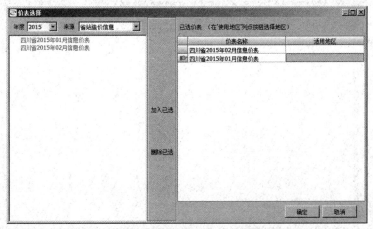

图 28-19 "价表选择"对话框

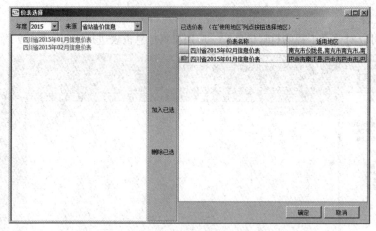

图 28-20 使用地区的匹配

图 28-21 "地区选择"对话框

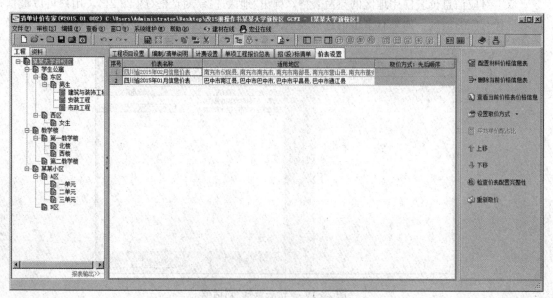

图 28-22 完成信息价表地区选择

(2)设置取价方式。信息价表选择完成后,用户就要对取价方式进行设置。取价方式有两种,一种是按先后顺序,另一种是按占比。按先后顺序取价是用于有多个信息价表,但各个价表的材料内容不同,调整时按照材料出现的先后顺序调价。按占比取价是用于需要多个信息价表调价,选择按占比取价,软件会在信息价表栏增加一列【取价方式:按占比(%)】(图28-23)。

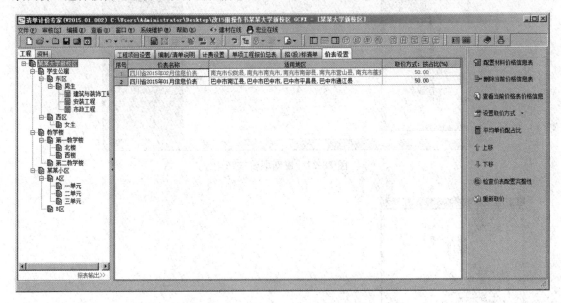

图 28-23 【取价方式:按占比(%)】

用户可以自行设置各个信息价表所占的百分比,也可以通过执行菜单里面的【平均单价配占比】(图28-24)进行设置。

同时用户可以通过执行菜单里面的【检查价表配置完整性】(图28-25)来检查配比是否等于百分之百,检查完成没有问题,软件弹出【配置完整】,如若配置比列不对则显示【存在有些价格表百分比没有设置。】,用户需要重新设置占比并检查。

(3)信息价表应用。在价表设置任意处右击,在弹出的右键菜单中选择【重新取价】(图28-26),或者直接单击【重新取价】按钮(图28-27)。

图 28-24 平均单价配占比　　图 28-25 检查价表配置完整性　　图 28-26 右键菜单—重新取价

软件弹出"重新取价选项"窗口,如果需要保留前面在单位工程工料机汇总表里面手动调整的信息价格直接勾选 ☑ 保留前面已调价格信息。接下来是价格表应用范围的确定:如果是调整所有单位工程直接勾选 ☑ 选择所有单位工程,若只是指定的某个或者某几个则单击【确定】按钮进入单位工程范围选择窗口(图28-28),选好范围后单击【确定】按钮直接进行材料价格调整(图28-29)。

价格调整完成提示【完成调价】(图28-30)。

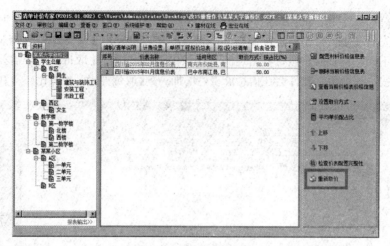

图 28-27 重新取价按钮

图 28-28 选择单位工程

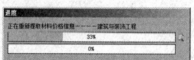

图 28-29 材料价格调整

图 28-30 完成调价

28.1.3 单项工程建立

软件实现了在工程项目层级无限极添加不同层级关系的单项工程（图 28-31），即顶层是工程项目，末层是单位工程，中间可以无限层级添加单项工程。

一个工程项目可能包括有一个或多个单项工程。在新建工程区域右击，软件会根据单击前指定的工程层级建立对应工程的"子项"单项工程。例如，单击前指定的是工程项目层级，则建立的单项工程则是第一层级的单项工程，如果指定的是在第一层级上新建单项工程，那么新建出来的单项工程就是第二层级的单项工程，其他以此类推。若工程项目按模板新建时，默认带有一个单项工程，用户只需修改其名称即可，如果包括多个单项工程时，按上述方法依次建立。详细操作参见"26 工程及文件管理"章节。

单项工程的工程设置及清单编制说明可直接输入数据内容，也可从工程项目中读取相应数据再做一定修改，其操作方法相同。

【单项工程报价总表】界面下边为投标报价总表区域，默认为单项

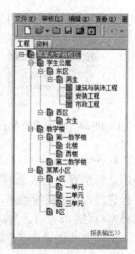

图 28-31 不同层级关系
的单项工程

工程的数据汇总，如图 28-32 所示，也可设置包括单位工程的数据汇总，如图 28-33 所示。

图 28-32　单项工程数据汇总

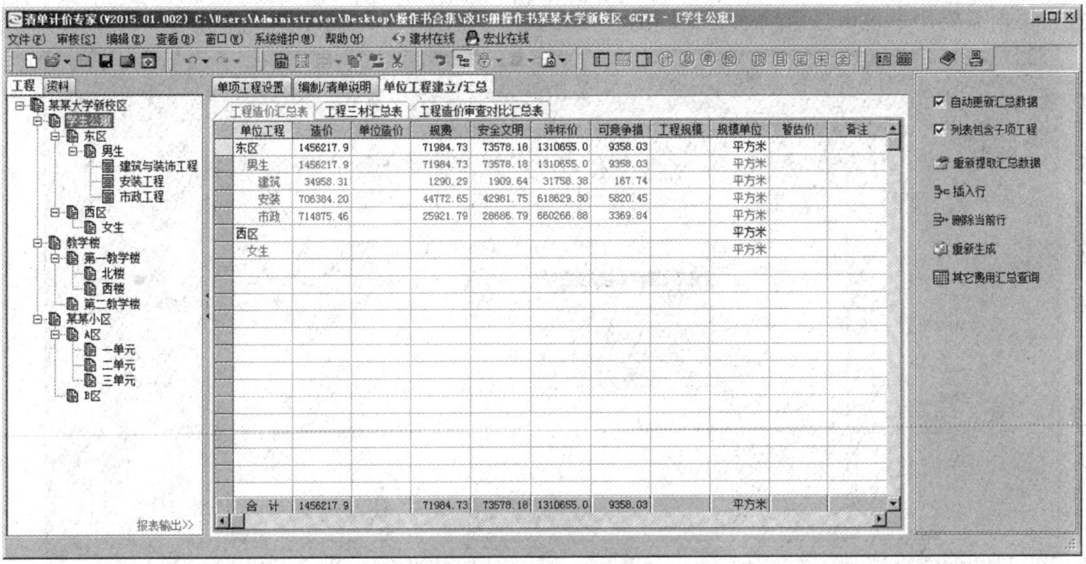

图 28-33　单位工程数据汇总

根据工程性质可调用不同总价表模板，系统预置有：工程项目投标总价表、工程项目预算（控制）价总表、工程项目竣工结算总价表，默认为工程项目投标总价表。在此用户可设置自动更新汇总数据、列表包括子项工程、重新提取汇总数据、插入行、删除当前行、置"小计"属性、置"计算"属性、编辑计算公式、保存为总价表模板及重新生成等功能，也可根据需要直接修改数据，小计、合计行自动生成。此处数据将作为最后报表数据来源，一定要慎重处理。

　　【报价总表】界面"投标报价总表"中的零星工作项目费是否自动更新，随【其他项目清单】中是否勾选【自动更新零星项目费】——如果用户直接输入零星项目费金额时，请取消勾选【其他项目清单】中【自动更新零星项目费】。

28.1.4 单位工程建立

一个单项工程又可能包含多个单位工程。单位工程的新建方法和单项工程的新建类似。按模板新建工程时，模板内默认带有常用单位工程，可直接采用；需要补充建立时，可以通过工程列表窗口右键菜单或单击单项工程中的【单位工程/汇总】页标签，进入到单位工程汇总窗口中进行建立，如图 28-33 所示。

界面下半部分为所建单位工程的数据汇总区域。用户可勾选【自动更新汇总数据】选项，其作用是当单位工程相关数据变动时，系统自动更新汇总表内数据，否则用户必须手工单击【重新提取汇总数据】按钮更新数据或直接在表格内输入数据。

只要用户新建一单位工程，其汇总窗口内的单位名称列同时出现此单位工程，对此单位工程进行编辑后，其工程造价自动汇总到相应列内；单位造价列数据为当前单位工程造价除以其工程规模，因此，用户必须输入工程规模才能计算并显示其单位工程造价。

合计行造价为所有单位工程造价的汇总，单位造价为汇总造价除以单项工程工程规模，如果单位工程工程规模与单项工程工程规模不同时，合计行单位造价不等于所有单位工程单位造价汇总。

在汇总窗口内，可利用菜单功能或右边工具栏按钮进行插入行、添加行、删除当前行、重新提取汇总数据等操作，工具栏按钮可根据右键菜单的【显示/隐藏专用工具栏】功能进行隐显设置。根据需要用户也可任意输入需要的汇总报表数据，如图 28-34 所示。

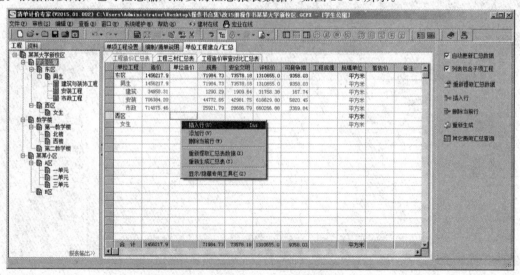

图 28-34　输入汇总报表数据

除工程造价汇总表外，还有工程三材汇总表及工程造价审查对比汇总表。三材汇总表主要应用于传统预(结)算中，对工程的钢材、水泥、木材进行汇总；工程造价审查对比汇总表应用于对施工单位编制的工程预、结算进行审查时的对比表。

单位工程建立后，进入某一单位工程的途径有两个：一是直接单击工程列表窗口中该单位工程名称；二是在主菜单"窗口"菜单下选择单位工程。

单位工程操作主要在【分部分项工程量清单】【措施项目清单】【其他项目清单】中，操作界面如图 28-35 所示。

单位工程所含页面及其排列顺序与"选项"中的模块配置有关。如果对当前单位工程页面进行调整，可在页标签的任意位置右击，弹出如图 28-36 所示页面调整菜单。

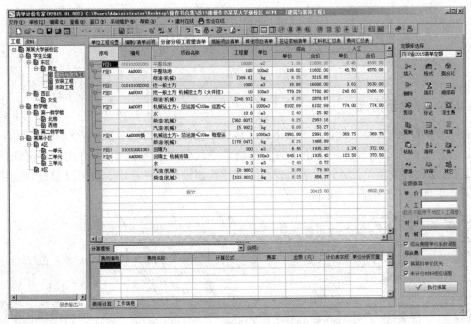

图 28-35　单位工程操作界面

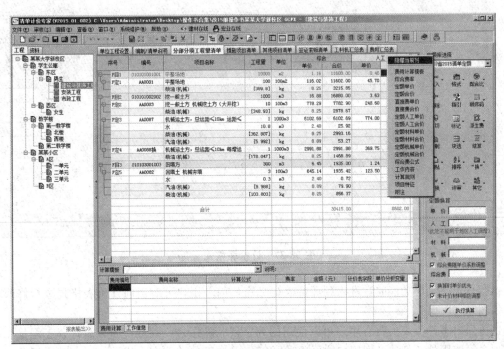

图 28-36　页面调整菜单

　　在此菜单上用户可勾选原来没有的页面，也可单击取消不需要的页面；还可通过【当前页前移】与【当前页后移】两项菜单功能调整页面位置以及执行【更改当前面名称】修改其功能页名称。

　　单位工程的【单位工程设置】页及【编制/清单说明】页内容完全继承了用户在工程项目中的相应设置。对其中差异部分，用户再根据单位工程特点进行修改或补充；若按模板新建工程，补录工程项目及单项工程工程设置及编制/清单说明后，单位工程相应内容仍为空，这时用户可直接输入，也可从相应单项工程或工程项目中读取数据内容。

28.2 计价表结构

28.2.1 计价表格式

单位工程的【分部分项工程量清单】【措施项目清单】【其他项目清单】是整个单位工程的核心，集中了工程计价的大部分操作。计价表的表格格式系统预置有"清单计价格式"和"定额计价格式"，用户可通过环境菜单设置计价表格式或工具栏按钮进行选择使用，也可以通过自定义对计价表格式作更加灵活的配置，如图 28-37 所示。

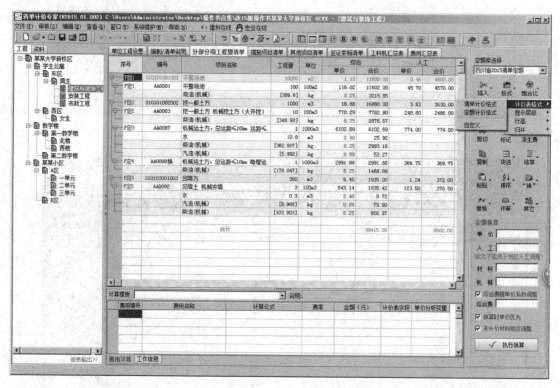

图 28-37 计价表格式

执行自定义菜单功能时，进入到计价表定义窗口内，用户可对当前计价表格式进行修改设置，如图 28-38 所示。

这里列出了计价表上所有用户可以使用的列字段。除序号、编号、项目名称、工程量、单位五列必须使用外，其他各列用户均可通过"√"决定是否在计价表上显示；所有列均可通过鼠标拖拉或单击上下移动按钮调整排列顺序。选中的当前列可以在右部调整其显示宽度、修改列标题名。如果列名在表头上需分两行显示，应在两行文本单插入♯号符。系统在生成表头时，会自动对第一行文本内容相同的相邻单元格进行合并。对修改后的格式可直接单击【应用】按钮，当前单位工程的计价表格式立即做相应调整；这时用户关闭计价表定义窗口即可。对修改后的格式可通过单击【保存】按钮，将其保存为计价表格式模板，以方便以后直接调用。

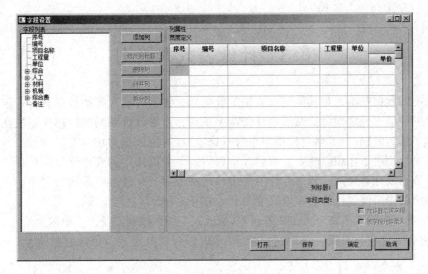

图 28-38　修改计价表格式

28.2.2　计价表树状结构

这里对于计价表格式的设置，主要是针对计价表字段的显示设置，而计价表内容行的显隐控制，在表格最左边的树状目录区进行，有以下几种操作类型：

(1)单击数据结点前的 ⊞ 或 ⊟ 可展开或折叠该结点的数据子行。

(2)在[清单/计价]表任意位置右击弹出环境菜单，执行其上的计价表数据显示层次功能，此功能子菜单还包括有【显示到清单项目级】【显示到定额级】【显示计价表所有行】【显示当前对象所有子行】【隐藏计价表所有子行】及【查找数据对象】功能，如图 28-39 所示。

(3)单击快捷按钮区的 项目定未全 可控制计价表显示内容。【顶】相当于显示到段落结构级，【目】相当于显示到清单项目级，【定】相当于显示到定额级，【未】相当于显示到定额级并同时显示下面的未计价材料，【全】为显示计价表所有行。

定额计价方式下，计价表由分部、定额及合计行构成；清单计

| 显示到项目清单级 |
| 显示到定额级 |
| 显示计价表所有行 |
| 显示到定额及未计价材料级 |
| 显示当前对象所有子行 |
| 隐藏计价表所有子行 |
| 查找数据对象　　　F3 |

图 28-39　右键环境菜单

价方式下，计价表由分部分项工程量清单、措施项目清单、其他项目清单、签证索赔清单四个大的区域构成，这四个区域可由系统在新建单位工程时预置（系统"选项"中设置），也可以由用户通过环境菜单中的插入段落功能手工插入。

除这四个大的区域外，用户可在计价表上插入分部、小节或自定义段落，各种段落嵌套层级可无限扩展；各层级嵌套关系在树状目录区通过树状线条显示。

在本软件中，无论区域、分部、小节还是自定义段落，均可统称段落。每个段落由段首行（段落名称行）与段尾行（段落小计行）界定一个连续区间。清单项目或定额可在任意段落内外输入；清单项目与定额之间的所属关系由其相对位置决定，即某一项目后的定额（截止于另一项目或段尾）均属于该项目构成定额；定额材料紧跟所属定额之后。

措施项目清单、其他项目清单及签证与索赔项目清单区域必须进行区域界定，界定区域内也可插入分部和小节。这些区域内，除可输入项目及其定额外，也可直接输入费用条目或通过计算公式由其他数据对象计算费用。

其他项目清单内容与措施项目清单操作方法基本一致，系统预置了常用的模板格式，用户直接调用再根据实际情况做一定修改即可。

28.3   计价表数据规则

计价表内的数据基本上是其他所有表格的数据源。各结构层次间的数据具有一定的相互关系。计价表列数据项分定额计价及清单计价两个系列。定额计价系列的数据项一般在列名称上加"定额"两字作为区别(当然列名称用户可自行修改),对应数据为相应定额库数据,只在定额换算或材料换算情况下作相应改变。清单计价列数据一般由选用的费用计算模板计算产生,计价表中的各数据或计算公式、费率等都需要用户在模板中的计价表字段进行定义;在没有选用模板或选用模板中未设置计价表字段的情况下,采用以下默认规则生成:

(1)人工费＝定额人工费＋人工调整价差(地区人工费系数调整及人工单调价差);

(2)材料费＝定额材料费＋单调材料价差(地区综合调整价差及单调材料价差)＋未计价材料费;

(3)机械费＝定额机械费＋机械调整价差(地区机械费调整);

(4)直接费＝人工费＋材料费＋机械费;

(5)综合费＝定额综合费;

(6)综合单价＝人工费＋材料费＋机械费＋综合费;

项目的各项费用则是由项目下的定额费用累加而得。后面将讲到的定额措施费是汇入该定额所在的项目内,项目上计算的措施费直接汇入项目相应费用中。

28.4   分部分项清单套用项目及定额

考虑到单位工程里面的四个清单的计价功能和方式的不同,将原来【清单/计价表】页面标签下面的"分部分项工程量清单""措施项目清单""其他项目清单"和"签证索赔清单"改成了四个独立的页面标签(图 28-40、图 28-41)。

无论采用定额计价方式还是采用清单计价方式,项目及定额的套用都是必需的,也是最基本的一步。系统根据不同情况设计了几种项目及定额套用方法。

28.4.1   项目及定额调用

工程采用清单计价方式时,每个项目下可能会套用一个或多个定额,因此,计价表中就存在项目及定额的调用,若工程采用定额计价方式,则只存在定额的调用。

计价表上调用的项目及定额必须是系统项目库或定额数据库存在的项目或定额。用户不能在计价表上直接编辑项目或定额。如果要使用自编项目或定额,用户可通过环境菜单插入自编项目或插入自编定额功能,自编项目或定额的编号、名称、单位等相应数据可以进行任意修改(此情况只应用于当前单位工程),若以后工程可能用到自编项目或定额,这时必须先在项目维护库或定额维护库的用户自编项目/定额中补充后再调用。本软件设计有两种项目及定额调用方法:一是直接输入项目及定额编号调用,简称"直接编号法";二是在数据检索窗口或项目库/定额库中选择调用,简称"列表选择法"。

1. 直接编号法

采用直接编号法输入项目或定额编号的位置是计价表第二列【编号】栏单元格。用户输入编号后回车或转移光标到其他单元格,系统就会自动到项目库或定额库中查找该编号的项目或定

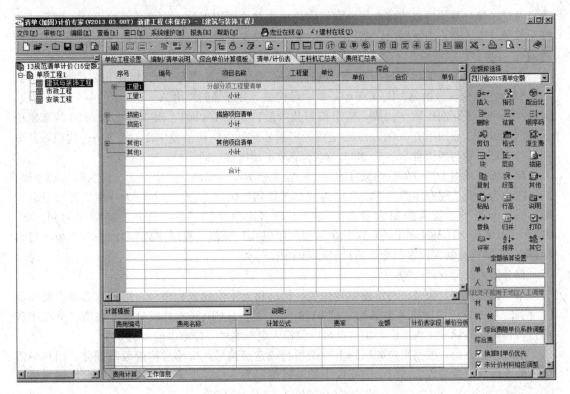

图 28-40 【清单/计价表】页面

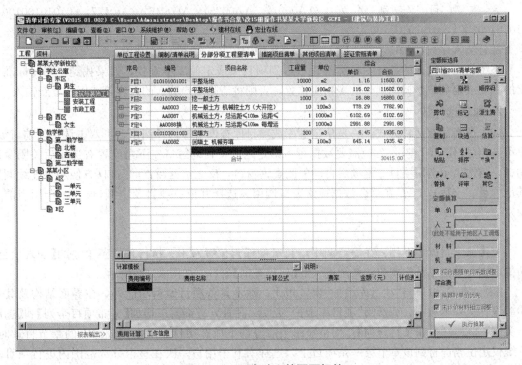

图 28-41 四个独立的页面标签

额，如果找到则调用项目或定额，否则系统将用户输入的内容清除，需要用户重新输入。根据项目及定额编号规律性强的特点，为方便用户更快速地调用项目或定额，系统设计了项目或定额编号部分输入法，即根据用户调用的上一条项目或定额编号的构成特点简录本条项目或定额的编号。

本系统定额编号的标准规则是："分册号＋分部号＋定额序号"，其中四川省2004、2009、2015清单定额分册号由A、B、C……一个字母构成，分部号同样由A－Z其中的一个字母构成，定额序号由标准化四位数字构成，整个编号共六位，如：AA0001、BB0028、CB0286等都属于标准定额编号。而四川省2000、1995定额的定额分册号由阿拉伯数字1、2、3……构成，其分部号与定额序号与四川省2004、2009、2015清单定额内容相同。

项目编号采用十二位阿拉伯数字表示。一至九位为统一编码，其中一、二位为附录顺序码，三、四位为专业工程顺序码，五、六位为分部工程顺序码，七、八、九位为分项工程项目名称顺序码；十至十二位为编制人设置的清单项目名称顺序码，并应自001起顺序编制。如：010101001001，01(附录顺序码)01(专业工程顺序码)01(分部工程顺序码)001(分项工程项目名称顺序码)001(编制人设置的清单项目名称顺序码)。

部分输入法具有两个特点：

第一特点是序号简录，对定额编号来说：标准化为4位的定额序号，用户可以略去前面的0，例如：AA0001可以简录为AA1，CB0126可以简录为CB126。对项目编号来说：分项工程项目名称顺序码标准化为3位，用户也可以像输入定额编号一样略去前面的0。

第二个特点是，根据用户调用的上一条项目或定额编号，按编号构成段落划分，用户只需输入改变段落以后的内容即可。数据库中的项目编码为九位，十至十二位的项目顺序码系统从001开始自动生成，用户也可自行输入(必须输入12位)或修改。

下面是一个完整项目及定额输入序列采用部分输入法的例子：

完整项目、定额序列：AA0001，AA0025，AB0046，AI0127，010101001001，010101002001，010201001005。

部分输入序列：AA1，25，B46，I127，＊0101011，＊2，＊201001。

系统将用户输入的部分编号标准化后再到项目库或定额库中查找，如果找到，则将标准化后的项目或定额编号调用到计价表相应位置，否则将清除用户输入的内容等待用户重新输入。

2. 列表选择法

列表选择法有两种方式：一是从定额库或项目库查询窗口选择调用，可双击调用当前对象，也可选定(按住Ctrl键可多选)需要数据行再确定返回，查询窗口左下角配置有选用后关闭窗口功能，勾选表示选用项目、定额后自动关闭查询窗口，反之重返回查询窗口(方便用户连续调用其他项目、定额)；二是在综合数据检索窗口调用，选择并拖放项目及定额(可双击调用当前对象)。

(1)项目的调用。

直接从项目库中调用：在需要调用项目行的任意位置右击，执行环境菜单中的【插入项目】功能，也可单击工具栏按钮，系统进入到【项目查询】窗口，如图28-42所示。

"项目查询"窗口与"项目库维护"窗口相比，除不具备项目编辑功能外，在界面结构及其他功能设置上基本相同，请参阅"项目库维护"说明。另外，查询窗口增加【分布项目全列】和【选用后关闭】选项，【分布项目全列】作用是显示当前分部下所有项目。单击该分部下的章节目录时，系统仅定位当前行到该章节第一条项目上，这样有利于用户一次在整个分部范围内进行项目多选。但由于一次列表的数据记录过大，对于机器性能不是很好的用户，响应时间可能稍长一些。

第一次调用项目时，进入窗口后系统自动定位到项目类型上，根据"项目库维护"中介绍的操作方式找到需要的项目，先选中再单击【确定】按钮即可完成调用(如果一次只选用一条项目，

图 28-42 【项目查询】窗口

也可直接双击该记录行);如果多次调用项目时,进入窗口后系统自动定位到上一次调用界面的项目上,再通过同样方式找到需要的项目进行调用。单击【取消】按钮放弃本次调用。

项目调用后需要进行修改时,可以利用删除当前项目重新调入新项目,也可在当前项目上执行环境菜单的替换项目来完成。

(2)从数据检索器中调用:单击快捷按钮区的【检】进入到数据检索器辅助窗口,如图 28-43 所示。

图 28-43 数据检索

根据数据检索窗口中项目库的目录树,找到需要调用的项目并勾选,然后利用鼠标拖动到计价表,可完成项目调用。如果需要项目的所属分部或小节内容,直接将其分部、小节进行勾选一并拖入计价表中。

数据检索窗口中也可直接双击所需对象调用到【清单/计价表】中指定位置。在清单项目或所属定额位置双击调用项目时,自动在当前项目所属定额后添加此项目,调用定额时,定额将属于当前项目并排列在所属定额最后。这种方式一次只能调用一个项目或定额对象。

在没有选定任何小节、项目或定额的情况下直接拖放,其效果是输入鼠标当前所指的内容,等同双击调用当前对象。

(3)定额的调用。定额调用与项目调用相似,主要方法有以下几种:

1)直接从定额库中调用:在需要调用定额行的任意位置右击执行环境菜单中的【插入定额】【替换定额】功能,或双击编号单元格系统均可进入【定额查询】窗口,如图 28-44 所示。

其界面结构及操作方法请参阅项目调用内容。在进行定额调用时可在图 28-44 所示界面的定额名称后空白框内输入所调用定额名称的关键词,然后单击【查找】按钮,可将当前专业包含此关键词的所有定额显示,再选择需要定额即可。

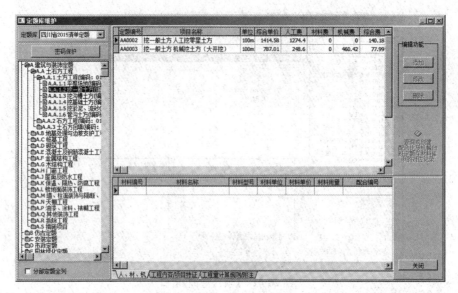

图 28-44 【定额查询】窗口

当前行无定额时，进入窗口后系统自动定位到定额类型上，根据上面介绍的方法调用需要的定额；当前行有定额时，进入窗口后系统自动定位到上次定额上，再通过同样方式找到需要的定额进行调用。单击【取消】按钮放弃本次调用。

定额调用后需要进行修改时，可以利用删除当前定额重新调入新定额，也可在当前项目上执行环境菜单的【替换定额】来完成。

2）从数据检索器中调用：这里又有两种不同方式。直接从窗口左边的定额库中查找调用及从项目的指引库中进行调用。

3）当项目调用后，在当前项目编号单元格或项目下空行编号单元格单击为编辑状态。这时其单元格后出现一下拉按钮 010101002■，用户只需单击此下拉按钮将进入"项目指引"对话框（图 28-45），也可执行环境菜单项目其他子菜单【项目】→【定额指引】或工具栏【指引】按钮进入图 28-45 所示对话框，再勾选所用的定额确定即可。

图 28-45 "项目指引"对话框

"项目指引"对话框按工作内容分别显示定额，界面左下角"默认展开节点"可设置各工作内容下定额的显隐。若勾选，则各内容下定额呈展开状态，反之呈折叠状态，用户根据需要单击[➕]进行展开，这里的设置在下次进入项目定额指引对话框时才起作用。【定额明细/查询套用】表示查看当前定额的构成或从全定额库中查找定额进行套用，单击进入到【定额查询】窗口，这里的查看与选择套用参看前面介绍内容。

项目定额指引工作内容是在系统维护菜单中的项目定额指引中定义的。如果此窗口中没有需要的定额，用户可回到定额指引维护窗口中添加定义，其定义方法请参照相应章节内容；也可在当前项目下通过其他方式进行定额调用。

"直接编号法"与"列表选择法"各有优缺点：前者输入快捷，但需要事先套好项目及定额编号或能记住要使用的项目及定额编号；后者虽然输入较慢，但可以在输入时方便地通过查询功能调用。实际工作中，根据不同情况可两种方式结合使用。

无论使用什么方法调用的项目或定额编号系统都将按目1、目2……或者定1、定2……依次递加进行排序。改变项目、定额位置后，自动按先后进行重新排序。当输入项目编号重复时，系统自动弹出"编号重复确认"对话框，如图28-46所示，此时需要用户进行确认。

在计价表【序号】列可利用鼠标拖动功能调整相互间位置。

当需调用的项目或定额在数据库中没有时，需要在项目库维护或定额库维护窗口中进行用户自编项目或定额。自编项目或定额不能直接输入其编号进行调用，必须通过列表选择法从项目库或定额库中查找调用。其操作方法见系统维护章节相应内容。

插入自编定额、自编项目执行环境菜单【插入自编定额】【插入自编项目】功能或单击工具栏【插入】按钮中相应功能菜单即可。

4）执行插入自编定额功能后，在【清单/计价表】中添加一自编定额行，用户直接输入修改其编号、名称、单位等相应内容。

5）执行插入自编项目后，弹出"自编项目基础编号"对话框（图28-47），需用户输入自编项目基础编号。主要是能让自编项目与其他项目一样参与项目编码的统一设置。

图 28-46 "编号重复确认"对话框　　　　图 28-47 "自编项目基础编号"对话框

28.4.2 工程量输入

一般在调用项目或定额后接着会输入该项目或定额的工程量，当然也可以在其他任何时候补充输入或修改工程量。工程量允许输入正数、负数或0，用户可以直接输入数值，也可以输入正确的四则运算表达式让程序自动计算结果。

直接输入及计算得出的工程量，程序都将按"选项"中的"保留小数位数的设置"对其进行处理；如果直接输入或计算得出的工程量超过设置的位数，系统将对其进行四舍五入到相应位数。不足小数位依据"选项"中设置确定是否用"0"补齐。

【系统维护】菜单的选项中有【定额子目工程量预置为所属项目工程量】设置，如果划"√"，则项目下所属定额的工程量与项目相同，若不相同时，按工程量输入方式进行修改。

修改项目工程量时，弹出图28-48所示对话框需要用户确认。是否只修改项目工程量，或同时更改当前项目下定额工程量；清单项目锁定后修改项目工程量时，定额工程量也可随项目工程量按同比例修改。

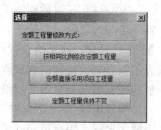

图 28-48 定额工程
量修改方式

28.4.3 项目、定额内容修改

由于实际工程的需要，项目、定额的名称、计量单位、工程内容等需要做一定的修改。

（1）编号：从定额库中调用的定额编号不能进行修改，只可在其后加"－1、－2、－补……"，这主要是区分相同定额的不同换算。从项目库中调用项目编号，其前九位不能进行修改，由于后三位为编制人设置的顺序码，可根据情况进行修改；对后三位自编顺序码，可在【系统维护】菜单的选项中进行设置：自动添加顺序码单独排序及整体排序。若取消【自动添加顺序码】设置，其下的【单独排序】和【整体排序】为灰显，则输入或调用的项目编号为清单规范中的九位，其后的三位用户可根据需要任意编辑或不编辑。当然，这里的设置都只对以后输入的项目起作用，对已输入的项目编号，则只能通过环境菜单（图 28-49）或工具栏中的【顺序码】按钮进行修改。

图 28-49 所示有七个环境菜单，其作用分别如下：

取消顺序码：取消已设置添加的顺序码，回到清单规范的九位项目编号。

不同基础编号分别添加顺序码：不同的项目编号分别从"001"开始依次添加其顺序码。

所有项目整体添加顺序码：无论是否相同项目，整体按设置依次添加项目顺序码，如图 28-50 所示。可设置项目的起始序号及标准化位数。

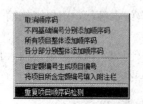

图 28-49 顺序码环境菜单

图 28-50 "项目编号顺序号设置"对话框

各分部分别整体添加顺序码：对当前单位工程各分部分别按设置依次添加项目顺序码，同样弹出"项目编号顺序号设置"对话框（图 28-50），在其中设置各分部项目的起始序号及标准化位数。

由定额编号生成项目编号：项目编号由所属定额编号相加而得，如：AA0002＋AA0013＋AA0014。

将项目所含定额编号填入附注栏：将定额编号填入"工程信息"窗口的附注栏内，以便在报表中显示，如 AA0002、AA0013、AA0014。

重复项目顺序码检测：检测当前单位工程中是否存在相同编号项目。若当前单位工程没有相同项目编号，将弹出图 28-51 所示对话框——没有检测到重复的项目编号；若存在有相同项目编号，系统弹出"项目编号重复性检测"对话框（图 28-52），对话框内显示出重复项目编号及重复对象的序号。

图 28-51 没有检测到重复的项目编号

图 28-52 "项目编号重复性检测"对话框

需评审项目直接在编号后加录"＊"号即可。

（2）项目、定额名称：项目或定额的名称都可以做任意修改。定额名称修改利用直接编辑修改；项目名称除直接编辑修改外，还可利用其所属定额名称进行修改：一是将所属定额名称组合到项目名称，在当前项目行上右击执行环境菜单项目其他中的组合项目所含定额【项目名称】功能或单击工具栏按钮其他中的菜单功能即可，如图 28-53 所示；二是将当前行定额名称添加到所属项目名称中，在当前定额行上执行环境菜单执行项目其他中的合并【项目名称】到所属项目或工具栏按钮其他中的相应功能即可。

（3）计量单位：项目的计量单位可以做任意修改；定额计量单位始终与定额库中定额单位一致，不能做任何修改，这主要是减小由于单位而带来的误差。

定额的数据做修改时，认为是对定额进行换算处理。具体操作及方法在定额换算段落再详细介绍。

（4）项目工作内容、项目特征的修改编辑：在利用

序号	编号	项目名称
项目1	010101002001	挖一般土方 挖一般土方 人工挖零星土方 人力车运土石方, 总运距<500m 运距<50m
定1	AA0002	挖一般土方 人工挖零星土方
定2	AA0085	人力车运土石方, 总运距<500m 运

图 28-53　定额名称修改

软件提供工程量清单或做清单报价时，可能需要编辑项目的工作内容及项目特征。这时只需在相应【工作信息】辅助窗口中进行修改编辑，操作方法见前面相应章节，其内容将作为报表的数据来源。

28.4.4　相关处理

直接修改已有项目或定额的编号，一般情况下都对原项目或定额做替换处理，但如果只是在原定额编号后加"－"（必须是半角），再加其他任意字符，则系统认为是用户对调用定额作的区别标识，不做其他任何处理。

系统对调用定额的处理操作，除上面讲到的按规定定位定额外，还包括以下一些处理过程：

将定额相关数据填入计价表对应列；

将定额构成材料加入相应定额下面；

加入的材料根据主菜单编辑栏下的菜单选项决定其是否处展开状态。对输入定额时展开材料，通过鼠标勾选，输入定额时材料处于展开状态；取消勾选，则输入定额时材料处于折叠状态，对这两种设置做修改后，修改后的设置只对以后的定额调用有效。

在计价表中，定额下的材料、项目下的定额、小节下的项目、分部内的小节以及某块内的分部，根据用户需要都可处于展开或折叠状态。这时用户可以通过固定栏单元格的【打开、关闭器】显示或隐藏某些内容；也可以在【清单/计价表】任意位置右击，通过环境菜单上的【显示当前行的所有子行】【显示计价表所有行】【隐藏计价表所有子行】进行设置；一般情况根据需要可将几种方式结合使用。

28.4.5　插入空行

在计价表合计行前任意位置都可插入一空行，空行内可进行其他任意操作：调用项目、定额，插入段落、分部、小节。在定额内的空行可输入新增材料名称。

用户也可以直接按 Insert 键插入空行。

28.4.6　删除当前行

删除当前行用于删除计价表定义块或当前行数据对象。在定义块或当前行上激活环境菜单，

执行菜单功能删除当前行或工具栏【删除】按钮确认即可。如果定义了块内容，弹出"如果你选择了段落、项目或定额的首行，则该操作将一并删除其所有子行！确定删除吗？"对话框需用户确认；如果删除当前定额、定额下的某一材料或者未含定额的项目，则只需要用户确认；如果删除含定额的项目，则需用户选择是"连带删除当前项目下定额"，还是"仅删除当前项目条目"；如果删除工程量清单选项、分部选项、小节选项时，也需用户选择是连带删除当前行包含内容，还是仅删除当前行框架。以上几种情况都可通过单击【取消】按钮放弃删除操作；执行删除操作后均不能恢复，因此用户必须慎重。

用户也可以直接按 Delete 键调用该功能。

28.4.7　复制、剪切、粘贴

单位工程之间或单位工程内相同内容的输入，可采用环境菜单或工具栏中的复制、剪切、粘贴功能来完成，在非编辑状态下，也可以使用对应快捷键(Ctrl+C、Ctrl+X、Ctrl+V)，这样可节省部分操作步骤及时间。未执行复制、剪切功能时，粘贴菜单项灰显。

复制的对象可以是定额下的某一材料、定额、项目、小节、分部、段落、定义块或分部分项工程量清单、措施项目清单、其他项目清单等。

(1)材料复制：执行复制、粘贴功能即可。当前材料的名称、单位及其价格将粘贴到指定位置的前一行，用户再根据其所属定额输入其定额含量。

(2)定额复制：将当前定额的所有内容一并复制，包括其定额换算、材料换算及选用模板综合单价的计算内容。

(3)项目复制：可复制项目本身，也可连带复制项目下所属定额。在当前项目上执行复制功能后，弹出如图 28-54 所示对话框。需要用户选择【连带复制当前项目下定额】或【仅复制当前项目条目】，【取消】则为放弃此项目内容复制。与定额复制一样，项目上的任何处理都将被复制。

(4)节、分部及段落的复制：与项目复制类似，执行复制功能后需要用户选择【连带复制当前段落下所有内容】或【仅复制当前段落框架】。

(5)块复制：定义块首、尾后，执行复制功能弹出对话框"如果你选择了段落、项目或定额的首行，则该操作将一并复制其所有子行！确定复制吗？"。详细操作见后面【块操作】内容。

图 28-54　项目复制选项

复制的内容将以纲要形式添加到粘贴菜单的子菜单上，供用户执行粘贴操作时选择。一共可复制五份内容，超过五份以上的复制操作，将依次挤掉最前面的复制内容。复制的内容只在软件运行期间保存，如果退出软件，复制内容自动丢失。

剪切对象及操作方法均与复制类似，弹出对话框也与图 28-54 一样，有【连带剪切当前项目下定额】【仅剪切当前项目条目】等选项；不同之处是：剪切是将当前对象删除，粘贴移动到其他地方，而复制则是保留当前对象，再在另处增加同样的一个对象内容。

粘贴前面复制、剪切的内容时，其中的数据对象将被重新依次编写序号；对于调用有序号数据对象的计算费用行，其计算公式随序号做相应变化。

整个单项、单位工程的复制利用工程列表窗口右键菜单或【单项工程建立/报价汇总】【单位工程建立/汇总】界面内的复制当前单项、单位工程功能及粘贴单项、单位工程功能完成。复制有单项、单位工程后，才能使用粘贴单项、单位工程功能，否则粘贴单项、单位工程功能菜单灰显。

无论是定额、项目、分部、定义块或段落的复制，粘贴到相应位置后，按当前单位工程进行另行编序。复制的内容也可多次粘贴。

复制内容可在多个程序实例的工程之间进行粘贴。

28.4.8 块操作

做工程过程中，可能会对【清单/计价表】内多项内容进行相同换算处理、选用相同费用模板计算其综合单价或一并复制、剪切、粘贴、删除多项数据内容等操作。为此软件专门设置了【块操作】功能，用户操作起来更方便、快捷。

环境菜单及工具栏按钮【块操作】的子菜单功能如下（图 28-55）：

全选：将当前计价表所有内容设置为一个整体，也可按 F4 键完成。

设置块首：在当前行执行设置块首功能，【清单/计价表】当前行显黄色以示区分。同样也可采用以下两种方式进行设置：

(1)在当前行按 F5 键；

(2)按住 Ctrl 键，直接单击选中块首行。

设置块尾：块首设置后，如果需要对连续多项内容进行整体操作，则须设置块尾。在需设置块尾行执行此功能，这时连续选中块尾行与块首行区域内容并以黄色显示，显黄色内容为定义的块内容，一个单位工程内只能定义一个连续块内容。也可采用下面两种方式进行设置：

(1)在当前行按 F6 键；

(2)按住 Shift 键，单击选中块尾行进行块定义。

反相选择：选择当前计价表内已定义块的其余内容。

按价值选定前 n 项分部分项清单（或定额）：如图 28-56 所示，用户选择价值依据、选择项数，即选择综合单价或综合合价或工程量从大到小的前 n 项分部分项清单为块内容。

图 28-55　块操作子菜单功能

图 28-56　按价值选定

选中工程量为 0 的分部分项清单（或定额）：选择块选择中的选中工程量为 0 的分部分项清单（或定额）。

选中当前行：块定义时，若连续内容定义除了采用设置块首、设置块尾功能外，也可利用【选中当前行】功能逐行执行进行定义；若需间隔选择内容进行统一操作，只能通过此功能选中部分行。当然也可通过按住 Ctrl 键进行选择。若当前行已为块内容（已显黄色），则【选中当前行】灰显。

不选中当前行：取消当前行的块设置。必须是已选中当前行后才能执行此功能，否则灰显不可用；也可通过按住 Ctrl 键单击取消当前行的块设置。

取消块定义：取消已定义的所有块内容设置。也可直接按 F7 键快捷完成。

清单、定额整体选中或取消选中：勾选则表示选择清单项目时，一并选中其包括的所有定额项目，取消则为只选中当前清单项目本身。

块定义后，可对其整体进行复制、剪切、删除，统一进行换算处理及选择相同模板计算其综合单价。

复制的对象为定义的块的全部内容。执行复制功能弹出如图 28-57 所示对话框。

通过块定义选中定额、项目或段落的首行，就可将其所有子行一并复制。

需要注意的是：分部分项工程量清单数据不能与措施、其他及索赔清单数据同时复制！材料不能与其他数据对象一起复制！

复制的内容与前面一样，将以纲要形式添加到粘贴菜单的子菜单上，显示为【块复制数据】，供用户执行粘贴操作时选择。

剪切与块复制功能基本相似，只是对选中块内容前者是删除，后者是复制。

删除块定义所有内容：如果你选择了段落、项目或定额的首行，则该操作将一并删除其所有子行，如图 28-58 所示。执行删除操作后均不能恢复，因此用户必须慎重。

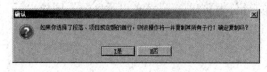 

图 28-57　复制确认对话框　　　　　　　图 28-58　删除确认对话框

当然也可对选中区块里的所有定额统一取消换算设置及统一取消费用计算模板等操作。

上述提到定义块区域后行内容显黄色，这里的颜色可在主菜单【系统维护】子菜单选项中的【颜色配置】标签内进行自定义。

28.5　项目及定额运算

采用定额计价方式时，只存在定额的运算，但采用清单计价方式时，除定额的运算外，项目、节、分部、段落以及整个单位工程都可能会进行统一的系数运算。定额的运算与定额计价方式相似，相同的是需对其基价、人工费、材料费、机械费进行系数处理，不同的是四川省2004、2009、2015建设工程工程量清单定额中含有定额综合费的运算；项目、节、分部、段落及整个单位工程的运算，则是该对象内所有的定额按设置方式进行运算，其运算方法与定额运算相同，因此，这里只介绍定额运算。

定额运算主要包括对定额整体的相关操作功能，其中定额换算、取消定额换算都是针对当前定额的，用户需通过当前定额的环境菜单或快捷按钮等执行这些功能。

28.5.1　定额换算

定额换算是关于定额基价、定额人工单价、定额材料单价、定额机械单价及综合费单价乘除系数或直接加减费用的处理。

定额换算参数设置放置在计价表右边专用工具栏的一个专门页面里，如图 28-59 所示。

在计价表状态下，用户可通过右键环境菜单【定额换算】或直接单击工具栏中按钮，可在计价表右边工具栏区域打开定额换算窗口，可对单价、人工、材料、机械及综合费进行系数处理。系数表达式由加减乘除（＋、－、×、/）、小括号【（、）】以及一些确定的数字构成，在四项费用的编辑框内输入系数表达与系统设置的处理对象构成完整的费用计算公式。为了简化用户输入，如果系数表达式最前面一个运算符为乘号时，可以省去前面的乘号，系统将自动在表达式最前面加上乘号进行处理。在定额计算过程

图 28-59　定额换算参数设置

中，基价＝人工单价＋材料单价＋机械单价＋综合费单价，后四项费用可以进行任意的减乘除，而基价只允许进行系数乘除处理，即基价的系数表达式必须能够单独运算出一个结果再与换算对象进行乘除运算。因为直接在基价上加减的费用，无法在人、材、机及综合费中进行分配，也就无法保证前面的等式成立。下面分别列举几个对于基价处理常见的正误例子：

正确：1.8 ＊1.8 /1.8（1.6＋2.5/2）/（1.3＊2－1）＊2

错误：＋1.8 －1.8＊2 ＋（3.2＊2＋5）

在基价上乘除的系数对整个定额有效，即相当于对其构成的人工、材料、机械的定额消耗量同时乘除相同系数，综合费是否随单价调整可在界面中勾选设置，打"√"则综合费与单价相同系数处理，否则综合费不随基价做相应系数变化，需要单独设置综合费换算系数，不设置则表示此费用不作换算处理。对其他四类费用来说，如果在操作对象上直接加减费用，则只用于计算定额的对应费用项目，不会分配到定额的构成人工费、材料费及机械费上；如果操作对象的表达式能计算出一个独立系数与操作对象进行乘除，则系统自动将定额构成的人工、材料或机械的定额消耗量也乘除对应系数；如果同时在基价与人、材、机三费上设置了系数，计算时都有效，人、材、机三费的实际系数等于基价与各自系数乘除的结果。

如果定额换算时对基价或材料单价乘除了系数，定额下的未计价材料或设备的定额消耗量并不总是要乘以相同系数，因此，需要用户在定额换算窗口中的【未计价材料做相应调整】进行勾选控制；如果对基价进行了乘除处理，还可能在人、材、机三费中任意一项加减一个费用，这时加减的费用是否乘除基价的系数，也需要用户通过勾选【优先执行基价换算】进行控制。

在此窗口设置好定额换算系数及设置后，单击【执行换算】按钮或直接按回车键，系统进行定额计算并保留此系数设置，方便用户下次查看修改。

除通过上述途径进行定额换算外，软件提供的另外一种方法是直接在定额基价、综合单价、人工单价、材料单价、机械单价单元格中分别输入各自的系数表达式。表达式规则与前面讲到的完全一致。换算窗口对应框中仍然记录有换算表达式，单击换算的单元格到编辑状态系统保留有输入的原始表达式。采用这种方式进行定额换算时，系统会弹出"未计价材料是否做相应调整""是否优先执行基价换算"对话框，需用户确认。

两种定额换算方式是等效的，其中定义的系数表达式也是互用的，即在换算窗口中输入的表达式，在激活相应单元格时将自动作为用户原始数据出现；反之亦然。由于计价表定额列数据项很多，又受屏幕宽度限制，如果直接在单元格中输入表达式的话，往往需要频繁滚动计价表，因此，通过进入换算窗口进行定额换算应是比较好的处理方式。

28.5.2　定额还原

该功能用于将进行了运算处理的定额恢复到其在定额库中存在的原始状态，因此，在该定额上做过的一切定额运算、材料换算等操作都将取消。而用户输入的工程量、调用定额时系统自动完成的材料调价、材料调增等操作仍然保留。

定额还原的方法有四种，但其前提是必须先选中该定额。

(1)单击快捷按钮区的 🦢（当前定额复原)按钮；

(2)执行主菜单【编辑】中的【还原当前定额】功能；

(3)执行环境菜单定额其他子菜单中的定额还原；

(4)单击工具栏按钮【其他】中的定额还原。

若当前定额未进行任何换算处理，这四处功能设置均为灰显。

28.5.3 定额合并

该功能主要应用于定额计价格式下相同编号定额的合并，合并范围可以是段落、分部区域内局部合并，也可以是整个计价表内定额整体合并；清单计价格式下只能对同一项目下相同编号定额进行局部合并。

该项功能位置放在环境菜单定额其他的子菜单及工具栏按钮【其他】的子菜单中，如图 28-60 所示。

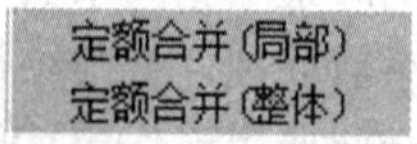

【定额合并（局部）】 定额合并时以段落、分部界定区域为合并单元，即系统在每个界定区域内将同编号定额进行合并，放置在不同区域的同编号定额互相不合并。

定额合并（局部）
定额合并（整体）

【定额合并（整体）】 定额合并时以整个单位工程计价表为合并单元，将计价表内所有同编号定额各自合并为一条定额。

图 28-60 定额合并

定额合并时以出现在最前面的定额为保留定额，将分部区域内或整个计价表内所有该编号定额的工程量相加，作为保留定额的新工程量，同时，将其他该编号定额从计价表中删除。系统将定额合并过程中的工程量累加表达式保留下来，作为定额工程量的用户输入原始表达式，因此用户可以从表达式了解定额合并的生成情况。

完全相同换算的定额也可进行合并处理，这里的完全相同换算是指：定额系数运算、定额材料运算、材料调价、定额构件增值税标识等处理均相同；反之不能进行合并处理。

清单计价格式项目下同编号定额进行合并时，除遵循上述规则外，还需注意的是：定额是否选用综合单价计算模板或是选用不同综合单价计算模板系统不予考虑。若合并前同编号定额选用了不同综合单价计算模板，执行此功能后，相同编号定额进行合并，并以出现在最前面的定额综合单价计算模板对合并后新定额进行综合单价的计算，使其项目计算结果与合并前有偏差，请用户慎重操作。

执行此功能操作，系统紧接着弹出对话框，提示用户参与定额合并的组数。

28.5.4 定额加/减

定额加/减功能用于在已经调用的定额上再加上或减去一条定额（可多条），一般用于定额计价格式工程。在环境菜单定额其他及工具栏按钮【其他】子菜单上设置有定额加/减功能。

在原有定额行执行此功能，弹出如图 28-61 所示"定额查询"对话框，并自动定位原定额为当前定额，用户只需选用被加/减定额，确认后系统接着弹出"定额加减"对话框（图 28-62）。

对话框一方面显示当前操作类型（"加上"定额或"减去"定额）、所选被加/减定额的编号；另一方面让用户设置被加减定额的乘除系数，即允许被加减定额在进行加减之前先乘以或除以一个系数，乘除运算通过列表框选择设置，系数只能输入单一数值。"未计价材料乘除相应系数"是对所选定额乘/除系数时相应设置。

定额加减的过程是：如果定额乘除了系数，则先将定额基价、人工单价、材料单价、机械单价及定额构成人工、材料、机械的定额耗量同时乘除这一系数，再与计价表上原定额对应数据进行加减。对于被加减定额中存在而原定额中不存在的某些人工、材料、机械，系统自动补充入定额材料列表，相加时耗量为正，相减时耗量为负。相减后耗量为零的人工、材料、机械系统自动删除。定额加减后的换算说明如图 28-63 所示。

定额加减允许重复进行。如果一个定额既进行了定额换算，又进行了定额加减，无论操作过程的先后，系统总是加减以后再换算。

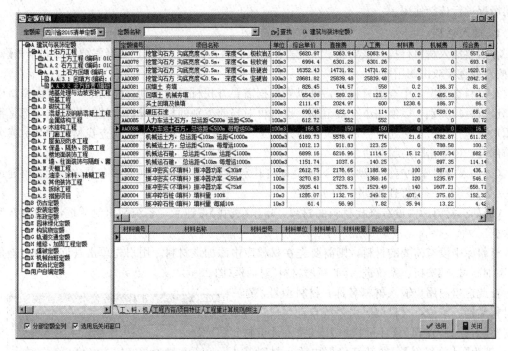

图 28-61 "定额查询"对话框

图 28-62 "额定加减"对话框

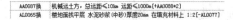

图 28-63 换算说明

28.6 材料换算

凡是对定额构成人工、材料、机械条目进行的替换、删除、新增、更改耗量等操作都归入材料换算范畴。当然,所有材料换算功能都必须在展开相应定额构成材料的情况下才能进行。

28.6.1 材料删除

要删除定额构成人工、材料、机械条目,只需在要删除的条目上右击弹出环境菜单,执行【删除当前行】功能即可;也可通过 Delete 键直接删除;两种方式删除材料时都需要用户进行确认。删除配合比材料或机械台班时,对应定额配合比或机械台班的构成成分将自动一并删除,因此请用户慎重删除。

材料删除后,可利用前面介绍的"定额还原"功能进行拆消。

28.6.2 材料新增

在定额中新增材料也是一项重要的材料运算功能,在安装与装饰工程中尤其常用。当然,这里的材料仍然泛指各类人工、材料、机械条目。系统设计了两种新增材料功能,用户可根据不同情况进行选择使用。

1. 插入材料

在需要插入材料行执行该功能，系统直接进入材料查询窗口，用户选择需要的材料单击【确定】按钮或直接双击调用即可。

在材料查询窗口中查找材料时，可以先根据需要查找材料的类别、性质等，在查询窗口中选择设置材料类别，以便缩小查找范围，也可再对当前类别的材料进行合理的排序，这都是帮助用户快速查找。当然还有一种更快捷的方法是：在【材料查找】框内输入查找材料的名称或名称前部分，再单击【查找】按钮。

(1)如果材料库中有此类型材料，则立即将其定位为当前材料；如有多条与之匹配，可通过【下一条】或【上一条】直到找到需要的材料。

(2)如果材料库中没有查找材料的材料，单击【查找】按钮后，系统弹出对话框："没有匹配的数据"。

材料库中没有需要的材料，则需要先在材料库中添加该材料。用户先单击查询窗口右上角的【添加新材料】按钮，系统进入到"新增材料"对话框(图28-64)。

在此窗口内用户输入材料名称、材料型号，选择材料类别、单位，材料编码由系统自动生成；再根据实际情况设置其为【计价材料】或是【未计价材料】，若为【计价材料】，在其基价框内输入材料基价，确定后将该材料添加到了材料库中，以后均可直接选择使用。

删除添加的材料，不能在材料查询窗口中完成。需要回到【系统维护】菜单中的材料库维护的补充材料库中进行删除材料。

图28-64 "新增材料"对话框

插入材料时，如果当前行为材料行，则在该行的前一行插入选中的材料，如果当前行为定额行，则在定额下一行插入选中的材料，作为该定额的第一个材料行。最后输入插入材料的耗量即可。另外，用户也可在数据检索窗口中选择并拖放材料。

2. 插入空行

在定额材料行执行此功能则是在定额中插入一个空的材料行。在空行中输入材料有两种方式：一是双击空行的材料名称单元格，系统弹出"材料查询"对话框，以下的操作方法与上面讲到的插入材料完全相同；二是在空行直接输入材料名称，然后回车，系统根据用户输入的新材料名称在材料库中查找到与之匹配的同名材料，如果找到则将该材料调出使用，否则将同样弹出图28-64所示"新增材料"对话框。在该对话框中材料名称和型号根据用户输入的新材料名称分析得出，输入名称中出现的最后一个空格前面的字符串为名称，后面的字符串为型号，如果没有空格则型号为空。当然这里预置的各个材料属性用户都可以修改。其他的材料类型、单位、基价等都需要用户设置输入；但需注意的是对于装饰或安装等添加主材或设备时应为未计价材料，其价格在计价表或工料机汇总表中输入。设置好各项材料属性后单击【确定】按钮，系统首先向材料库中添加该材料，然后再将该材料属性填入空行相应位置。

定额下新增材料时，如果当前单位工程其他定额中已包含有需要材料，这时可以利用环境菜单或工具栏按钮 🔲 及 🔲 功能来完成。

28.6.3 材料替换

这里的材料替换包括普通材料(非配合材料)的替换和配合材料的替换，两者的处理方式基本一致，但也存在一定的区别。

1. 普通材料替换

对于普通材料的替换，有两种方法可以使用：一是直接双击被替换材料名称单元格，或者双击处于编辑状态的名称单元格（单元格表现为下拉列表框形式），系统弹出材料查询窗口，然后从中找到或添加需要的材料，确定返回即可完成替换。系统同时自动保留两条材料之间形成的替换关系到材料换算关系表中。二是单击材料名称单元格到编辑状态后，直接修改材料名称，然后回车；接下来的处理方式与插入空行输入新增材料名称后调入材料的处理方式完成一样，请参照前面执行可替换该材料。

除以上两种对单独材料的替换外，还可以对计价表上某一材料做批量替换处理。批量替换时，先选中待替换的材料，然后执行图 28-65 所示菜单功能，替换计价表上所有定额下的该条材料。如果只是替换部分定额下的该条材料，需先将这些定额包含在定义块中。

执行该功能，将首先弹出"材料查询"窗口让用户选择用来替换的材料，然后弹出如图 28-66 所示对话框让用户确定替换方式。

图 28-65　替换材料菜单　　　　　　　　　图 28-66　"替换确认"对话框

系统在每次找到整张计价表或定义块内的该条材料后，替换前用户可以再次确认是否替换这条材料。是否弹出确认对话框，由这里选择的方式决定，其中选择"是"，替换前需确认（计价表当前行实时停留在当前材料行上）；选择"否"，直接替换无须确认；选择"取消"，则结束批量替换操作。图 28-67 所示为每次替换前的确认提示。

图 28-67　替换提示

另外，在【工料机汇总表】上修改材料名称、单位或基价，均会触发材料批量替换功能。

材料之间进行过换算关系后，将其保存到主菜单【编辑】中的材料换算关系表调整中。只要此表中有的即是相互之间发生过换算关系的，以后就只需通过材料的下拉菜单选择材料进行换算。这样就既方便又快捷。

2. 配合换算

配合换算是指形成替换关系的两条材料（或其中之一）是配合比或机械台班时的替换操作。与普通材料替换相比，配合比或机械台班不能通过用户直接修改材料名称进行自动匹配，只能从下拉列表框或者从"材料查询"窗口中选择。因此，无论将何种材料替换为配合比或机械台班，如果下拉列表框中不存在，则只能通过双击材料名称单元格或单击工具栏【配比】按钮从"材料查询"窗口中找到进行替换。如果当前材料是配合比或机械台班，要将其替换成普通材料，也必须从下拉列表框或材料查询窗口中进行选择替换。

配合比或机械台班被替换后，定额构成中用于构成配合比或机械台班的人工、材料、机械用量也随之扣减，如果扣减用量为零，则自动删除该条目；反之，如果替换后的材料是配合比或机械台班，则构成其对应的人工、材料、机械也将自动添加到该定额材料列表中，并自动计算出其材料用量。

注意：如果配合比材料、机械台班及其构成材料都要进行换算处理时，特别是构成材料名称发生改变，先进行配合比材料、机械台班的换算，再进行其构成材料换算。主要原因是：配合比材料、机械台班在做替换时，是根据原构成材料的名称进行替换，如果先将其构成材料换算后，此材料的名称发生了变化，换算后将新的构成材料添加进来，由于换算名称发生变化的材料仍然保存下来了，因此，与我们实际换算的结果就有差异。

本软件还设置了以下几项与配合比材料有关的功能：

查看配合比定额：如果当前材料行是配合比或机械台班，在环境菜单上，用户可执行查看配合比定额功能，这时将弹出定额查询窗口，并将该材料对应的配合比或机械台班定额作为当前定额，用户可查看到该定额的构成情况。

水泥强度换算：如果当前水泥不是当前项目下某个配合比的组成成分，则其替换过程与其他普通材料完全一样，否则需依据下面的特殊方式进行换算。

此种情况下的换算有两种方式，一种是为了区分水泥的大厂与小厂性质；另一种是要改变水泥强度，如 42.5 改成 52.5 等。前一种换算除了只能在编辑状态下双击才能进入"材料查询"窗口外，其他与普通材料替换没有区别；后一种换算则可能牵涉到水泥量差的计算问题，即当对应配合比定额中对换算前后的两种水泥都作了用量规定时，换算时需计算出这两种水泥的使用数量差，换算后的水泥仍然采用原来水泥的用量，同时将两种水泥的量差用添加材料的方式添加到当前项目的构成材料列表中。新增的量差条目系统没有给出水泥价格，用户可直接输入实际价格。

那么如何判断配合比定额是否对前后两种水泥都做了用量规定，又如何才能让系统自动计算量差呢？

用户只需单击水泥名称单元格，使其处于编辑状态，再展开其下拉列表框，如果列表项目中出现双虚线，则表示该水泥是配合比定额的构成成分；双虚线上方列出的水泥就是相关配合比定额中规定了用量的水泥种类(包括现用水泥)；用户选择双虚线上方的水泥，则系统不仅替换材料，而且自动计算水泥量差，选择双虚线下方的材料，则仅做材料替换处理；如果用户直接更改水泥强度，而且更改后的水泥包含在双虚线上方列出的水泥中，系统也将自动计算量差；如果能够计算量差但又不需要计算量差，则必须通过双击名称单元格，从【材料查询】窗口选择水泥进行替换处理。

28.6.4　更改材料消耗量

构成定额的人工、材料、机械条目的消耗量均允许用户修改，修改后系统自动计算各类项目费用。在对配合比或机械台班构成成分的消耗量进行修改时，定额费用重新计算，但对应配合比或机械台班单价不会重新计算。

用户对材料消耗量的修改可直接输入其消耗量，也可在单元格输入运算表达式。因为计算综合单价的需要，系统必须计算材料的定额消耗量。如果表达式第一位为运算符(＋－×/)，则系统将当前材料原定额消耗量与表达式联结后运算产生新的定额消耗量，否则表达式产生的结果作为该材料最终消耗量，系统将其除以定额工程量的绝对值，计算出该材料定额消耗量。如果以后修改定额工程量，则输入的最终消耗量将被重新计算并改变，如果用户需要的是原来输入的最终消耗量，则必须重新输入材料消耗量。

28.6.5　查看配合比定额

在配合比定额行执行环境菜单材料其他中的【查看配合比定额】功能，进入到图 28-61 所示"定额查询"对话框。默认当前配合比定额为当前行，并显示出了配合比定额的构成情况及组成材料明细。

以上介绍的定额运算、材料换算处理，方便用户查看换算的具体内容，系统对其定额号后自动添加"换"字及"自动添加换算说明"配置有设置功能。

执行【编辑(E)】菜单下 ✓ 自动添加换算说明 及 ✓ 自动标注"换"字 功能，根据用户需要利用勾选进行设置。勾选时，对换算的定额在其定额名称后自动添加换算说明，在定额编号后自动标注"换"字；反之，定额做运算处理后，只有其相应内容发生变化，定额编号及名称不改变。菜单上的设置都只能对以后换算的定额起作用。

对已换算的定额要进行设置时，在【清单/计价表】环境菜单及工具栏按钮上配置有换算说明，如图 28-68 所示，用户可在此再做一定的修改设置。

(1)定额编号后添加"换"字：是对已换算的定额而未标注"换"字的进行重新设置。

(2)项目名称后添加换算说明：是对已换算的定额而未添加换算说明的进行重新设置。

图 28-68　换算说明

(3)取消"换"字：取消定额编号后自动添加的"换"字。

(4)取消换算说明：取消定额项目名称后自动添加的换算说明。

计价表标记功能

清单组价内容复用

28.7　措施费用计算

由于工程的特殊性，某些定额将派生出其他的措施费用，如脚手架搭拆费、高层建筑增加费、工程超高费等。

在清单计价方式下，用户可以在某定额、项目、节、分部或段落上计算措施费用。

(1)在定额上计算时，在当前定额后增加一行【定派】，对应费用累加入当前定额所属项目内。

(2)在项目上计算时，在当前项目(含所属定额)最后增加一行【项派】，费用直接加入该项目相应费用内。

(3)当在分部、段落或分项工程量清单上计算措施费用时，在分部、段落或分项的最后增加【F 派 1、F 派 2……】行且灰显，表示其费用未包括在当前分部或段落内，也未包括在合计价格内。一般情况在分部、段落或分项上计算的措施费用，都是用于措施项目清单相应费用的调用。

计算措施费用时，执行当前行环境菜单在当前定额、项目、段落上计算措施费或工具栏按钮 [措施费]。

(4)在计价表当前数据对象上计取措施费用功能。系统将弹出图 28-69 所示措施费用计算窗口。

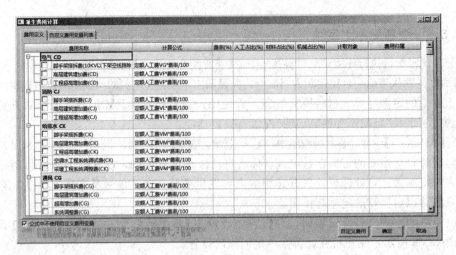

图 28-69　措施费用计算

措施费用金额的计算方式的具体操作步骤如下：

首先，勾选需要计算的费用名称，在勾选的同时软件会自动提取费率，单个费率直接提取填写，多个费率则弹出费率选择框，如图 28-70 所示。

其次，确定费用归属清单，按照软件预设的归属字段进行费用自动归结或者提供归属关键字查找对话框以便查找归属字段，如图 28-71 所示。

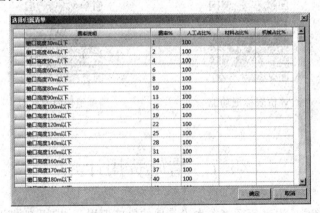

图 28-70　选择费率

图 28-71　确定费用归属清单

最后，对数据检查有无漏项，派生费如果存在"有计算无费用记取"的情况时，会在记取界面给出标记提示（图28-72）。

	F目2	030408001002	电力电缆	1500	m	379.08	568620.00
	F定7	CD0928	铺砂盖保护板1~2根	15	100m	1497.34	22460.10
	F定8	CD0790	铝芯电力电缆敷设 单芯 井道电缆	15	100m	1226.08	18391.20
	F定9	CD0942	户内干包式 铝芯电力电缆头制作、	1500	个	109.43	164145.00
	F定10	CD1198	防火堵洞 盘柜下	1500	处	78.64	117960.00
	F定11	CD1205	电缆安装其他项目 电缆防护 缝石棉	150	10m	85.50	12825.00
	F定12	CD1201	防火隔板	1500	m2	135.10	202650.00
	F定13	CD1202	防火涂料	150	10kg	201.22	30183.00
			合计				569053.87
	F措1		脚手架搭拆费(10KV以下架空线路除		元	44772.65	44772.65

图 28-72　标记提示

特别提示：

软件默认是按照【不使用自定义费用变量】记取对象段落费用，不区分"CA"或"CB"等专业范围；如果要按照专业范围记取派生费请将 ☑公式中不使用自定义费用变量 中"√"取消。

28.8　措施项目清单

新版软件中的【措施项目清单】是单独的一个页面，分离原因可以参看"28.4 分部分项清单套用项目及额定"说明。

选中页面标签上的【措施项目清单】，在环境菜单中选择【调用措施项目清单模板】，如图28-73所示。

图 28-73　调用措施项目清单模板

图28-74所示为系统所预置的措施项目清单模板内容，包括总价措施项目清单、单价措施项目清单。总价措施项目清单主要为政策文件规定计取费用，其计算公式及费率系统已根据文件预置好，一般不需要再作其他操作，切记在选用模板计算综合单价时，一定不能选择此部分内容；单价措施项目清单用于各专业套用定额的措施项目的计算，其操作方法等同于分部分项工程量清单。

调用的模板内主要为常用措施项目，其中的节1、节2为安装工程及市政工程措施费用项目，用户单击其前面【序号】列的"＋"，可将其内容展开。

在模板内用户可直接删除不需要的项目（段落），拖动调整项目间顺序，修改措施费用编号、项目名称，输入工程耗量，调用项目指引内容等操作。

28.8.1　直接输入费用

对于不需要调用项目及定额，直接就是一笔费用的措施条目，只需直接插入空行再输入其编号、名称，该行数据自动标定属性为"费"并编号，用户就可以继续直接输入工程量、单位及各单位合价数据。

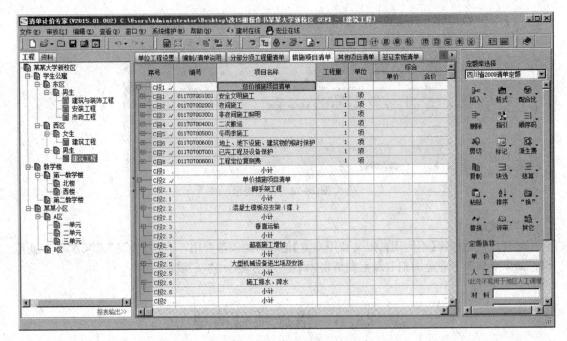

图 28-74　措施项目清单模板内容

28.8.2　利用已有数据对象计算产生新的措施费用

还有一些措施费用,既不调用项目及定额,也不是直接输入一笔费用,而是由计价表上其他数据对象通过运算产生新的费用(例如在分部分项工程量清单的分部、段落中计算了安装的脚手架搭拆费、高层建筑增加费等措施费用,又需要调用到措施项目清单内)。输入这样的费用项目时,还是先插入空行并输入编号、名称,待其标定属性为"费",再执行其环境菜单上的置为"公式计算费用"行功能,系统更改属性为"计",同时工程量单元格文本置为"<计算式>",意思是该行费用的计算公式应在此处输入,但是该处公式不能直接编辑,必须通过鼠标双击进入图 28-75 所示措施项目计算公式编辑窗口。

在这里编辑公式所使用的变量及规则规定如下:

(1)我们把要调用的费用行称为"数据对象",费用行的各费用值称为"数据对象分量"。

(2)数据对象变量可以是计价表上任何编有序号的数据行,如定 1、目 5、部 2、段 3 等,除此之外,还有两个综合变量:"分部分项工程量清单"与"措施项目清单"。

(3)数据对象分量变量有:(定额)人工费、(定额)材料费、(定额)机械费、(定额)直接费、综合费、合价,以及用户在费用计算模板中自定义

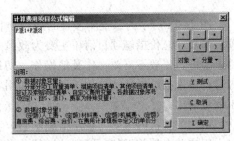

图 28-75　计算费用项目公式编辑

的单价分析变量,如"%利润%""%临时设施%"等。

(4)数据对象变量可在公式中单独使用,数据对象分量必须带有数据对象变量前缀,两者之间加半角点"."(如:措施项目清单.人工费、目 8.合价)。

(5)公式中不能在直接调用数据对象变量时,又调用数据对象分量;数据对象变量直接参与运算时,将分别计算各分量;如公式中只出现单一分量时,计算结果自动赋值给对应字段,否则只赋值给"合价"字段。

(6)公式正确性检测内容还包括：调用的数据对象是否存在；对象调用是否存在循环；整个公式是否满足四则运算要求等。

(7)在提取数据对象"措施项目清单"费用值时，不包含通过计算产生的措施费用条目。

若需要将利用公式计算费用的措施项目改变为直接输入费用项目，即由"计"改变为"费"，同样执行环境菜单置为"直接输入费用"行功能即可。

28.9 其他项目清单/零星人工单价清单

针对单位工程计算其他项目清单及零星人工单价清单的工程很少，一般为整个工程项目。对单位工程编辑其他项目清单时，在相应计价表中完成，零星工作项目人工单价清单在段落格式上归属于其他项目清单；对整个工程项目编辑其他项目清单时，在工程项目功能标签【招标清单】中完成，零星工作项目人工单价清单与其他项目清单完全分开。

其他项目清单与措施项目清单一样可以直接添加"直接输入与计算子行"，"直接输入费用行"可以直接转换为"项目清单"。

28.9.1 单位工程其他项目清单/零星人工单价清单

操作在相应计价表中完成。其结构、调用方式、操作方法、步骤等与上面介绍的措施项目清单内容相似，请参照执行系统以模板方式体现，其他项目清单模板如图 28-76 所示。

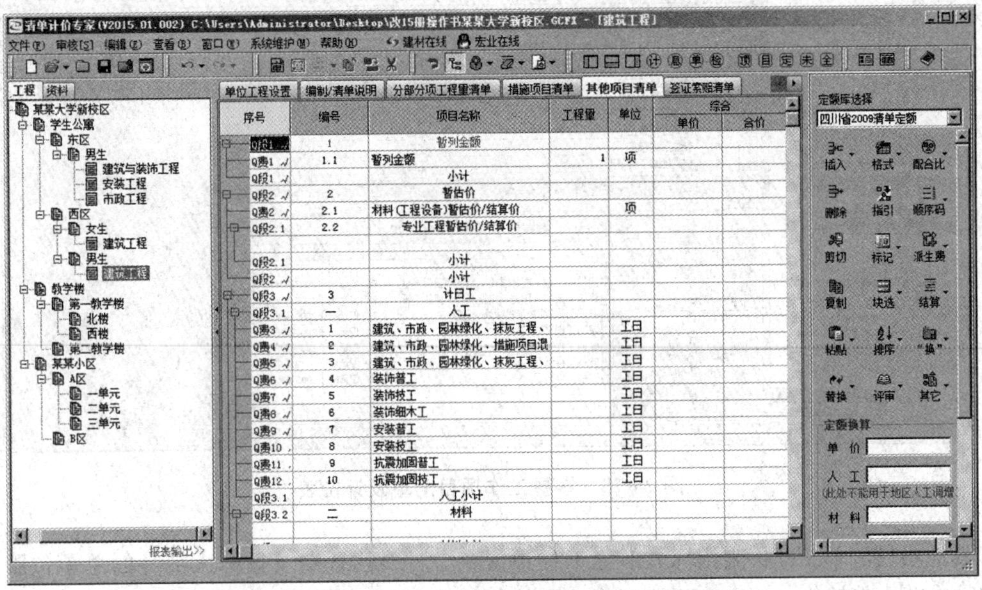

图 28-76 其他项目清单模板

28.9.2 工程项目其他项目清单/零星人工单价清单

对整个工程项目提供时，其他项目清单与零星工作项目人工单价清单是完全分开的，操作界面在工程项目【招(投)标清单】功能标签中，如图 28-77(其他项目清单及计价表)和图 28-78(零星工作项目清单及计价表)所示。

图 28-77　其他项目清单及计价表

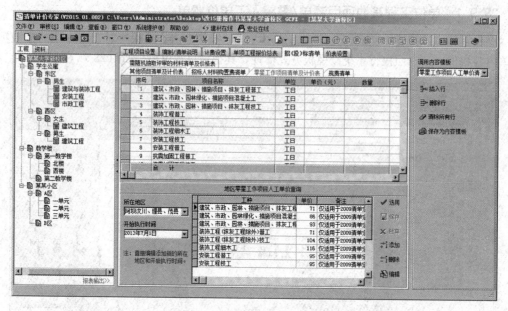

图 28-78　零星工作项目清单及计价表

其他项目清单及计价表招标人部分工程预留金、材料购置费及投标人部分的总承包服务费数据均在此直接输入，用户也可执行插入行、删除当前行、清除所有行、保存为内容模板及置"小计"属性等操作。

编辑数据为"四川省工程量清单招标用表"中【工程项目汇总报表】的【其他项目清单及计价表】的数据来源。

零星工作项目人工单价清单系统以模板方式体现，根据工程需要可任意修改其中内容，也可保存为内容模板以便以后直接调用。

当招标方用作提供零星工作项目人工单价清单时，只需编辑、修改序号及项目名称内容，不输入单价信息，最后得到"四川省工程量清单招标用表"中【工程项目汇总报表】的【零星工作项目人工单价清单】报表；当投标方对零星工作项目人工单价报价时，根据招标方提供的清单填入其单价数据，最后得到"四川省工程量清单计价用表"中【工程项目汇总报表】的【零星工作项目人工单价报价表】报表。

单价数据的编辑有以下两种处理方式：

(1)直接输入单价数据；

(2)调用单价信息。在该界面的下面有一个【地区零星工作项目人工单价查询】辅助窗口，可利用鼠标拖拉之间的间隔带调整表格的区域大小。

单价信息窗口内根据所在地区及执行开始时间显示出了相应的单价数据及备注内容。

这里用户可自己编辑内容：首先在相应编辑框内输入所在地区名称及执行开始时间(如已存在，可从下拉菜单中选择调用)，再在对应的右边区域编辑输入工种、单价及备注内容(工种输入时也可从下拉菜单中选择调用，备注可不输入)，然后根据窗口右边配置的保存、放弃、添加、删除操作按钮完成编辑。

数据的调用：首先选择当前工程的所在地区及执行开始时间，然后在当前行位置选择对应数据双击调用或单击【选用】按钮即可。

28.10 签证及索赔项目清单

在【清单/计价表】中插入签证及索赔项目清单框架。框架内集成了分部分项工程量清单、措施项目清单及其他项目清单所有操作功能，合计直接汇总表【费用汇总表】相应费用行中，计价表费用明细最后得到签证。

索赔项目清单计价表数据。

签证及索赔项目清单与其他项目清单和措施项目清单一样可以直接添加"直接输入与计算子行"，"直接输入费用行"可以直接转换为"自编项目清单"。

28.11 综合单价计算模板定义和综合单价计算

【综合单价计算模板定义】的操作步骤我们在前面已经说明，本小节主要是讲解模板详细操作方法。

当用户对某工程采用清单计价方式计算项目的综合单价时，可能会使用此模块，主要用于对计价表清单项目综合单价的计算及地区定额人工费的调整。模板的定义在工程项目的"计费设置"窗口中完成，操作界面如图28-79所示。

计算项目综合单价时，不同工程的综合单价计算方式、费用内容、费率等可能均不同。因此，系统根据需要内置了多个常用的费用计算模板，以便进行选择调用。同时也考虑到，有部分工程的综合单价计价方式、费用内容、费率完全相同，这时可以通过适用范围来确定应用在某类单位工程。例如，在适用范围处选择"建筑装饰工程"，那么对应下面设置好的模板就应用在该工程的所有"建筑装饰工程"。

费用计算模板选择定义的步骤一般为以下内容：

第一步：定义模板。

(1)在界面正上方的【模板选择】的扩展框内选择适合的模板；

(2)查阅模板配置的说明内容及费用计算模板详细内容；

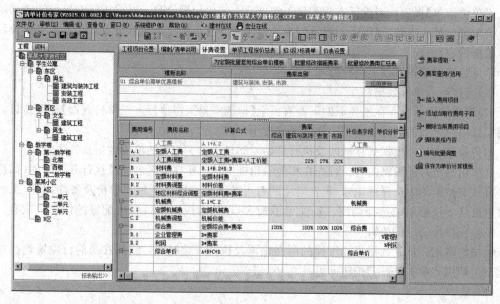

图 28-79 【计费设置】窗口

(3)根据需要整理、修改综合单价计算模板内容,即:可插入费用项目、删除费用项目、修改计算公式等;

(4)修改整理后的模板可保存为新的费用计算模板,便于以后工程直接调用。

第二步:确定费率类别。

(1)选择模板的费率类别(将使用同一个模板类型的不同单位工程费率类别在同一个界面操作);

(2)自动提取费率,并根据实际情况做一定调整。

第三步:模板应用。

选择【应用更新】执行更新进行运用。

费用计算模板结构:配有取费基础及说明,模板内分为费用编号、费用名称、计算公式、费率、计价表字段与单价分析变量六个数据列项。其中:

(1)费用编号由字母 A-Z 依次排序构成,费用的子项由 A.1、A.1.1……构成,由编号可看出各行费用间关系。

(2)费用名称指明该项目费用含义,用户可修改。

(3)计算公式是软件用于计算该项费用的程序计算表达式。由于费用的计算公式直接影响该项费用的计算金额以及调用该模板项目的综合单价,因此用户修改一定要谨慎。但其中的变量、格式必须符合软件定义要求;在单元格的编辑状态下右击,执行插入费用变量功能,其后菜单显示出了所有变量内容,如图 28-80 所示,用户定义的汉字变量只能在此菜单中进行选择使用。

(4)费率用于用户输入计算公式中使用的费率值,也可通过环境菜单(图 28-81)或工具栏按钮费率提取来完成,也可执行菜单从其他数据库提取费率。

(5)计价表字段模板中此项费用对应计价表字段的设置,一般只需在此列单元格下拉菜单中进行选择设置。费用名称不能重复定义,也不能无效定义;若采用手工输入时,其输入费用名称必须在下拉菜单中存在,否则系统会弹出如图 28-82 所示对话框。

(6)单价分析变量在单价分析模板或最后报表中需用到的变量设置。计价表字段有的费用内容,可直接从计价表字段提取,不需要设置单价分析变量。

用户只需在相应单价分析变量单元格内输入变量名称，再回车即可，其格式自动变为系统设置格式"％ ％"，中间内容则为变量名称。

为满足用户修改或新建费用模板，或者在模板内进行内容设置，因此在费用计算模板中配制了如图 28-83 所示几个环境操作菜单（其操作功能等同工具栏按钮）。

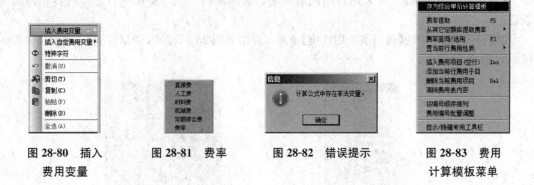

图 28-80 插入　　　图 28-81 费率　　　图 28-82 错误提示　　　图 28-83 费用
　　费用变量　　　　　　　　　　　　　　　　　　　　　　　　　　　　计算模板菜单

【存为综合单价计算模板】用户对系统模板做一定修改或者新建一个综合单价计算模板时，可执行此菜单功能保存为新的综合单价计算模板，便于以后直接调用；

【费率提取】　提取当前设置定额数据库下的费率。费率提取功能使用的前提是：

(1)在【工程设置】页面设置了取费描述信息；

(2)维护菜单中【费用项目定义】中定义了相应费率；

(3)相应费用项目已设置费率属性。

【从其他定额库提取费率】　从其他数据库中提取相应费率。其菜单功能后显示另外定额数据库名称。

若有特殊情形的，可利用【费率查询/选用】进入"取费费率查询"对话框（图 28-84）选择需要的费率进行调用或者直接手工修改输入。

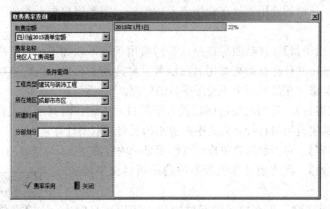

图 28-84　"取费费率查询"对话框

"取费费率查询"对话框内包含了所有定义的费用费率。其调用方法：

(1)通过取费定额下拉框选择查询费用项目所属定额库；

(2)选择查看费率名称；

(3)在条件查询框内逐次选择其相关信息，这时根据条件查询内容所需要的费率就极小范围地显示在其右框内；

(4)选中所需费率双击或单击【费率采用】按钮就可将其调用。

查询窗口不能修改其费用名称及费率,其中的所有费率内容都是从费用项目定义窗口中调用的。添加定义费用费率,需要回到【系统维护】菜单中的费用项目定义中,详细方法参见相关章节内容。

【置当前费用性质】 为采用自动提取费率,费用模板行须与费用项目定义内容相匹配的设置。

执行环境菜单中的【置当前费用性质】功能,弹出如图 28-85(2015 清单定额)、图 28-86(2009清单定额)所示菜单。

 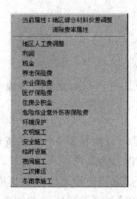

图 28-85　2015 清单定额　　　　　图 28-86　2009 清单定额

当前行费用进行属性定义,只需选中其对应费用名称即可;也可通过清除费率属性取消其属性定义。

【插入费用项目(空行)】 在当前位置插入一空行,用户可以输入费用编号、费用名称、计算公式及费率等数据项。插入费用项目时,费用编号需按顺序排列,因此以下的所有费用项目需依次递增按顺序重新编号,所有费用计算公式中对费用编号的引用也自动更新,完全保持原来的对应关系。对于新增的费用项目在费用表上的引用,需要用户根据费用关系修改相关费用项目的计算公式。

【添加当前行费用子目】 该功能是在原已有的费用项目下添加子项目,所有子费用项目合计构成原有费用项目,并且会自动给费用名称编号并修改相关公式。执行该功能时只要在该费用范围内,系统总是添加在最后一个子费用项目的后面。

【删除当前费用项目】 若当前费用项目含有子项目时,则将与其子费用项目一起删除,同时当前费用项目在其他费用项目计算公式中被引用的也将被取消计算。

【清除费用表内容】 将当前综合单价计算模板显示内容清空。

【按编号顺序排列】 将费用计算模板中的费用项目按字母顺序排列。

【费用编号批量调整】 当在模板中间位置插入费用项目时,其后的所有编号字母都需进行修改,这样就比较麻烦且废时。因此软件设计了此功能,可让后面的费用编号依次递增几个字母,使修改操作一步完成。执行此菜单功能后,进入"费用编号调整"对话框(图 28-87)中,用户通过下拉框选择"调整范围"及"调整方法",然后确定即可。

图 28-87　"费用编号调整"对话框

通过上述操作完成模板的设置后直接单击右边菜单中的执行更新软件则自动将模板应用在

对应的单位工程中，如图 28-88 所示。

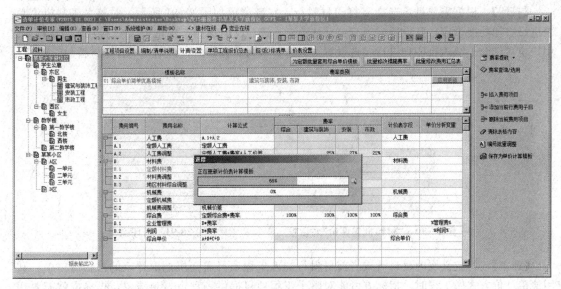

图 28-88　更新计价表计算模块

28.12　工料机汇总表

工料机汇总表是计价表定额构成人工、材料及机械的综合汇总，工料机汇总表操作界面如图 28-89 所示，新版程序除将"价格表自动调价"前置在工程项目的"价表设置"处外，其余功能和操作基本没有改变。

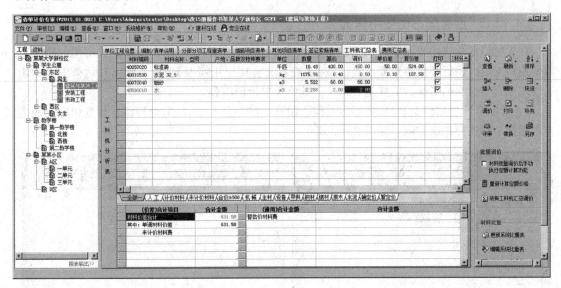

图 28-89　工料机汇总表

【刷新】　重新生成工料机汇总表。

【调价】【给定运算式批量调整选中材料价格】表示将当前材料或定义块材料调价作统一系

数处理，执行弹出"材料批量调价"对话框（图 28-90），用户输入运算公式确定即可。

【打印】 根据需要批量选择需打印材料行，右键菜单如图 28-91 所示。对整个工料机汇总表进行打印功能设置，其设置内容有：全选、全不选、反向选择、仅选中价差不为 0 的材料等。用户也可结合汇总表打印列进行勾选设置。勾选材料为需打印的，否则为不打印材料。

图 28-90　"材料批量调价"对话框　　　　　　　　图 28-91　打印菜单

【评审】 将定义块内材料行或当前材料行加入工程项目需随机抽取评审的材料清单中，利用清单计价方式做工程时，招标方可能对整个工程项目提供需评审材料清单，投标方就需要相对应的需评审材料价格表。若做工程时在清单计价表中套有定额则可利用此功能将单位工程工料机汇总表中材料加入工程项目需评审材料清单中。

28.12.1　查看当前材料相关定额

执行【查看相关定额】菜单功能或直接双击当前材料行，即可进入图 28-92 所示的"查看材料相关定额"对话框。

窗口内列出当前材料在计价表定额中的使用情况，在此可以查询该材料所在定额的序号、编号、分部、定额名称、工程量、单位及各定额使用该材料的耗量。

28.12.2　查看配合比使用情况

在工料机汇总表中显示了当前单位工程除配合比材料外所有材料，需要查看所用配合比材料使用情况时，执行环境菜单或工具栏按钮【查看配合比使用情况】功能。弹出对话框中显示出了使用配合比材料的名称、消耗量、单位、基价及单价项内容。

【查看配合比使用情况】窗口内容可打印、预览、保存至 Excel，是否打印、预览相应定额内容，根据全部展开按钮控制，如图 28-93 所示。

图 28-92　"查看材料相关定额"对话框　　　　　　图 28-93　查看配合比使用情况

28.12.3　价格表自动调价

新版程序已经将价格表自动调价前置在工程项目的价表设置，详细操作方法这里就不再重复讲解。

28.12.4　用其他工程材料表调价

【工料机汇总表】右键菜单及工具栏按钮中均有"用其他工程材料表调价"功能。包括从当前工程内单位工程及其他工程内单位工程材料表调用两种情况。功能菜单放在【工料机汇总表】的工具栏按钮【调价】下，如图 28-94 所示。

图 28-94　工料机汇总表左键菜单

(1)【用当前工程内的单位工程工料价格调价】　执行功能后弹出"单位工程工料汇总表价格查看"对话框，如图 28-95 所示。

从窗口左边选择作为调价依据的单位工程，右边则显示出选定的作为调价依据的单位工程的材料、价格信息及当前需要调价的单位工程调价(＝B)，若选中不是单位工程，则右边无任何材料信息；窗口下面为注明事项及操作按钮。

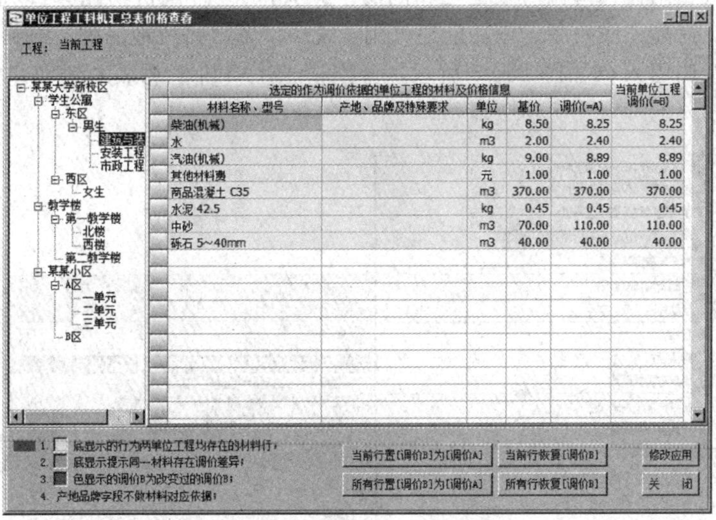

图 28-95　"单位工程工料汇总表价格查看"对话框

材料及价格信息区域功能操作及设置说明：

1)粉红底色材料行为两单位工程均存在的材料行，对应材料是根据其材料名称、型号、单位、基价均相同来判定的，其产地、品牌及特殊要求不作为材料对应依据。

2)作为调价依据的单位工程有，而当前单位工程没有的材料行显示为白底色，其"当前单位工程调价(＝B)"列当然无调价值，系统设置以"－"表示，在此单元格内用户不能做任何修改输入。

3)【选定作为调价依据的单位工程调价(＝A)】与【当前单位工程调价(＝B)】两列显示为黄底色的则提示同一材料存在调价差异，这些一般就是需要设置其[调价 B]为[调价 A]的材料行。

4)用户通过窗口下面的【当前行置[调价 B]为[调价 A]】【所有行置[调价 B]为[调价 A]】【当前行恢复[调价 B]】【所有行恢复[调价 B]】按钮改变当前单位工程相应的材料调价。采用【所有行置［调价 B］为［调价 A］］时，系统自动提示"是否保留前面已调价格信息？"需要用户根据实际情况进行确认。［调价 B］显示为红色的则表示为改变过的调价 B。

当前单位工程根据选用的单位工程调整好材料价格后，单击【修改应用】按钮弹出图 28-96所示对话框需要用户进行选择确认。

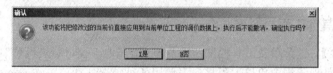

图 28-96 "修改确认"对话框

（2）【用其他工程内的单位工程工料价格调价】 执行此功能后弹出"打开工程"对话框，从对话框内找到作为调价依据的其他工程打开，同样进入到"单位工程工料机汇总表价格查看"窗口，以下的其他操作等同于用当前工程的单位工程工料价格调价的相应功能。

28.12.5 工料机统一调价功能

修改单位工程工料机调价只在单位工程内起作用。在实际工作中，不同单位工程可能使用到相同材料，并且相同材料调价一般也是相同的。"工料机统一调价功能"可以避免用户逐个单位工程重复调价，提高工作效率。该功能还可用于统一设置材料产地品牌、材料备注信息。

该功能的两个调用入口如图 28-97 所示，分别位于工料机汇总表右键菜单上与主菜单【编辑】子菜单下。

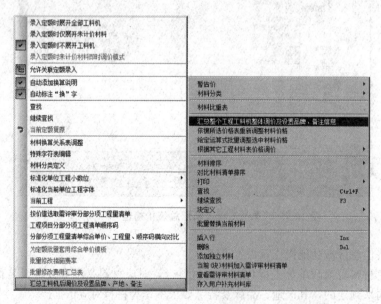

图 28-97 汇总工料机后调价及设置品牌、产地、备注

该功能使用界面如图 28-98 所示，包括以下几个操作步骤：

1. 汇总工料机

单击【汇总单位工程工料机】按钮汇总整个工程所用到的所有工料机。数据量大、单位工程多的工程需要的汇总时间会多一些，因此单击按钮后需要耐心等待。

工料机汇总规则：如果材料名称、型号、单位、单价均相同，则视为同一条材料，汇总表

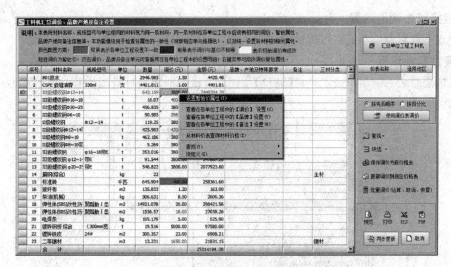

图 28-98　工料机汇总调价、品牌产地及备注设置

上以一条工料机记录显示,工程量为该工料机在各单位工程中的数量总和,同时忽略其在各单位工程中的调价、产地及备注信息的差异,该三字段只显示第一次读取到的非空值。双击对应单元格,可以列表显示该字段在各单位工程中的赋值明细。如果某字段值在各单位工程中存在差异,则该单元格显示背景为黄色,因此,用户使用该功能可以很方便地检查材料调价、产地及备注信息在各单位工程中是否统一,然后根据需要进一步调整。

2. 数据修改

各工料机记录的调价、产地及备注字段允许用户修改。修改时可以直接输入,也可以双击弹出明细列表选择。对于调价字段,也可以使用材料调价表自动调价。

3. 应用修改

信息修改完成,在同步更新时,需勾选需要更新的字段,应用时会将各材料在各单位工程中被勾选的字段值统一赋值为汇总表上的显示值。应用过程中,系统依次切换到各单位工程,然后更新及计算相关数据。该过程需要一定时间,请用户耐心等候。

28.12.6　另存为材料价格表

将工料机汇总表中价格信息保存到原有的某材料价格表中或新存一张单独的价格表。保存到原有价格表时,系统将提示"该文件已经存在,是否需要覆盖?";新存一张单独的价格表时,需要在图 28-99 所示对话框中新建个人价格表,并同时选择配置一个相对应的地区。这时新价格表将保存到用户设置位置,以后可直接选用。

28.12.7　材料暂估价

2013 国家规范材料暂估价概念,反映到本软件中,即为材料调价的暂估属性。将材料调价设置为暂估价的方法有以下两种:

图 28-99　"个人价格表保存"对话框

1. 直接双击调价设置

直接双击材料调价单元格可以设置或取消对应材料价格的暂估属性。

2. 通过菜单设置

工料机汇总表右键菜单或工具栏【调价】按钮均有设置或取消材料调价暂估属性的专门功能，如图 28-100 所示。

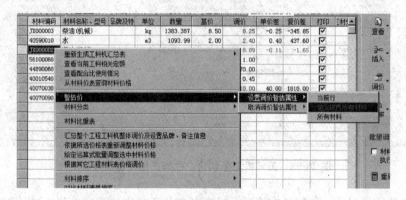

图 28-100 设置调价菜单

该功能可以批量设置/取消定义块内或工料机汇总表上所有材料调价的暂估属性。当材料调价设置为暂估价后，该单元格变为粉底粗显，如图 28-101 所示。

材料编码	材料名称、型号	品牌及特	单位	数量	基价	调价	单价差	复价差	打印	三材
JX000003	柴油(机械)		kg	1383.387	8.50	8.25	-0.25	-345.85	☑	
40590010	水		m3	1093.99	2.00	2.40	0.40	437.60	☑	
JX000002	汽油(机械)		kg	14.98	9.00	8.89	-0.11	-1.65	☑	
56100060	其他材料费		元	80.3	1.00	1.00			☑	
44890080	商品混凝土 C35		m3	1010	370.00	370.00			☑	
40010540	水泥 42.5		kg	35754	0.45	0.45			☑	
40070030	中砂		m3	45.45	70.00	110.00	40.00	1818.00	☑	
40070090	砾石 5～40mm		m3	68.88	40.00	40.00			☑	

图 28-101 调价设置为暂估价

其中"水"与"商品混凝土 C35"的价格为暂估价。设置某些材料调价为暂估价后，材料调价合计表会增加一个合计项【暂估价材料费】，同时，计价表各定额、项目及段落均会生成对应暂估价(包含暂估材料费)，该暂估价可以在【工作信息】的【附注】栏查看，也可以在计价表对象信息提示功能中查看。

28.13 费用汇总表

新版程序将费用汇总模板的定义前置在了工程项目，定义方法这里不再重复说明。这里只对其应用和详细操作做一个介绍。

对于在工程项目的计费设置里面定义好了相应模板后，如果模板类型和内容发生了变化，用户可以在单位工程修改出所需的模板样式，然后存为一个新的模板再通过【批量修改费用汇总表】来进行统一替换，如图 28-102 和图 28-103 所示。

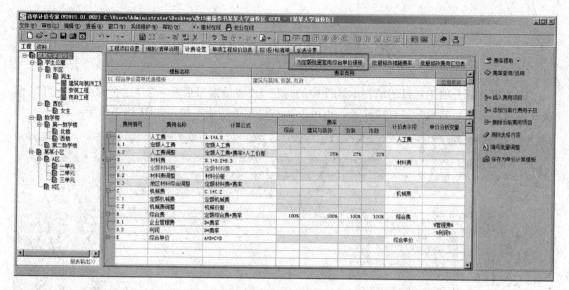

图 28-102　定义模板

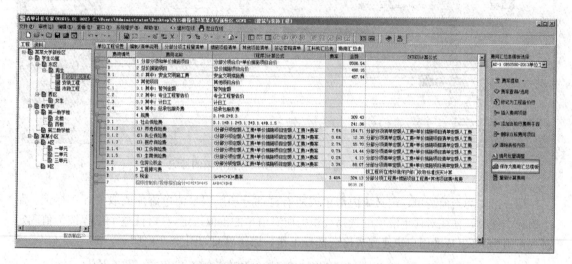

图 28-103　批量修改费用汇总表

　　模板内容的修改同样是在单位工程上面来操作，修改完成后单击存为费用汇总表，在计费设置里通过【批量修改费用汇总表】来进行统一替换，下面简单介绍以下几种单位工程模板的修改方式。

　　(1)调用费用汇总模板：用户可以调入系统预设的取费模板进行取费计算或进行修改。

　　(2)标记为最终结果行：费用模板计算产生若干项费用，而费用之间的计算关系只与计算公式有关，与其在费用表上的先后顺序并无必然联系，因此，软件并不限定最后一行费用值就是最后的计算结果(尽管预设模板都符合这个规律)。用户可以通过此功能将任何非空费用行置为最终结果行，该行费用值就是费用模板的最终计算结果。

　　(3)添加费用子目：除前面介绍到的功能外，在此添加"按规定允许按实计取费用项目"同样可利用此功能来完成。

28.14 需评审清单设置

需评审分部分项工程量清单在本软件中的标记为"清单编号后＋＊"。这个编号用户可以直接在编号单元格后的编号后直接输入，也可以用右键菜单功能添加，如图 28-104 所示。

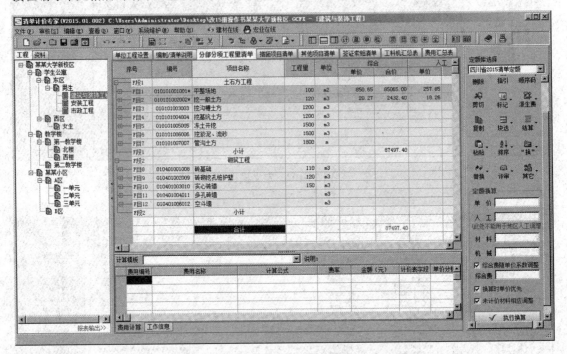

图 28-104　需评审分部分项工程量清单的标记

用户可以为当前清单、定义块内清单或所有分部分项工程量清单添加或取消评审标记。制作招标文件时，往往对评审清单的选择会根据所有清单的价值选定，执行【整个工程按价值确定需评审清单】可以帮助用户快速完成这一选择工作。操作界面如图 28-105 所示。

图 28-105　需评审分部分项工程量清单选择

选择时，首先根据需要确定排序方式，设定需要选择的清单条数，单击设置需评审标识，就可以为指定条数的前 N 项清单添加标识。需要注意的是，为前 N 项清单设置标识并不会取消 N 项以外其他清单已添加的标识，因此，用户需要根据情况执行取消当前清单或所有清单评审标识的功能。

这里列出的清单是工程项目下所有单位工程分部分项清单的汇总，确定返回后，评审标记的添加与取消情况将分别反馈到各单位工程中。

清单综合单价横向对比　　　　　　　工程结算

28.15　预拌砂浆换算

成建价[2008]10 号文规定的预拌砂浆换算功能，调用入口如图 28-106 所示。

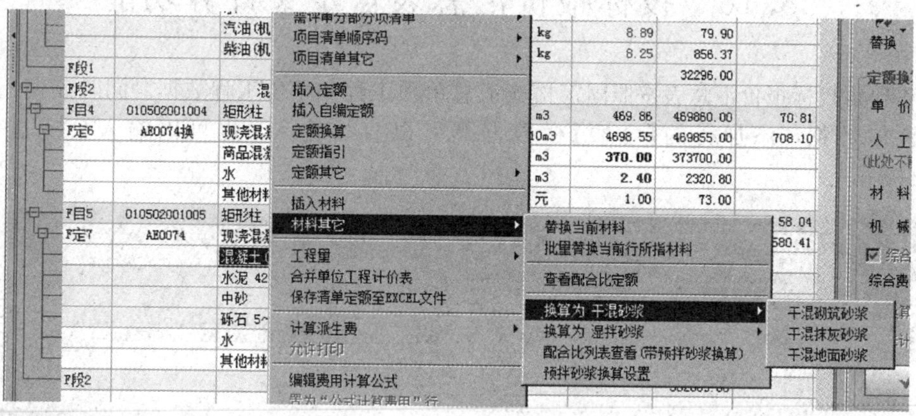

图 28-106　预拌砂浆换算功能

其中【预拌砂浆换算设置】用于定义预拌砂浆换算时各项费用以及材料耗量的换算系数，干拌与湿拌换算功能用于将计价表上当前行所在的砂浆配合比换算成干拌或湿拌砂浆。

图 28-107 所示为预拌砂浆换算参数配置界面。其中"基价"参数是关于原配合比材料换算成预拌砂浆后，该预拌砂浆的基价如何计算的定义。如果设置为零，则原砂浆配合比的材料费将从定额材料费中扣除，否则计算出一个基价以使该基价与预拌砂浆新耗量的乘积等于原砂浆配合比的材料费，从而定额材料费不变。由于该文件规定适用范围为 2004 清单定额与 2000 计价定额，基价为零对清单计价没有影响，但对 2000 以直接费为基础的取费则影响较大，因此设置了该选项模式，用户可以根据实际情况选择使用。

预拌砂浆换算时，系统还会提示用户输入预拌砂浆名称、型号及单位信息，如图 28-108 所示。

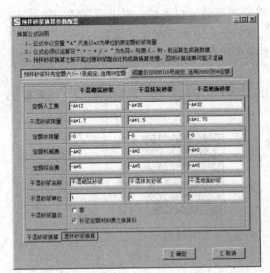

图 28-107　预拌砂浆换算参数配置

图 28-108　查看配合比使用情况

28.16　投标报价汇总表自定义计算功能

工程项目投标报价汇总表按照固定格式汇总单项工程和单位工程数据。同时该表还允许用户自行添加数据，添加行的【金额】栏数据既可以直接输入，也可以输入公式进行计算（图 28-109）。

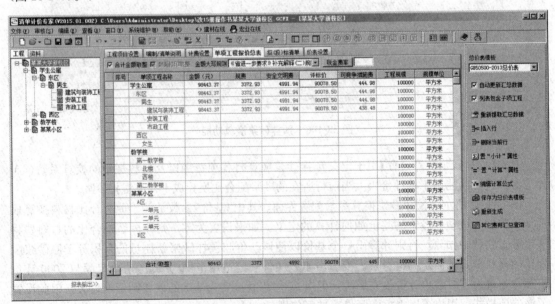

图 28-109　输入公式进行计算

单击【置"计算"属性】按钮可以设置或取消当前行【金额】单元格的计算属性（当前行不能是单项或单位工程汇总数据），具有计算属性的单元格用灰底显示。双击计算属性单元格或单击【编辑计算公式】按钮，弹出"计算公式编辑"对话框(图 28-110)，用于编辑计算公式。

图 28-110　"计算公式编辑"对话框

公式可用变量包括单位工程费用表所能使用的全部变量、单位工程费用表一些特定的费用项目、工程项目其他费用表的一些特定费用项目以及工程定额测定费费率、税金规定费费率等。

28.17　招标人材料购置费清单

【招标人材料购置费清单】用于对整个工程项目提供招标人材料购置清单，操作界面如图28-111所示。

图 28-111　招标人材料购置费清单

如果【清单/计价表】未套用定额，用户只能直接输入招标人购置材料序号、名称、规格型号、单位、数量、单价及备注内容，金额由相应数量及单价自动计算而得(数量×单价)。

如果套用有定额，除可采用直接输入外，也可通过环境菜单或工具栏按钮【汇总所含工程材料】功能将包含的所有单位工程材料汇总——不同材料依次添加，相同材料量进行汇总。

对汇总的工程材料用户可作进一步编辑，主要操作内容如下：

不作为招标人材料购置费清单的，可通过【删除当前行】功能或直接按 Delete 键删除，或者定义块删除块数据内容，也可先对其按需要进行排序，单击【排序】按钮，选择排序的依据：金额、数量、单价、材料名称、序号，如图 28-112 所示，然后再设置【保留前 N 条材料】，删除其后所有材料即可。

图 28-112　排序依据

　　【招标人材料购置费清单】为用户自行编辑的内容，材料数量、单价等信息不会自动刷新，由此内容生成报表前最好先执行环境菜单或工具栏按钮中的【刷新材料数量金额】功能，以保证数据的正确性。

28.18　需随机抽取评审的材料清单及价格表

　　工程项目需随机抽取评审的材料清单及价格表的处理，操作界面如图 28-113 所示。本页内容最好在工程完成后再生成，操作顺序为汇总→排序→删除多余项。数据和金额主要用于排序，它不会随着工程的变化自动刷新，需要时可手动刷新数量和金额。

图 28-113　需随机抽取评审的材料清单及价格表

　　操作方法同招标人材料购置费清单，请参照执行。除此之外，需随机抽取的评审材料也可在单位工程工料机汇总表中通过【加入需评审材料清单】直接加入。

28.19　对比生成招标材料序号

　　帮助投标单位快速生成与招标单位（或招标代理结构）提供的招标控制价材料相一致的材料序号。一方面招标控制价与投标报价在组价过程中使用到的材料通常不会完全相同，事实上的同一材料也可能会在名称、规格型号及单位上有差异；另一方面川建发[2009]60 号文规定的评标办法需在所有材料中随机抽取 25 项材料进行单价评审，暂估材料要进行报价修正，因此，评标软件必须以控制价材料为基准，将各投标单位的投标材料进行一一对应。为了保证材料对应的可操作性，提高对应成功率，评标软件要求投标单位报送的投标材料填报与招标控制价材料一致的材料序号，工程评标时，评标软件自动根据材料序号进行对应。

招投标单位生成材料序号要求：

招标单位（或招标代理机构）：依据招标控制价工程，汇总需评审材料清单，按需要排序，生成连续序号（为符合新评标办法精神，招标控制价清单通常应该是招标控制价工程用到的所有工料机；如果考虑到一些极小价值的辅材没有评审价值，也可以将其从需评审清单里剔除）。

投标单位：同一材料必须生成与招标控制价材料清单相一致的材料序号。招标控制价材料清单有，但投标工程没用到的材料，相应序号不能使用；反之，投标工程有，但招标控制价材料清单里没有的材料，则应从招标控制价材料清单最大序号之后开始编写序号。

进入【需随机抽取评审的材料清单及价格表】，汇总所含工程材料，单击【对比生成招标材料序号】按钮或右键菜单，进入操作界面，如图 28-114 所示。

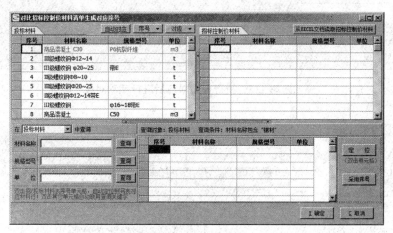

图 28-114　对比招标控制价材料清单生成对应序号

该功能界面上部左右分列投标材料与招标控制价材料。投标材料即"需随机抽取评审的材料清单及价格表"上汇总的所有工程材料，招标控制价材料通过单击"从 Excel 文档读取招标控制价材料"载入，如图 28-114 所示。

两张材料表之间的对应关系，可以结合"自动"与"手动"两种方式进行建立。

自动对应：单击【自动对应】按钮执行。自动对应规则是材料名称、规格型号与单位完全相同（忽略大小写、空格与分行情况）。

手动对应：通过自动对应方式没能建立对应关系的投标材料或招标控制价材料，均可以通过关键字在对应表中查找相关材料，然后选择材料手动建立对应关系。

如图 28-115 所示，执行【自动对应】功能后，投标材料"钢制弯头"没有找到对应的招标控制价材料。先选择查询范围为"招标控制价材料"，然后双击该材料名称单元格，则右下角查询结果表格中将显示招标控制价材料中包含前面选中材料名称单元格内容的所有材料，综合各种判断因素，如有对应材料，则选中并单击"采用序号"按钮为当前投标材料填写对应的材料序号。反之，也可以为"招标控制价"材料表没有自动建立对应关系的材料在投标材料表中查找对应材料并建立对应关系。

对应工作完成后，如果还有投标材料没有建立对应关系，则必须为这些材料生成符合要求的序号（大于招标控制价最大序号）。如图 28-116 所示，执行菜单功能【为无对应招标序号的材料自动编号】。

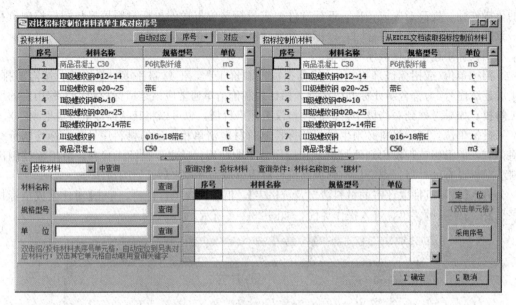

图 28-115　执行自动对应后进行手动对应

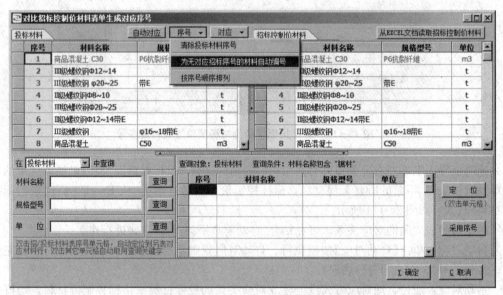

图 28-116　为无对应招标序号的材料自动编号

28.20　报表输出

报表中心主要包含了【报表】【样图】【高级打印】三个模块。其中，【报表】模块能满足用户的基本需求，进行报表参数的设置和报表格式的预览。【样图】和【高级打印】是为了更好地优化报表组的应用而新增的功能。

程序将报表输出设置在工程新建窗口下（图 28-117），单击报表输出或快捷按钮区内报表输出按钮▣快速进入报表中心窗口。

图 28-117 报表中心界面

【报表】模块主要是完成报表组以及报表和报表参数的选择和设置。

打印参数设置功能：在报表中心工具栏直接设置打印参数；使用更加方便直观；显著减少报表数量；显著增加报表多样性。用户可以根据自己的需要在打印设置处修改参数。单击 ▣ 当前报表参数设置 ▾ 会弹出如图 28-118 所示【打印设置】窗口。

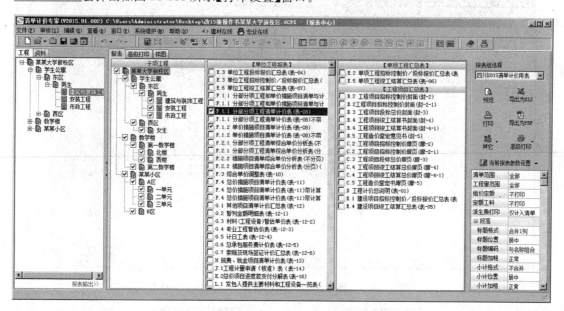

图 28-118 【打印设置】窗口

【样图】和【高级打印】分别实现了报表样图快速预览和报表的批量打印功能，满足不同用户的需求。样图是预存在报表格式文件中的固定图片，不需要临时生成；一张报表可以根据不同的数组合保存若干样图增加报表类别过滤功能，使用快捷键（方向键或鼠标滚轮）实现快速连续浏览；选中的样图可直接将其对应报表和参数配置加入打印队列，如图 28-119 所示。

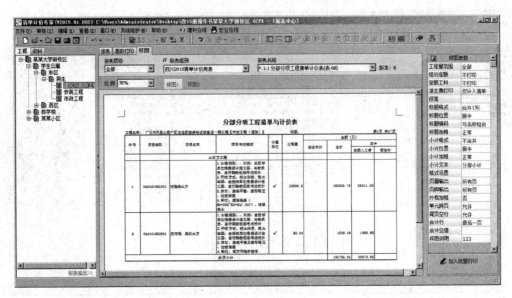

图 28-119　样图

增设【高级打印】功能页专门管理批量打印任务，支持从不同报表组下分批选择报表加入批量打印队列；支持手动或自动调整报表打印顺序支持统一生成页码、预留页码及页码格式设置；随工程保存批量打印任务列表，如图 28-120 所示。

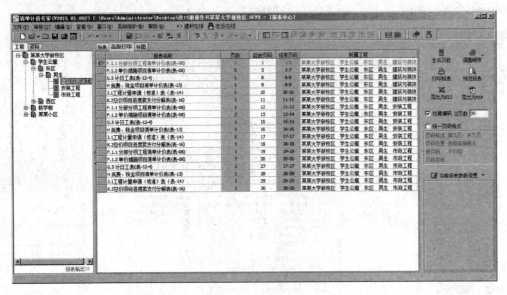

图 28-120　高级打印

操作撤消与重复

工程自检

28.21　段落结构检查

功能新增目的：快速检查并修复各种原因造成的段落结构问题。
功能位置：在计价表处点右击选择【插入段落】→【段落结构检查】，如图 28-121 所示。
功能使用方法：
步骤一：选择需要修复的单位工程。
步骤二：右击找到命令位置。
步骤三：执行段落检查并修复。

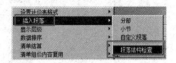

图 28-121　段落结构检查

步骤四：显示检查结果。
步骤五：单击【确定】按钮检查完成。

28.22　从 Excel 中选用工程量

功能新增目的：能快速准确地从 Excel 表格中选取用户所需要的工程量，减少由于人为输入带来的操作误差。特别适用于将算量软件导出的工程量快速准确地输入到计价软件里面去，同时也适用于工程结算工程量变化比较多的情况。
功能使用方法：
步骤一：右击、选择【项目清单其他】→【从 Excel 中选用工程量】(图 28-122)。

图 28-122　执行右键菜单命令

步骤二：选择需要使用的工程量 Excel 表格(图 28-123)。

图 28-123　选择 Excel 表格

步骤三：进行表格字段对应(图 28-124)。双击选择计价表上需要对应的清单软件会自动定位在需要选择的清单项目上，双击工程量选用。

通过以上步骤的操作简单的一条清单工程量就完成借用了，如果你需要恢复到修改前的工程量只需要单击【恢复工程量】按钮即可(图 28-123)。

图 28-124　表格字段对应

28.23　对比材料清单排序

功能新增目的：达到按照指定材料顺序编排工料机汇总表材料的要求。

功能使用方法：

步骤一：在工料机汇总表界面右击右击选择【对比材料清单排序】(图 28-125)。

步骤二：弹出对比窗口，导入指定 Excel 表格(图 28-126)。

步骤三：自动对比然后指定表格外的材料排序规则。

图 28-125　对比材料清单排序命令

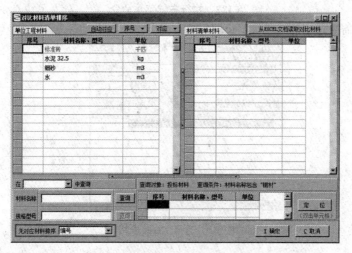

图 28-126　【对比材料清单排序】窗口

28.24 批量清除计价表所有标记和工程量计算式

批量清除计价表所有标记和工程量计算式，如图 28-127 所示。

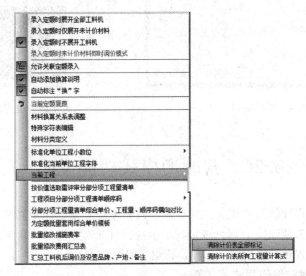

图 28-127 批量清除计价表所有标记

28.25 常用材料类别和单位维护

用户可以通过选择定义常用类型来确定"常用类别"避免烦琐的查找过程。
具体操作步骤如下：
步骤一：单击【常用类别】下拉按钮，选择【定义常用类型】(图 28-128)。
步骤二：双击需要的类别确定为"常用类别"(图 28-129)。

图 28-128 选择【定义常用类型】

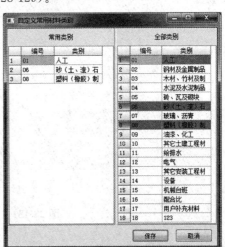

图 28-129 确定常用材料类别

步骤三：切换到【材料类别】下拉列表，就只显示已维护的内容(图 28-130)。

图 28-130　材料类别

优化组价复用功能

28.26　营改增模式功能说明

营业税模式进行工程计价的实质是：从定额及以费率计算的费用中扣除税收部分，得出税前工程造价，然后以其为基础按 11％ 计取销项增值税。目前宏业清单计价专家软件中主要分两种操作：营业税模式工程转增值税模式工程、新建增值税模式工程。

1. 营业税模式工程转增值税模式工程

(1)一键转换增值税模式工程。在该版本软件中打开营业税模式工程(即该版本之前的旧工程)，单击【工程计税模式：营业税转增值税】如图 28-131 所示，软件则根据《川建造价发[2016] 349 号》(以下简称"349 号文")文中内容进行修改，即自动进行定额基础数据的扣税折算，具体折算内容及系数为：机械费(其他机械费)为 92.8％，综合费为 105％，其他材料费及安装、轨道、市政计价材料费为 88％，摊销材料费为 87％。

图 28-131　营业税转增值税

同时各项总价措施按增值税模式相应费率进行计算，如图 28-132 所示。

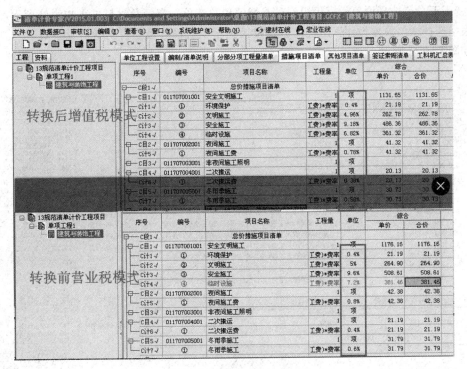

图 28-132　转换计价模式

（2）将含税材料价格按相应系数调为不含税材料价格。定额中汽油、柴油基价部分随机械费一同扣税折算，其实际价格仍应按不含税价格进行单调（349 号文中折扣系数已综合考虑重复扣税因素），所以，在营业税模式工程转换增值税模式工程时需要根据 349 号文附件要求，将含税材料价格乘以相应系数得到不含税材料价格计入工程总造价中。

软件中选择该材料对应系数则自动将含税材料价折算为不含税的材料价格作为调价计入计价表中，如图 28-133 所示。

材料编码	材料名称、型号	品牌及特殊	单位	数量	基价	调价=含税信息价	含税信息价	调整系数(%)	不含税信息价	单价差	复价差	打印	三材分类
40010530	水泥 32.5		kg	25578	0.40	0.3886	0.40	97.15	0.3886	-0.01	-291.59	☑	
40070030	中砂		m3	55.83	70.00	70.00	70.00	97.15					
40070090	砾石 5～40mm		m3	87.29	40.00	40.00	40.00						
40590010	水		m3	72.59	2.00	2.00	2.00						

材料名称	依据文件	调整系数
建筑用和生产建筑材料所用的砂、土、石料、自来水、商品混凝土（仅限于以水泥为原料生产的水泥混凝土）；以自己采掘的砂、土、石料或其他矿物连续生产的砖、石灰（不含粘土实心砖、瓦）	财税[2014]57号《关于简并增值税征收率政策的通知》	97.15%
煤炭、农膜、草皮、麦秸（糠）、稻草（壳）、暖气、冷气、热水、煤气、石油液化气、天然气、沼气、居民用煤炭制品；	财税[2009]9号文《财政部 国家税务总局关于部分货物适用增值税低税率和简易办法征收增值税政策的通知》、财字[1995]52号文《财政部 国家税务总局关于印发《农业产品征税范围注释》的通知》	88.73%
其余材料	财税[2009]9号文《财政部 国家税务总局关于部分货物适用增值税低税率和简易办法征收增值税政策的通知》	85.77%

图 28-133　含税价调价

(3)费用汇总表选择增值税模板得到最终增值税总造价。定额及材料进行扣税处理后，在费用汇总表中选择增值税模板计算出税前造价及销项增值税额，最终得到增值税模式下的总工程造价，如图28-134所示。

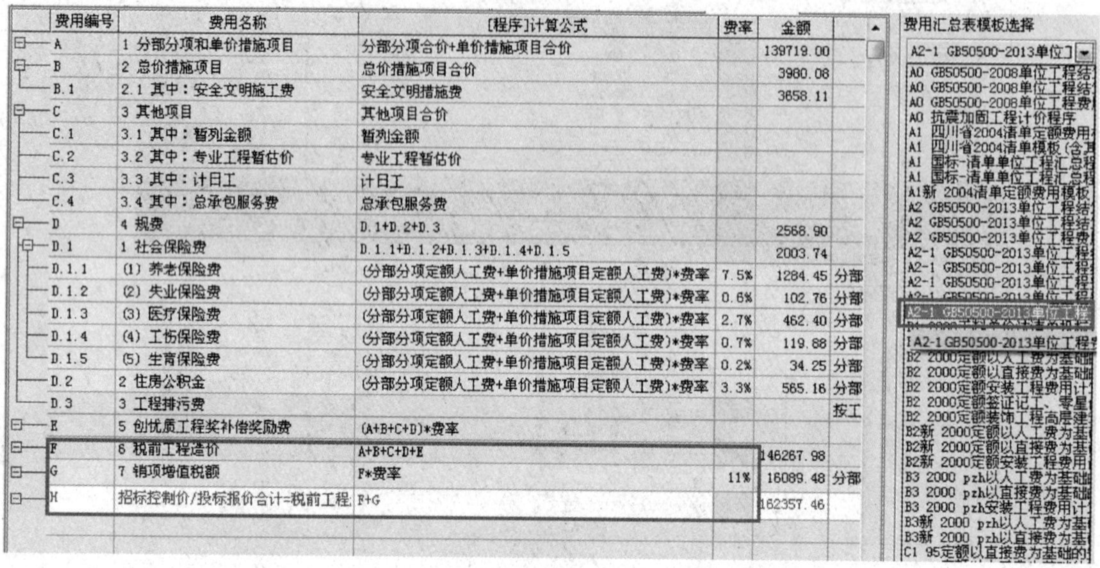

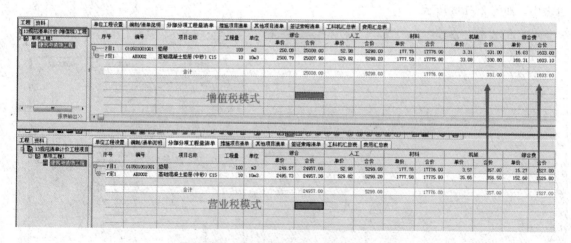

图28-134 增值税模式下总工程造价

2. 新建增值税模式工程

新建增值税模式工程中已配置好相应的费率及费用汇总模板，只需按常规操作套用定额组价(软件会自动进行扣税折算，如图28-135所示)，填入不含税材料价作为调价即可，与往常操作方式并无差异，方便用户在增值税模式下仍能快速准确地进行工程造价。

图28-135 增值税模式与营业税模式对比

3. 注意事项

(1)增值税模式目前仅允许套用《四川省 2015 清单计价定额》，即软件中只对 2015 定额进行相应扣税折算，其他定额不进行扣税折算。

(2)营业税换增值税模式时，调价默认为含税材料价。新建增值税模式下，调价默认为不含税材料价。

(3)本软件支持传统营业税模式工程向增值税模式工程的直接转换，但不支持方向转换。

导入导出及接口增加

29 工程实例

本章主要以一个实际工程项目为例，介绍利用"清单计价专家"软件根据甲方提供工程量清单完成工程量清单报价的流程及操作方法。

本章重点放在工程实例的完成上，当软件由多种途径完成同一功能时，直接介绍最方便、快捷的一种。要了解软件的详细功能，请参看相关章节内容。

工程实例

拓展阅读

1	宏业清单计价专家软件2014版	

2014版清单计价专家软件操作1　　2014版清单计价专家软件操作2

审核审计
功能应用　　　四川造价数据
积累填报操作　　　网络版服务端
设置运用

2	宏业清标专家操作	宏业清标专家应用操作 1	宏业清标专家应用操作 2
		宏业清标专家应用阶段	宏业清标专家应用目的
3	宏业清单计价专家新评标办法数据标准接口交底	宏业清单计价专家新评标办法数据标准接口交底 1	宏业清单计价专家新评标办法数据标准接口交底 2
3	宏业清单计价专家新评标办法数据标准接口交底	宏业清单计价专家"营改增"操作